高效随身查

——Excel2021必学的高效办公应用技巧

 视频教学版

赛贝尔资讯◎编著

U0275001

清華大学出版社

北京

内 容 简 介

本书不仅是读者学习和掌握 Excel 的一本高效用书，也是一本 Excel 疑难问题的解答手册。通过本书的学习，无论您是初学者，还是经常使用 Excel 的行家，技能水平都会有一个巨大的提升。无论何时何地，当您工作中使用 Excel 遇到困惑时翻开本书就会找到需要的答案。

本书共 12 章，分别介绍了 Excel 数据输入及批量输入技巧、Excel 数据编辑技巧、自定义单元格格式的妙用、数据的编排与整理技巧、数据分析与分类汇总实用技巧、数据透视统计与分析技巧、图表编辑中的实用技巧、数据的计算与统计函数、数据的逻辑判断与查找函数、日期数据的处理函数、多表数据合并计算技巧、表格安全与打印技巧等内容。

本书中所精选的操作技巧，皆从实际出发，贴近读者实际办公需求，全程配以模拟实际办公的数据截图来辅助读者学习和掌握。本书内容丰富，涉及全面，语言精练，通俗易懂，易于翻阅和随身携带，帮您在有限的时间内，保持愉悦的心情快速地学习知识点和技巧。在职场晋升中，本书将会助您一臂之力。不管您是初入职场，还是工作多年，都能够通过本书的学习，在 Excel 办公应用上获得质的飞跃。

图书在版编目（CIP）数据

高效随身查：Excel2021 必学的高效办公应用技巧：视频教学版 / 赛贝尔资讯编著 . —北京：清华大学出版社，2023.2

ISBN 978-7-302-62682-4

Ⅰ. ①高… Ⅱ. ①赛… Ⅲ. ①表处理软件 Ⅳ. ① TP391.13

中国国家版本馆 CIP 数据核字（2023）第 025962 号

责任编辑：贾小红
封面设计：姜 龙
版式设计：文森时代
责任校对：马军令
责任印制：宋 林

出版发行：清华大学出版社
网　　址：http://www.tup.com.cn，http://www.wqbook.com
地　　址：北京清华大学学研大厦 A 座　　邮　　编：100084
社 总 机：010-83470000　　邮　　购：010-62786544
投稿与读者服务：010-62776969，c-service@tup.tsinghua.edu.cn
质量反馈：010-62772015，zhiliang@tup.tsinghua.edu.cn
印 装 者：北京同文印刷有限责任公司
经　　销：全国新华书店
开　　本：145mm×210mm　　印　　张：14.5　　字　　数：566 千字
版　　次：2023 年 3 月第 1 版　　印　　次：2023 年 3 月第 1 次印刷
定　　价：79.80 元

产品编号：091279-01

前 言
Preface

工作堆积如山，加班加点总也忙不完？

百度搜索 N 多遍，依然找不到确切答案？

大好时光，怎能全耗在日常文档、表格与 PPT 操作上？

别人工作很高效、很利索、很专业，我怎么不行？

嗨！

您是否羡慕他人早早做完工作，下班享受生活？

您是否注意到职场达人，大多都是高效能人士？

没错！

工作方法有讲究，提高效率有捷径：

一两个技巧，可节约半天时间；

一两个技巧，可解除一天烦恼；

一两个技巧，少走许多弯路；

一本易学书，菜鸟也能变高手；

一本实战书，让您职场中脱颖而出；

一本高效书，不必再加班加点，匀出时间分给其他爱好。

1. 这是一本什么样的书

● 本书着重于解决日常办公中的疑难问题，助你提高工作效率。与市场上其他办公图书不同，本书并非单纯地讲解 Excel 操作技巧，而是点对点地快速解决日常办公中使用 Excel 的疑难和技巧，着重帮助提高工作效率。

● 以点带面，注意解决一类问题。日常办公中的问题可能很多，而且各有不同，如果事事列举，既繁杂也无必要。本书在选择问题时注意精选有代表性的问题，给出思路、方法和应用扩展，方便读者触类旁通。

● 应用技巧详尽、丰富。本书精选的几百个应用技巧，足够满足绝大多数岗位 Excel 日常办公方面的工作应用。

● 双色图解，一目了然。读图时代，大家都需要缓解压力，本书以图解的方式让读者轻松学习，毫不费力。

2. 这本书写给谁看

● 想成为职场精英的小 A：高效、干练，企事业单位的主力骨干，白领中的精英，高效办公是必需的！

- 想做些"更重要"的事的小 B：日常办公耗费了不少时间，掌握点技巧，可节省时间，去做些个人发展的事更重要啊！
- 想获得领导认可的文秘小 C：要想把工作及时、高效、保质保量地做好，让领导满意，怎能没点办公绝活！
- 想早早下班的小 D：人生苦短，莫使金樽空对月，享受生活是小 D 的人生追求，一天的事情半天搞定，满足小 D 早早下班回家的愿望。
- 不善于求人的小 E：事事求人，给人的感觉好像很谦虚，但有时候也可能显得自己很笨，所以小 E 这类人，还是要自己多学两招。

3. 本书的创作团队成员是什么人

　　"高效随身查"系列图书的创作团队成员都是长期从事行政管理、HR 管理、营销管理、市场分析、财务管理和教育 / 培训的工作者，以及微软办公软件专家。他们在计算机知识普及、行业办公领域具有十多年的实践经验，编写的书籍广泛受到读者好评。书中所有案例均采用企业工作中使用的真实数据报表，更贴近实际工作场景及行业操作规范。

　　本书由赛贝尔资讯组织策划与编写，参与编写的人员有张发凌、吴祖珍、姜楠、韦余靖等老师，在此对他们表示感谢！尽管作者在写作本书时尽可能精益求精，但疏漏之处仍然在所难免。如果读者朋友在学习的过程中，遇到一些难题或是有一些好的建议，欢迎和我们交流。

目 录

contents

高效随身查——Excel 2021 必学的高效办公应用技巧（视频教学版）

IV

目
录

V

高效随身查——Excel 2021 必学的高效办公 应用技巧（视频教学版）

高效随身查——Excel 2021 必学的高效办公应用技巧（视频教学版）

目
录

XIII

高效随身查——Excel 2021 必学的高效办公 应用技巧（视频教学版）

第1章 数据输入与批量输入

1.1 工作表的编辑

技巧1 快速移动或复制工作表

一个工作簿中可能含有多个工作表,如果需要将一个工作表移动到其他位置,可以进行移动操作;如果需要建立一个与当前工作表类似的表格,可以复制当前工作表,然后进行适当修改,以提高工作效率。

1. 移动工作表

❶ 在需要移动的工作表标签上单击选中标签,按住鼠标左键不放(见图 1-1),拖动至想移动到的位置,如图 1-2 所示。

	A	B	C	D
1	工号	姓名	销售业绩(元)	绩效奖金(元)
2	NO.001	邓文越	48800	1464
3	NO.002	李杰	45800	1374
4	NO.003	张成志	25900	777
5	NO.004	陈在全	98000	7840
6	NO.005	杨娜	16500	165
7	NO.006	莫云	125900	10072
8	NO.007	韩学平	34000	1020
9	NO.008	陈潇	122000	9760
10	小华	9000	90
	郭亮	75000	6000
12	NO.01	陈建	70800	5664
13	NO.012	张亚明	90600	7248
14	NO.013	包娟娟	18500	185
15				

按住鼠标左键拖动

1月份奖金核算表　销售员信息表　＋

图 1-1

	A	B	C	D
1	工号	姓名	销售业绩(元)	绩效奖金(元
2	NO.001	邓文越	48800	1464
3	NO.002	李杰	45800	1374
4	NO.003	张成志	25900	777
5	NO.004	陈在全	98000	7840
6	NO.005	杨娜	16500	165
7	NO.006	莫云	125900	10072
8	NO.007	韩学平	34000	1020
9	NO.008	陈潇	122000	9760
10	NO.009	吴小华	9000	90
11	NO.010	郝亮	75000	6000
12	NO.011	陈建	70800	5664
13	NO.012	张亚明	90600	7248
14	NO.013	包娟娟	18500	185
15				

1月份奖金核算表　销售员信息表　＋

图 1-2

❷ 释放鼠标即可完成移动,如图 1-3 所示。

2. 复制工作表

❶ 在需要复制的工作表标签上单击选中标签,按住 Ctrl 键不放,再按住鼠标左键拖动,这时看到光标变为一个纸张样式且中间有一个加号,如图 1-4 所示。

	A	B	C	D	E
1	工号	姓名	销售业绩(元)	绩效奖金(元)	
2	NO.001	邓文越	48800	1464	
3	NO.002	李杰	45800	1374	
4	NO.003	张成志	25900	777	
5	NO.004	陈在全	98000	7840	
6	NO.005	杨娜	16500	165	
7	NO.006	莫云	125900	10072	
8	NO.007	韩学平	34000	1020	
9	NO.008	陈潇	122000	工作表位置改变	
10	NO.009	吴小华	9000		
11	NO.010	郝亮	75000	6000	

销售员信息表　1月份奖金核算表

图 1-3

	A	B	C	D
1	工号	姓名	销售业绩(元)	绩效奖金(元)
2	NO.001	邓文越	48800	1464
3	NO.002	李杰	45800	1374
4	NO.003	张成志	25900	777
5	NO.004	陈在全	98000	7840
6	NO.005	杨娜	16500	165
7	NO.006	莫云	125900	10072
8	NO.007	韩学平	34000	1020
9	NO.008	陈潇	122000	9760
10	NO.009	吴小华	9000	90
11	NO.010	郝亮	75000	6000

销售员信息表　1月份奖金核算表

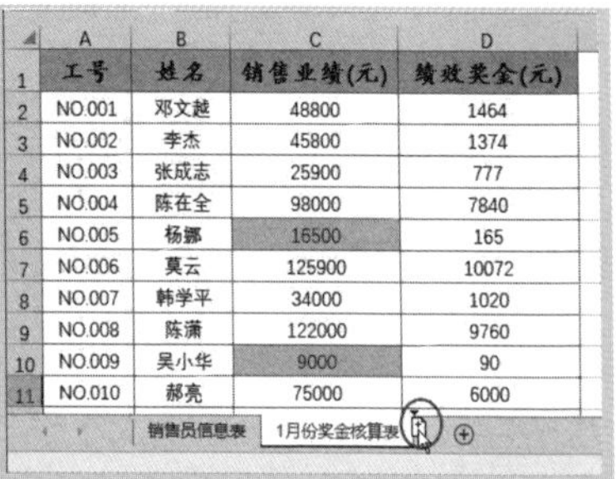

图 1-4

❷ 释放鼠标即可完成工作表的复制，如图 1-5 所示。

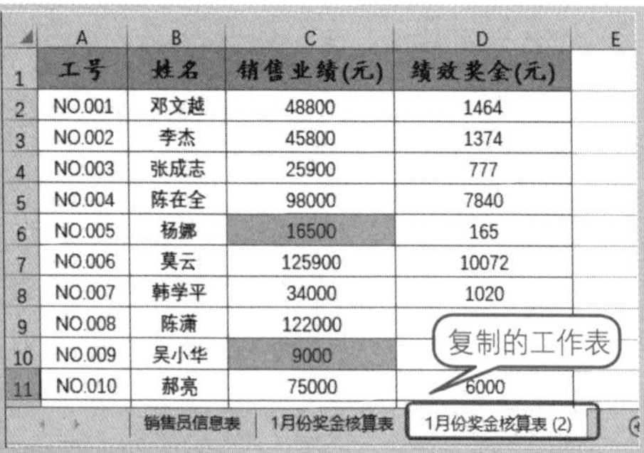

	A	B	C	D	E
1	工号	姓名	销售业绩(元)	绩效奖金(元)	
2	NO.001	邓文越	48800	1464	
3	NO.002	李杰	45800	1374	
4	NO.003	张成志	25900	777	
5	NO.004	陈在全	98000	7840	
6	NO.005	杨娜	16500	165	
7	NO.006	莫云	125900	10072	
8	NO.007	韩学平	34000	1020	
9	NO.008	陈潇	122000	复制的工作表	
10	NO.009	吴小华	9000		
11	NO.010	郝亮	75000	6000	

销售员信息表　1月份奖金核算表　1月份奖金核算表 (2)

图 1-5

应用扩展

如果某个工作表后续不再使用，可以将其删除。

选择要删除的工作表，在标签上单击鼠标右键，在弹出的快捷菜单中选择"删除"命令（见图 1-6），即可删除不需要的工作表。

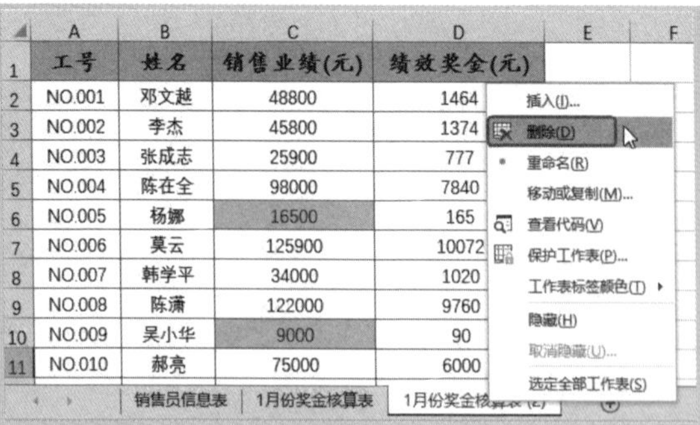

	A	B	C	D	E	F
1	工号	姓名	销售业绩(元)	绩效奖金(元)		
2	NO.001	邓文越	48800	1464	插入(I)...	
3	NO.002	李杰	45800	1374	删除(D)	
4	NO.003	张成志	25900	777	重命名(R)	
5	NO.004	陈在全	98000	7840	移动或复制(M)...	
6	NO.005	杨娜	16500	165	查看代码(V)	
7	NO.006	莫云	125900	10072	保护工作表(P)...	
8	NO.007	韩学平	34000	1020	工作表标签颜色(T) ▶	
9	NO.008	陈潇	122000	9760	隐藏(H)	
10	NO.009	吴小华	9000	90	取消隐藏(U)...	
11	NO.010	郝亮	75000	6000	选定全部工作表(S)	

销售员信息表　1月份奖金核算表　1月份奖金核算表 (2)

图 1-6

技巧2　一次性复制多个工作表

当需要复制多个工作表时，可以逐表进行复制，也可以一次性复制多个工作表。

❶ 按住"Ctrl"键，依次在需要复制的工作表标签上单击，将它们都选中。然后按住"Ctrl"键不放，再按住鼠标左键拖动到目标位置，如图1-7所示。

❷ 释放鼠标即可完成工作表的复制，如图1-8所示。

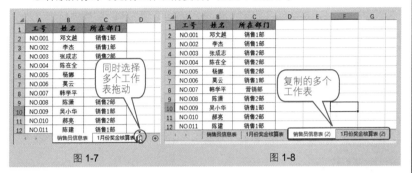

图 1-7　　　　　　　　　　图 1-8

技巧3　复制使用其他工作簿中的工作表

除了可在本工作簿中复制工作表外，还可以将当前工作簿中的工作表复制到其他工作簿中，快速实现共享。

❶ 打开需要复制工作表的工作簿，同时打开需复制到的工作簿。在工作表标签上单击鼠标右键，在弹出的快捷菜单中选择"移动或复制"命令（见图1-9），打开"移动或复制工作表"对话框。

图 1-9

❷ 在"工作簿"下拉列表中选择要移动到的工作簿名称，然后选择放置工作表的位置，并选中"建立副本"复选框，如图1-10示。

❸ 单击"确定"按钮，即可将工作表复制到"销售统计表"工作簿中，如图1-11所示。

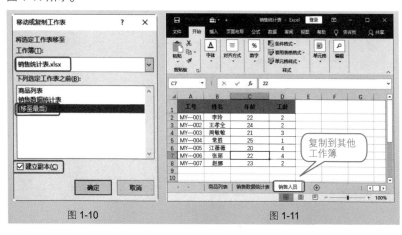

图1-10　　　　　　　　　　　图1-11

📢**专家点拨**

在将一个工作表移动或复制到另一工作簿中时，需要先将这两个工作簿同时打开。所有打开的工作簿的名称都会显示在"移动或复制工作表"对话框的"工作簿"选择列表中。另外，如果想一次性移动多张工作表，需要在执行移动操作前准确选中所有想一次性移动的工作表。

技巧4　设置工作表标签的颜色

工作表标签的颜色默认都是白色，可以根据需要进行设置。设置不同的标签颜色，可以更加方便我们分门别类地管理工作表，效果如图1-12所示。

工号	姓名	销售业绩(元)	绩效奖金(元)	
NO.001	邓文越	48800	1464	
NO.002	李杰	45800	1374	
NO.003	张成志	25900	777	
NO.004	陈在全	98000	7840	
NO.005	杨娜	16500	165	
NO.006	莫云	125900	10072	
NO.007	韩学平	90600	7248	
NO.008	陈潇	122000	9760	
NO.009	吴小华	9000		
NO.010	郝亮	75000		
NO.011	陈建	70800		
NO.012	张亚明	90600		
NO.013	包娟娟	18500	185	

工作表标签颜色

销售员信息表　1月份奖金核算表　2月份奖金核算表　She …

图1-12

❶ 选择需设置标签颜色的工作表，并在上面单击鼠标右键，在弹出的快捷

菜单中选择"工作表标签颜色"命令，在展开的子菜单中选择合适的标签颜色，如图 1-13 所示。

❷ 单击即可应用。注意在应用颜色后，切换到其他工作表，才可以清晰地看到所设置的工作表标签颜色。

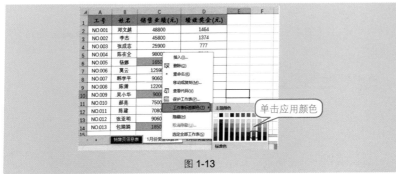

图 1-13

1.2 数据的输入

技巧 5 输入分数

分数通常用一道斜杠来分界分子与分母，其格式为"分子 / 分母"，在 Excel 中日期的输入方法也是用斜杠来区分年月日的。比如输入"3/4"（见图 1-14），按"Enter"键则显示"3 月 4 日"（见图 1-15）。为了能准确地显示，在单元格中输入分数时，要在分数前输入"0"（零）以示区别，并且在"0"和分子之间要有一个空格隔开，如输入 3/4 时，则应输入"0 3/4"。

图 1-14 图 1-15

除此之外，还可以先设置单元格的格式再进行分数的输入。

❶ 选中 A2 单元格，在"开始"→"数字"选项组中单击右下角的按钮 （见图 1-16），打开"设置单元格格式"对话框。

❷ 在"分类"列表框中选择"分数"选项，然后在右侧的"类型"列表框中选择"分母为一位数（1/4）"选项，如图 1-17 所示。

❸ 单击"确定"按钮完成设置，再次输入分数"3/4"并按下"Enter"键后，

可以看到正确的分数格式（编辑栏内显示的是分数的小数格式），如图 1-18 所示。

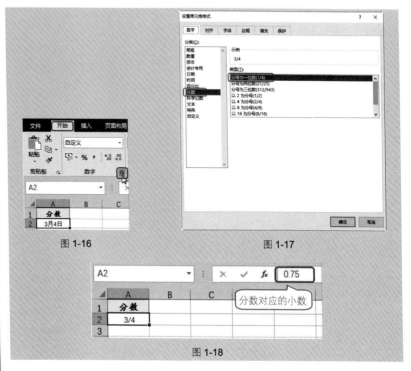

图 1-16

图 1-17

图 1-18

📝 **应用扩展**

如果在单元格中输入"8 1/2"（带分数），则在单元格中显示"8 1/2"，而在编辑栏中显示"8.5"。带分数虽不能显示为数学中的标准形式，但是在编辑栏中它表示的值是相同的。

技巧 6　输入特殊符号

在建立表格时，有时需要输入特殊符号进行修饰，如本例中通过添加方框作为打印表格的勾选框。

❶ 首先将光标定位到要插入符号的位置，在"插入"→"符号"选项组中单击"符号"按钮（见图 1-19），打开"符号"对话框。

❷ 在"符号"选项卡中找到需要使用的符号并选中，如图 1-20 所示。

❸ 单击"插入"按钮完成设置，即可看到插入的特殊符号，如图 1-21 所示。

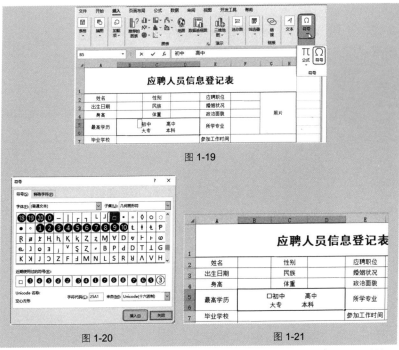

图 1-19

图 1-20   图 1-21

④ 选中相同的符号依次可插入多个符号，用于修饰表格（对于相同的符号也可以复制使用），如图 1-22 所示。

图 1-22

📖 ✏️ 应用扩展

在"符号"对话框的"字体"下拉列表中可以选择不同的字体，选择后对应的符号列表是不同的，而且样式众多，读者在需要使用时可以自行尝试。

技巧 7   输入身份证号码或长编码

身份证号码有 15 位或 18 位数字，当输入身份证号码时会显示为如

图 1-23 所示的结果，号码无法正确地显示出来。

图 1-23

这是由于当输入数字达到 12 位时，程序默认会显示为科学计数方式，如果要完整地显示身份证号码的 15 位或 18 位数字，可以首先将单元格区域设置为"文本"格式，然后再输入身份证号码或者其他长编码。

❶ 选中身份证号码列单元格区域，在"开始"→"数字"选项组中单击"数字格式"下拉按钮，在打开的下拉列表中单击"文本"按钮（见图 1-24），即可更改数字格式为文本格式。

图 1-24

❷ 再次在设置了文本格式的单元格内输入身份证号码，可以看到已经能正确显示了，如图 1-25 所示。

技巧 8　输入以 0 开头的数据

在单元格中输入以 0 开头的编号（如"001"），如图 1-26 所示，按"Enter"键时自动就显示为"1"，如图 1-27 所示。

序号	参赛者	联系电话	身份证号码
1	庄美尔	130****2111	340103198809102***
2	廖儸	159****6277	340113199008198***
3	陈晓	151****2900	340123198509102***
4	邓敏	152****8829	340103199311210***
5	翟晶	133****9882	340103197809101***
6	罗成佳	131****0911	340123199012251***
7	张泽宇	157****2111	340133196309102***
8	蔡晶	135****1091	340103198309105***
9	陈小芳	159****1102	340103199511022***

图 1-25

图 1-26

图 1-27

出现这种情况，是因为 Excel 默认将输入的"001"编号作为数值型的数据来处理。

选中要输入编号的单元格区域，在"开始"→"数字"选项组中单击"数字格式"下拉按钮，在打开的下拉列表中单击"文本"按钮（见图 1-28），在设置了"文本"格式的单元格中输入编号即可正确显示，如图 1-29 所示。

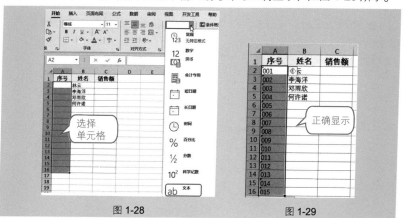

图 1-28   图 1-29

专家点拨

无论是输入身份证号码，超过 12 位的长编码，还是本例中以 0 开头的编号，都可以先设置单元格为"文本"格式后再输入。其原理是文本数据永远保持显示与输入一致。

技巧9　在会计报表中显示大写人民币值

大写人民币值是会计报表和各类销售报表中经常要使用的数据格式。当需要使用大写人民币值时，可以先输入小写金额，然后通过单元格格式的设置实现快速转换。

❶ 选中需要输入（或者已经输入）大写人民币值的单元格（见图1-30），在"开始"→"数字"选项组中单击右下角的按钮 ⌐，打开"设置单元格格式"对话框。

	A	B	C	D
1		预支费用		
2	费用类型	费用标准	天数	总费用
3	往返交通费	1000		¥　1,000.00
4	市内交通费	50	2	¥　52.00
5	会议费	2000	2	¥　2,002.00
6	住宿费	220	2	¥　222.00
7	餐费	100	3	¥　103.00
8	其他费用			¥　-
9	总计			¥　3,379.00
10				

图1-30

❷ 在"分类"列表框中选择"特殊"选项，然后在"类型"列表框中选择"中文大写数字"选项，如图1-31所示。

❸ 设置完成后，可以看到该单元格中的金额值已显示为大写金额，如图1-32所示。

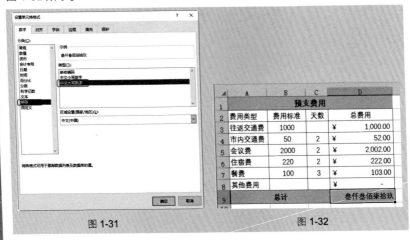

图1-31　　　　　　　　　　图1-32

📢 专家点拨

这种方法显示的大写金额不同于手工输入的大写金额，两者有着本质上的区别。这里输入的大写金额可以参与数据的计算（计算返回结果仍然是大写的金额），实际上它还是"3379.00"这样一个数据，只是在单元格中的显示方式发生了改变。而直接以大写方式输入的人民币金额，实际上是一个文本数据，不能参与数据计算。

技巧 10 数据随单元格列宽自动换行

在单元格中输入数据时，如果输入的文本过长，而单元格的列宽又不够的话，文本会无法显示全部内容。这时可以设置"自动换行"，使单元格的列宽随着文本的长度来调整。

❶ 选中 C3 单元格，在"开始"→"对齐方式"选项组中单击"自动换行"按钮，如图 1-33 所示。

图 1-33

❷ 此时可以看到单元格内的长文本会根据列宽自动进行换行显示，如图 1-34 所示。

	A	B	C	
1	参赛者	联系电话	备注	
2	庄美尔	13099802111	无疾病史、无获奖史	设置自动换行后
3	廖耀	15955176277	无疾病史，曾经在2015年全省"青年杯"马拉松大赛获得第三名、"百花杯"全国骑行59公里大赛第二名	
4	陈晓	15109202900	无疾病史、无获奖史	
5	邓敏	15218928829	无疾病史、无获奖史	
6	霍晶	13328919882	无疾病史、无获奖史	
7	罗成佳	13138890911	无疾病史、无获奖史	

图 1-34

技巧 11 在任意需要的位置上强制换行

当一个单元格里的文字内容很长时，可以在任意需要的位置上强制换行。

❶ 双击 **C3** 单元格进入编辑状态，将光标定位在需要换行的位置，如图 1-35 所示。

❷ 按 "Alt+Enter" 快捷键，单元格内的文字即可在指定位置换行，如图 1-36 所示。

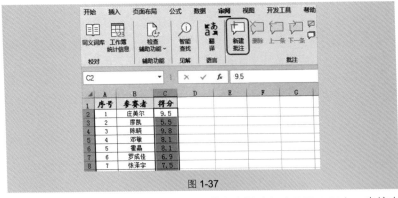

图 1-35

图 1-36

技巧 12　建立批注

批注是指阅读时在文中空白处对文章进行注解，一般在 **Word** 文档中经常见到。在 **Excel** 中也可以使用批注向各个单元格添加注释，以便为使用者提供一些说明信息。当单元格附有批注时，该单元格的右上边角上会出现一个红色标记。当将鼠标指针停留在该单元格上时，就会显示批注的具体内容。

❶ 选中要建立批注的单元格，在 "审阅" 选项卡的 "批注" 选项组中单击 "新建批注" 按钮（见图 1-37），即可新建批注框。

图 1-37

❷ 此时可以看到在单元格右侧建立的空白批注框（见图 1-38），直接在批注框内输入文字即可，如图 1-39 所示。

❸ 如果要隐藏建立的批注框，可以选择该批注框后，在 "审阅" 选项卡的 "批注" 选项组中单击 "显示/隐藏批注" 按钮（见图 1-40），即可隐藏指定批注（再单击一次即可显示批注框），如图 1-41 所示。

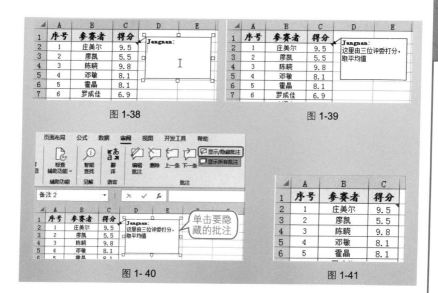

图 1-38　　　　　　　　　　　图 1-39

图 1-40　　　　　　　　　　　图 1-41

📢 专家点拨

如果要一次性显示表格中的所有批注框，可以在"审阅"选项卡的"批注"选项组中单击"显示所有批注"按钮。

技巧 13　运用"墨迹公式"手写公式

在 Excel 以前的版本中要想输入公式，需要通过选择各种类型的公式模板进行套用并更改字母和数字、平方根，以及添加各种公式符号，操作起来非常复杂。从 Excel 2016 版本开始，新增了"墨迹公式"的功能，其实就是手写输入公式。有了这个工具，再复杂的公式，也能快速手写输入。而且这个工具在 Word、Excel、PowerPoint 和 OneNote 中也都能够使用。

下面就通过"墨迹公式"来手写输入一个复杂的数学公式。

❶ 在当前工作表中，在"插入"→"符号"选项组中单击"公式"下拉按钮，在下拉菜单中单击"墨迹公式"按钮（见图 1-42），打开公式输入对话框。

❷ 将鼠标指针放置在黄色区域书写框，鼠标变成黑色小圆点，如图 1-43 所示。这时即可直接在其中写出公式，如输入"y="，如图 1-44 所示。

❸ 继续输入公式的其他部分。公式输入完毕后，如果发现预览中的公式符号和字母有错误，可以单击下方的"选择和更正"按钮（见图 1-45），进入更正状态。

13

❹ 拖动鼠标左键在需要更正的部位进行圈释，释放鼠标左键后会弹出下拉列表，在列表中单击"a"即可更正符号，如图 1-46 所示。

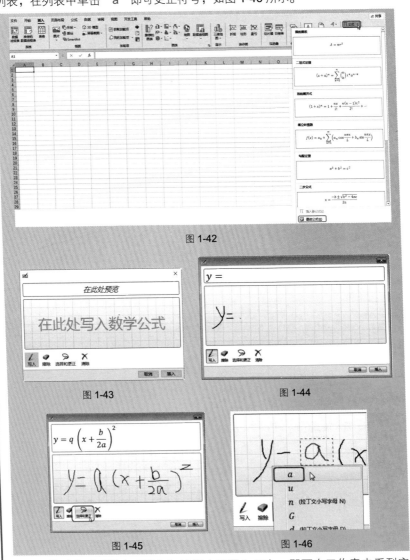

图 1-42

图 1-43

图 1-44

图 1-45

图 1-46

❺ 修改完成后单击"插入"按钮（见图 1-47），即可在工作表中看到完整的公式，如图 1-48 所示。

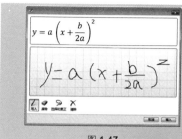

図 1-47

$$y = a\left(x + \frac{b}{2a}\right)^2$$

図 1-48

📣 专家点拨

使用"墨迹公式"完成公式输入后，后期如果要调整公式，可以在"公式工具"中选择相同的命令进行修改。

技巧 14 让输入的数据自动添加小数位

通过设置，可以让输入的整数自动转换为包含指定小数位的小数（如输入"2"自动转换为"0.02"，输入"12"自动转换为"0.12"）。如图 1-49 所示，让输入的数据自动以 3 位小数来显示。

图 1-49

❶ 选择"文件"→"选项"菜单命令，打开"Excel 选项"对话框。

❷ 选择"高级"标签，在"编辑选项"栏中选中"自动插入小数点"复选框，并设置小数的位数为"3"，如图 1-50 所示。

❸ 单击"确定"按钮完成设置。如在单元格中输入"3206"，按"Enter"键，即可自动显示为"3.206"。

📝 应用扩展

如果输入的整数以 0 结束，转换为小数后 0 将被舍弃。例如输入"3260"，将显示为"3.26"；输入"3200"，将显示为"3.2"。

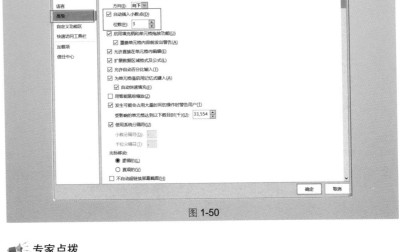

图 1-50

📢 专家点拨

这项设置一般用于一些特殊的数据输入，例如当前表格中需要大量输入小数，在开启这项设置后再输入可以提升输入效率。但此设置对整个 Excel 程序都有效，为防止创建其他表格时数据输入有误，在完成当前表格的这项特殊输入后，需要及时恢复原设置。

1.3 数据的批量输入

技巧 15   快速填充递增序号

在表格的编辑过程中，序号的使用是非常频繁的，而使用序号时我们都是通过填充的方法实现快速输入。

1. 只输入一个填充源

❶ 在 A2 单元格中输入 "1"，选中 A2 单元格，鼠标指针指向右下角的填充柄上，按住 "Ctrl" 键与鼠标左键向下拖动。

❷ 释放鼠标后，单击右下角的按钮（填充选项），在弹出的下拉菜单中选择 "填充序列" 命令（见图 1-51），即可得到如图 1-52 所示的填充结果（序号递增）。

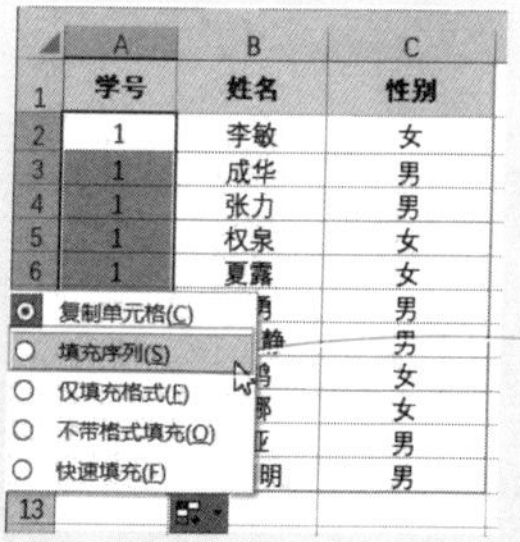

图 1-51

图 1-52

2. 输入两个填充源

在 A2、A3 单元格分别输入序号"1"和"2"，然后选中 A2、A3 单元格，将鼠标指针指向右下角的填充柄上（见图 1-53），按住鼠标向下拖动，即可得到递增的填充序列，如图 1-54 所示。

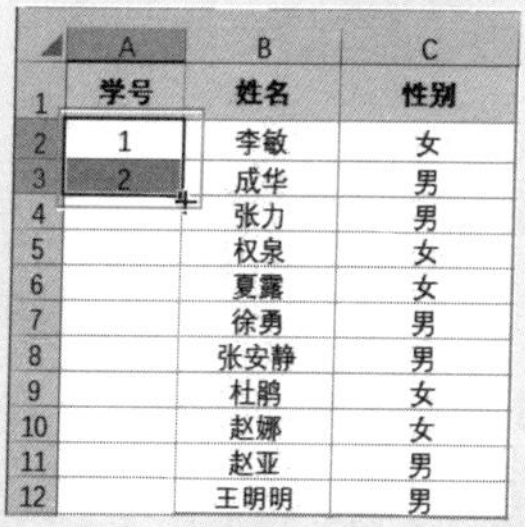

图 1-53

图 1-54

应用扩展

如果想填充不连续的序号，则可以从输入的填充源上着手。

例如，在 A2 单元格中输入"1"，在 A3 单元格中输入"3"（见图 1-55），然后按上述方法拖动填充柄填充，即可得到如图 1-56 所示的填充结果。

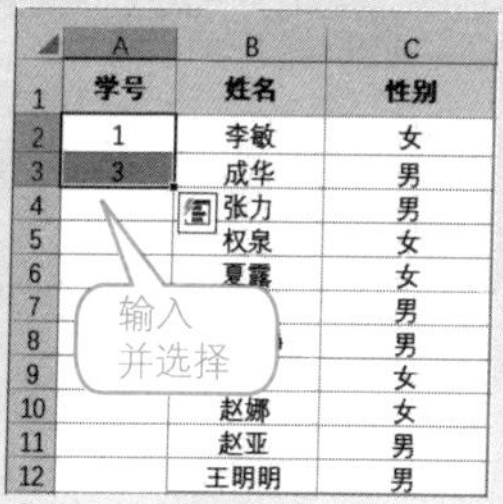

图 1-55

图 1-56

序号还可以是其他样式，如 RA-001、NO.1 等，都可以在输入首个数据后，通过填充批量输入其他序号。

技巧 16　在连续单元格中输入相同日期

日期数据是具有增序性质的，因此在输入首个日期后直接填充是可以得到按日递增的序列的（见图 1-57）。但如果想在连续的单元格区域中得到相同的日期，则可以按如下方法操作。

❶ 在 A2 单元格中输入日期，按住 "Ctrl" 键不放，向下拖动 A2 单元格右下角的填充柄。

❷ 拖动到合适位置后释放鼠标与 "Ctrl" 键，可以得到如图 1-58 所示的填充结果（各单元格日期相同）。

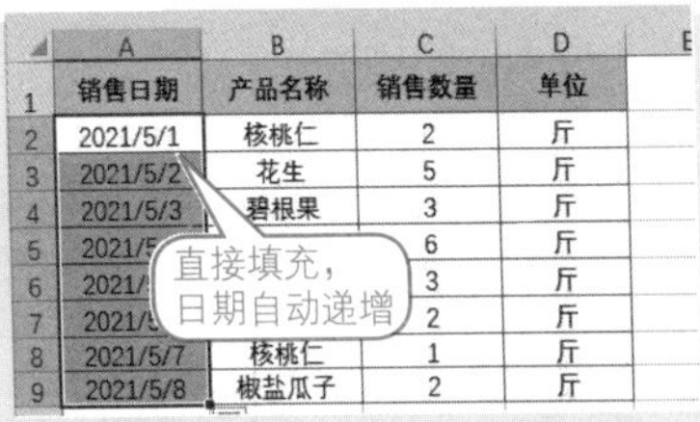

	A	B	C	D
1	销售日期	产品名称	销售数量	单位
2	2021/5/1	核桃仁	2	斤
3	2021/5/2	花生	5	斤
4	2021/5/3	碧根果		斤
5	2021/5/		6	斤
6	2021/5/		3	斤
7	2021/5/			斤
8	2021/5/7	核桃仁	1	斤
9	2021/5/8	椒盐瓜子	2	斤

直接填充，日期自动递增

图 1-57

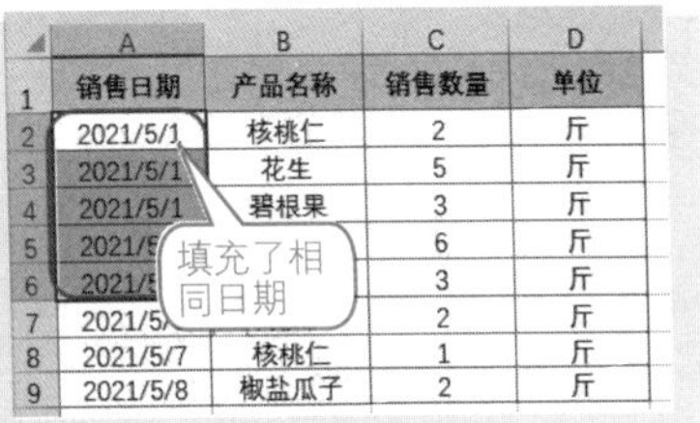

	A	B	C	D
1	销售日期	产品名称	销售数量	单位
2	2021/5/1	核桃仁	2	斤
3	2021/5/1	花生	5	斤
4	2021/5/1	碧根果	3	斤
5	2021/5/		6	斤
6	2021/5/		3	斤
7	2021/5/			斤
8	2021/5/7	核桃仁	1	斤
9	2021/5/8	椒盐瓜子	2	斤

填充了相同日期

图 1-58

🎙️ **专家点拨**

如果想在单元格中填充相同的数据，当输入的数据是日期或具有增序或减序特性时，需要按住 "Ctrl" 键再进行填充。

如果想填充序列，当输入的数据是日期或具有增序或减序特征时，直接填充即可；如果输入的数据是数字，则需要按住 "Ctrl" 键再进行填充。

技巧 17　一次性输入工作日日期

如图 1-59 所示，要求日期按工作日进行填充，即快速输入 1 个月中的工作日（周六日除外）。

❶ 在 A2 单元格中输入首个日期，拖动填充柄向下填充到本月的最后一个日期，释放鼠标后，可以看到一个按钮▣（填充选项）。

❷ 单击按钮▣，在弹出的下拉菜单中选中 "填充工作日" 单选按钮（见图 1-60），则可以看到填充序列中省去了周六日日期，如图 1-61 所示。

📝 **应用扩展**

按类似的方法还可以选择让日期以月填充（间隔一个月显示），如图 1-62

所示。也可以按年填充，只需要在按钮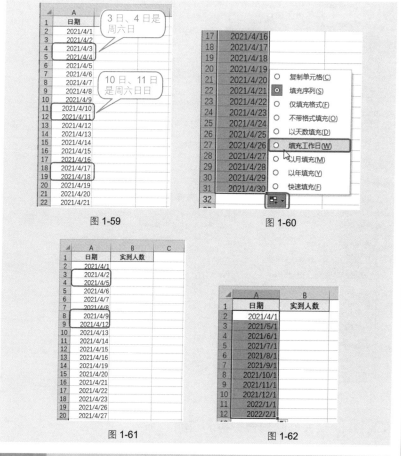的下拉菜单中选择对应的单选按钮即可。

图 1-59

图 1-60

图 1-61

图 1-62

技巧 18　快速填充大批量序号

在工作中，有时会遇到大范围数值的填充，如从 1 到 1000 递增序列，这时如果利用鼠标拖动填充就不是很便利了，利用下面的方法可快速实现。

❶ 在 A3 单元格中输入"1"，单击地址栏，输入"A3:A1002"，如图 1-63 所示。按"Enter"键，即可快速选中 A3:A1002 单元格区域，如图 1-64 所示。

❷ 在"开始"→"编辑"选项组中单击按钮 ⬇ ▾，在弹出的下拉菜单中选择"序列"命令，打开"序列"对话框。

图 1-63   图 1-64

❸ 其他保持默认设置，在"步长值"文本框中输入"1"，在"终止值"文本框中输入"1000"，如图 1-65 所示。

❹ 单击"确定"按钮，即可自动填充序号，如图 1-66 所示。

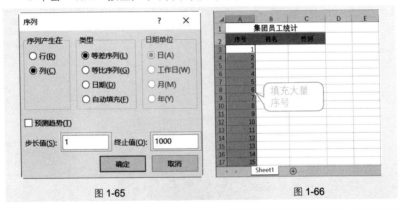

图 1-65   图 1-66

技巧 19 填充间隔指定天数的日期

公司值班日期规定每三天值一次班，利用"填充序列"的方法可快速排出值班表。

❶ 在 A2 单元格中输入首个日期，并选中包括 A2 单元格在内的多个单元格。在"开始"→"编辑"选项组中单击按钮 ▼，在弹出的下拉菜单中选择"序列"命令（见图 1-67），打开"序列"对话框。

❷ 设置"步长值"为"3"，"终止值"为"2021/4/30"，其他选项不变，如图 1-68 所示。

❸ 单击"确定"按钮，即可在选中的单元格区域中填充值班日期，如图 1-69 所示。

高效随身查——Excel 2021 必学的高效办公 应用技巧（视频教学版）

20

图 1-67

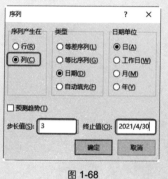

图 1-68

	A	B
1	日期	值班人员
2	2021/4/1	张仲晴
3	2021/4/4	李洽
4	2021/4/7	刘景元
5	2021/4/10	李凯
6	2021/4/13	郭彩霞
7	2021/4/16	周敏
8	2021/4/19	郭暖
9	2021/4/22	张甜甜
10	2021/4/25	丁智慧
11	2021/4/28	马东东
12		周天舒
13		李傈

图 1-69

应用扩展

完成此项数据填充，也可以直接使用先输入填充源再拖动填充柄的方法。注意要输入两个填充源（见图 1-70），让程序能找到填充的规律。

	A	B
1	日期	值班人员
2	2021/4/1	张仲晴
3	2021/4/4	李洽
4		刘景元
5		李凯
6		郭彩霞
7		周敏
8		郭暖
9		张甜甜
10		丁智慧
11		马东东
12		周天舒

图 1-70

技巧 20　一次性输入所有周日日期

企业需要在周日安排值班人员,这时仍然可以通过"填充序列"的设置一次性填充输入周日日期。

❶ 在 A2 单元格中输入首个星期日日期,并选中包括 A2 单元格在内的多个单元格。在"开始"→"编辑"选项组中单击按钮 ,在弹出的下拉菜单中选择"序列"命令(见图 1-71),打开"序列"对话框。

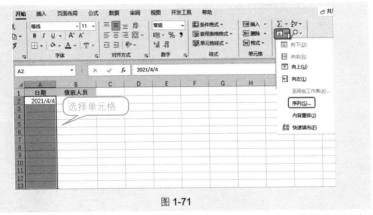

图 1-71

❷ 设置"步长值"为"7","终止值"为"2021/5/31",其他选项不变,如图 1-72 所示。单击"确定"按钮,即可在选中的单元格区域中填充周日日期,如图 1-73 所示。

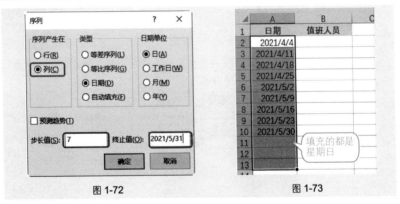

图 1-72　　　　　　　　　　图 1-73

📖✐ **应用扩展**

"序列产生在"栏中"行"与"列"两个单选按钮用于设置填充的方向。

如果在填充前只选择了单行单元格区域或单列单元格区域，这里会自动判断填充方向。如果填充前选择了多行或多列单元格区域，那么需要根据实际需要来选择填充方向。

例如选中 A2:E2 单元格区域，打开"序列"对话框后，选中按"行"方向填充（见图 1-74），填充结果如图 1-75 所示。

图 1-74   图 1-75

技巧 21 批量填充工作日

如果表格中显示了多个月份，要求一次性输入各个月份的工作日日期（见图 1-76），也可以利用"填充序列"的方法快速输入。

▲	A	B	C	D
1	月份	2021年3月	2021年4月	2021年5月
2		2021/3/1	2021/4/1	2021/5/4
3		2021/3/2	2021/4/2	2021/5/5
4		2021/3/3	2021/4/5	2021/5/6
5		2021/3/4	2021/4/6	2021/5/7
6		2021/3/5	2021/4/7	2021/5/10
7		2021/3/8	2021/4/8	2021/5/11
8		2021/3/9	2021/4/9	2021/5/12
9		2021/3/10	2021/4/12	2021/5/13
10		2021/3/11	2021/4/13	2021/5/14
11		2021/3/12	2021/4/14	2021/5/17
12	工	2021/3/15	2021/4/15	2021/5/18
13	作	2021/3/16	2021/4/16	2021/5/19
14	日	2021/3/17	2021/4/19	2021/5/20
15		2021/3/18	2021/4/20	2021/5/21
16		2021/3/19	2021/4/21	2021/5/24
17		2021/3/22	2021/4/22	2021/5/25
18		2021/3/23	2021/4/23	2021/5/26
19		2021/3/24	2021/4/26	2021/5/27
20		2021/3/25	2021/4/27	2021/5/28
21		2021/3/26	2021/4/28	2021/5/31
22		2021/3/29	2021/4/29	
23		2021/3/30	2021/4/30	
24		2021/3/31		

图 1-76

❶ 在 B2、C2、D2 单元格中输入各个月份的首个工作日，接着选中单元格区域，在"开始"→"编辑"选项组中单击按钮 ⬇▾，在弹出的下拉菜单中选择"序列"命令（见图 1-77），打开"序列"对话框。

❷ 在"序列产生在"栏中选中"列"单选按钮，设置"日期单位"为"工作日"，如图 1-78 所示。

❸ 单击"确定"按钮可以得到如图 1-79 的数据。

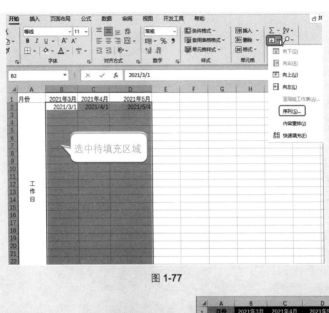

图 1-77

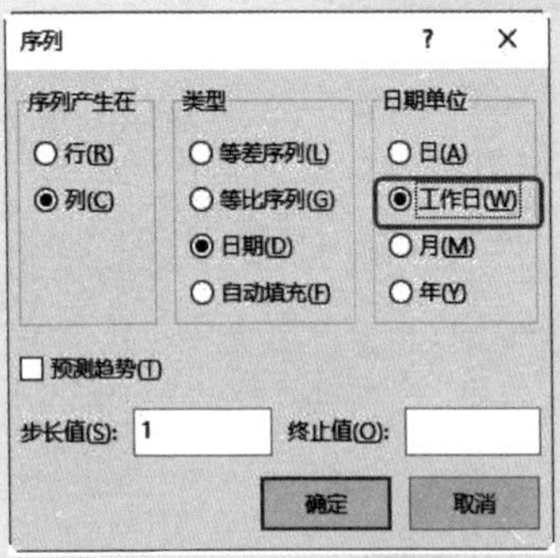

图 1-78

图 1-79

④ 查看每月月末是否有超出本月的数据，对数据表稍加整理即可得到正确数据。

应用扩展

这种填充方式不仅仅运用于日期的填充，其他数据的填充方法也是类似的，但在填充前有时需要输入前两行数据，让程序自动寻找填充的规律。

如图 1-80 所示在第 2 行与第 3 行中输入数据作为填充源，选中 A2:E3 单元格区域，向下填充，可以得到需要的编号，如图 1-81 所示。

图 1-80   图 1-81

技巧 22 自定义填充序列

　　自动填充数据序列的前提是 Excel 程序能识别其相关规律。除了程序中内置的填充序列外，工作中经常需要输入的数据序列，可以通过自定义的方式将其定义为一个可填充的序列。

　　例如，公司员工的姓名序列经常需要在多张工作表中使用到，我们可以将其定义为一个可填充输入的序列。建立序列后，只要输入首个姓名（见图 1-82），拖动填充柄向下填充即可快速填充输入姓名序列，如图 1-83 所示。

图 1-82

图 1-83

　❶ 在工作表的任意空白处输入员工的姓名序列并选中，如图 1-84 所示。

　❷ 选择 "文件" → "选项" 命令，打开 "Excel 选项" 对话框。

　❸ 选择 "高级" 标签，在 "常规" 栏中单击 "编辑自定义列表" 按钮，打开 "自定义序列" 对话框，如图 1-85 所示。

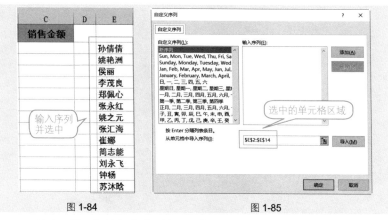

图 1-84　　　　　　　　　　图 1-85

❹ 单击"导入"按钮将序列导入，如图 1-86 所示。依次单击"确定"按钮退出，即可完成该序列的创建。

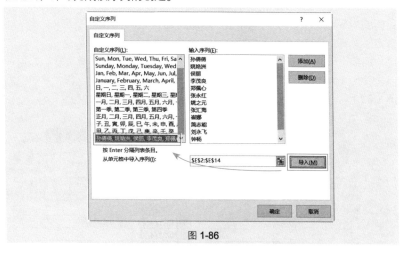

图 1-86

应用扩展

1. 如果在打开"选项"对话框前未选中要建立为序列的单元格区域，可以单击"导入"按钮前的按钮 ⬆ 回到工作表中选择。

2. 如果并未在工作表中输入要建立为序列的数据，可以直接在"自定义序列"对话框的"输入序列"文本框中输入要建立的序列（注意，每输入一个数据后要使用半角逗号隔开或按"Enter"键换行），如图 1-87 所示。最后单击"添加"按钮即可。

图 1-87

技巧 23　一次性在不连续单元格中输入相同数据

　　要在多个不连续的单元格中要输入相同的数据，如果需要输入的数据非常多，用复制方法将非常不便。通过下面的技巧可以实现。

　　❶ 选中首个要输入相同数据的单元格，按住"Ctrl"键依次单击要输入数据的单元格。松开"Ctrl"键，输入数据，如此处输入"邓文越"，如图 1-88 所示。

　　❷ 按"Ctrl+Enter"快捷键，即可一次性在选中的单元格中都输入"邓文越"，如图 1-89 所示。

图 1-88　　　　　　　　　　　　　　　　图 1-89

技巧 24　让空白单元格自动填充上面的数据

　　如图 1-90 所示的表格中，"所在地区"列中数据非常多，对于重复的地区只输入了第一个。现在要求让 A 列中的空白单元格自动填充与上面单元格中相同的数据，即达到如图 1-91 所示的效果。

图 1-90　　　　　　　　　　图 1-91

❶ 选中 A 列单元格。

❷ 在"开始"→"编辑"选项组中单击"查找和选择"按钮，在弹出的下拉菜单选择"定位条件"命令，打开"定位条件"对话框，选中"空值"单选按钮，如图 1-92 所示。

❸ 单击"确定"按钮，看到 A 列中所有空值单元格都被选中，如图 1-93 所示。

图 1-92　　　　　　　　　　图 1-93

❹ 鼠标光标定位到编辑栏中，输入"=A2"，如图 1-94 所示。按"Ctrl+Enter"快捷键即可完成数据的填充输入。

图 1-94

技巧 25　快捷填充海量相同数据

如果很大一块区域（比如 **A1:A1080**）需要输入相同的数据，通过拖动填充柄的方法操作不便。通过下面的技巧操作会很方便，也不容易出错。

❶ 单击地址栏，输入"A2:A1080"，如图 1-95 所示。

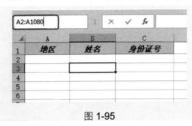

图 1-95

❷ 按"Enter"键，即可快速选中 **A3:A1080** 单元格区域。接着将光标定位到编辑栏中，输入"东城区"，如图 1-96 所示。

❸ 按"Ctrl+Enter"快捷键，**A2:A1080** 单元格区域即可一次性输入相同数据，如图 1-97 所示。

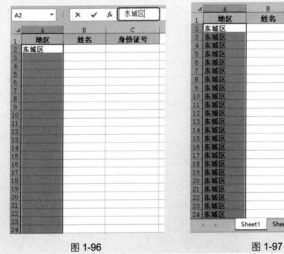

图 1-96

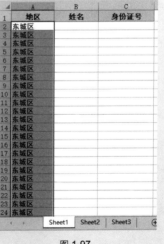

图 1-97

技巧 26　忽略非空单元格，批量输入数据

如果某块单元格区域中仅存在部分数据，现在需要忽略非空单元格，在空白区域中批量输入相同的数据。例如，当前表格如图 1-98 所示，现在需要在空白的单元格中一次性输入"正常"文字，即达到如图 1-99 所示的效果。

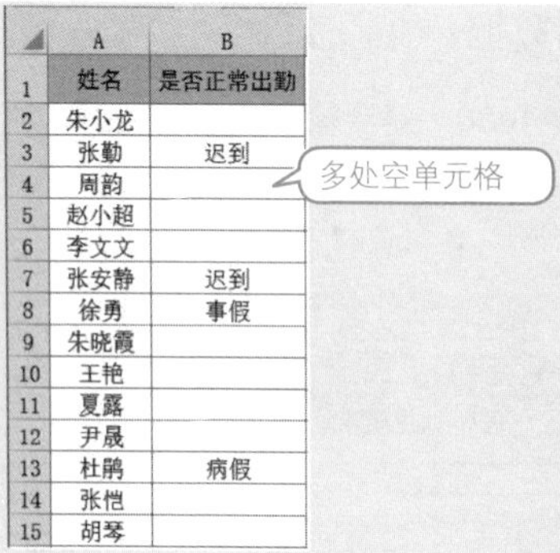

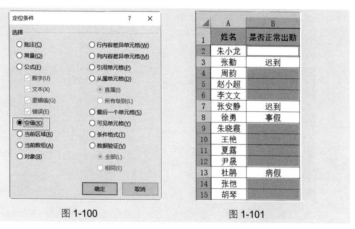

图 1-98  图 1-99

❶ 选中 **B2:B15** 单元格区域，按键盘上的"**F5**"功能键，打开"定位"对话框。

❷ 单击"定位条件"按钮，打开"定位条件"对话框，选中"空值"单选按钮，如图 **1-100** 所示。

❸ 单击"确定"按钮，即可选中所有空单元格，如图 **1-101** 所示。然后在 B2 单元格中输入"正常"文字，按"Ctrl+Enter"快捷键即可一次性填充相同数据。

图 1-100 图 1-101

技巧 27 将当前内容快速填充到其他多个工作表中

本例工作簿中包含 3 个工作表（表格的基本结构是相同的），第一个工作表的数据是完整的，下面需要在另外两个工作表中输入序号、分类、产品名称、规格以及单价，可以使用填充成组工作表功能实现部分相同数据的快速输入。

❶ 在"1月销售数据"表中选中要填充的目标数据,然后同时选中想填充到的其他工作表或多个工作表(这时选中的工作表组成了一个工作组),然后在"开始"→"编辑"选项组中单击按钮  ▼,在弹出的下拉菜单中选择"至同组工作表"命令(见图 1-102),打开"填充成组工作表"对话框。

❷ 选择填充类型为"全部",如图 1-103 所示。

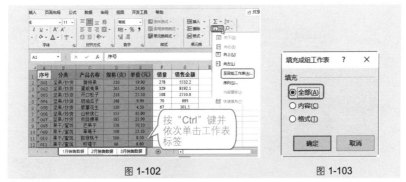

图 1-102   图 1-103

❸ 单击"确定"按钮,即可看到所有成组的工作表中都被填充了在"1月销售数据"表中选中的那一部分内容,如图 1-104、图 1-105 所示。

图 1-104   图 1-105

应用扩展

建立工作组后,在一个工作表中的操作将会应用于工作组中所有的工作表。因此,如果几个表格中需要输入相同的内容,可以先一次性选中多个工作表的标签,建立为工作组。

如图 1-106 所示建立了一个工作组,在任意单元格中输入内容。

输入完成后,切换到工作组中任意工作表,可以看到每个表格中相同的位置出现相同数据,如图 1-107 所示的 Sheet2 工作表和如图 1-108 所示的 Sheet3 工作表。

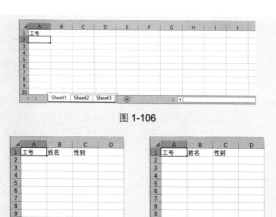

图 1-106

图 1-107　　　　　　　　　　　图 1-108

1.4　导入使用外部数据

技巧 28　导入文本文件数据

文本数据是常见的数据来源，但文本文件仅仅用来记录数据，并没有分析和计算数据的功能，因此需要导入到 Excel 中。如图 1-109 所示为考勤机数据，这类数据都需要先导入到 Excel 工作簿中再进行后续数据分析。

❶ 新建一个空白工作簿，在"数据"→"获取和转换数据"选项组中单击"从文本 /CSV"按钮，如图 1-110 所示。

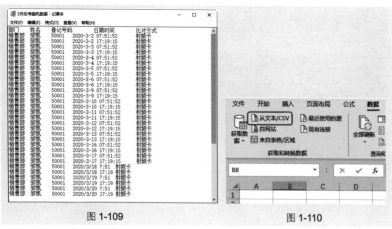

图 1-109　　　　　　　　　　　图 1-110

❷ 打开"导入数据"对话框，选择要使用其中数据的文本文件（见图 1-111），单击"导入"按钮，打开对话框，如图 1-112 所示。

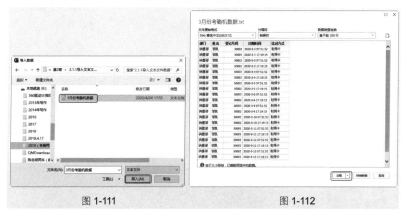

图 1-111　　　　　　　　　　　　　　　　图 1-112

❸ 此时可以看到表格预览。接着单击"加载"按钮，即可将数据导入到表格中，如图 1-113 所示。

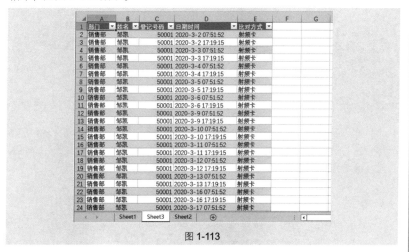

图 1-113

专家点拨

导入文本格式保存的数据要有一定的规则，比如以统一的分隔符进行分隔或具有固定的宽度，这样导入的数据才会自动填入相应的单元格中。过于杂乱的文本数据导入到 Excel 表格中，也会相对杂乱。

工作中经常需要借鉴、使用网页中的某些表格数据，因此网页数据也是源表数据的来源之一。当从网页中找到需要的数据后，可以利用如下方法将其导入到 Excel 工作表中。

❶ 在 Excel 工作表中选中存放数据区域的起始单元格。在"数据"→"获取和转换数据"选项组中单击"自网站"按钮（见图 1-114），打开"从 Web"对话框。

图 1-114

❷ 在"URL"文本框中输入网址（见图 1-115），单击"确定"按钮，打开导航器。

图 1-115

❸ 在导航器中会将当前网页中所有能导入的表格都在左侧生成出来，单击选择会在右侧预览。确定要导入的内容后（见图 1-116），单击"加载"按钮，即可将数据导入到表格中，如图 1-117 所示。

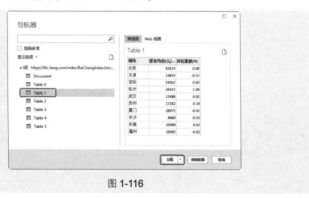

图 1-116

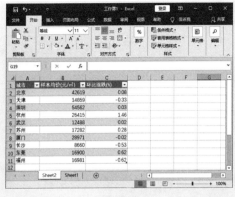

图 1-117

专家点拨

这里在步骤 ② 中输入的网址一定是有需要导入数据的网页，如果网页中没有可以导入的表格，在步骤 ③ 中程序将找不到相应的表格。

第 2 章 Excel 数据编辑

2.1 常用的数据编辑技巧

技巧 1 跨列居中显示表格的标题

为了突出表格标题，最常见的标题美化方式就是将标题跨列居中显示，并加大字体显示，可以有效地和其他单元格区域区分开来，如图 2-1 所示。

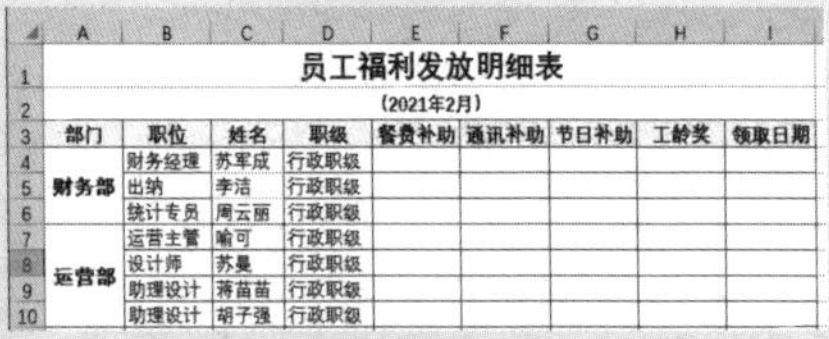

	A	B	C	D	E	F	G	H	I
1	员工福利发放明细表								
2	（2021年2月）								
3	部门	职位	姓名	职级	餐费补助	通讯补助	节日补助	工龄奖	领取日期
4	财务部	财务经理	苏军成	行政职级					
5		出纳	李洁	行政职级					
6		统计专员	周云丽	行政职级					
7	运营部	运营主管	喻可	行政职级					
8		设计师	苏曼	行政职级					
9		助理设计	蒋苗苗	行政职级					
10		助理设计	胡子强	行政职级					

图 2-1

❶ 首先选中要合并的 A1:I1 单元格区域，在“开始”→“对齐方式”选项组中单击按钮（“合并后居中”），如图 2-2 所示。

图 2-2

❷ 此时可以看到选中的单元格区域合并居中显示，如图 2-3 所示。

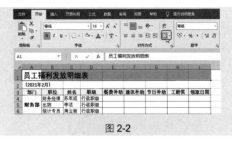

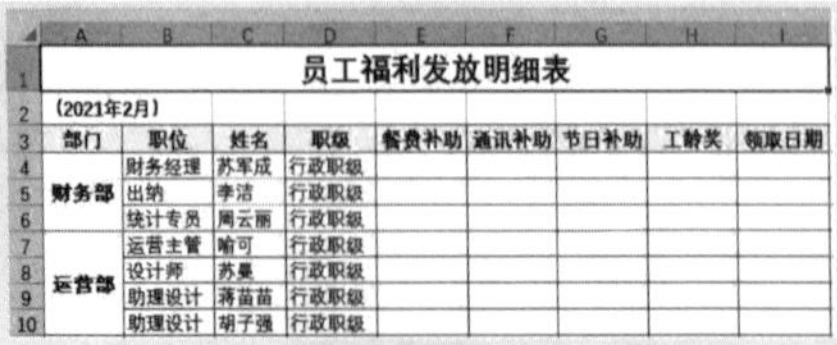

	A	B	C	D	E	F	G	H	I
1	员工福利发放明细表								
2	（2021年2月）								
3	部门	职位	姓名	职级	餐费补助	通讯补助	节日补助	工龄奖	领取日期
4	财务部	财务经理	苏军成	行政职级					
5		出纳	李洁	行政职级					
6		统计专员	周云丽	行政职级					
7	运营部	运营主管	喻可	行政职级					
8		设计师	苏曼	行政职级					
9		助理设计	蒋苗苗	行政职级					
10		助理设计	胡子强	行政职级					

图 2-3

应用扩展

按钮 是一个开关按钮，单击则合并单元格，再次单击则取消合并单元格。

技巧 2 为表格标题添加会计用下画线

为表格标题添加会计用下画线，不但可以美化表格，而且可以对标题起到强调作用。

❶ 选中 A1 单元格，在"开始"→"字体"选项组中单击右下角的按钮（见图 2-4），打开"设置单元格格式"对话框的"字体"选项卡。

图 2-4

❷ 单击"下画线"[①]下拉按钮，在下拉菜单中选择"会计用单下画线"命令（见图 2-5），单击"确定"按钮，即可为表格标题添加会计用下画线，如图 2-6 所示。

图 2-5

———————

① 注：本书正文中"下画线"和软件截图中"下划线"为同一内容，后文不再赘述。

	A	B	C	D	E	F	G	H	I
1				员工福利发放明细表					
2				(2021年2月)					
3	部门	职位	姓名	职级	餐费补助	通讯补助	节日补助	工龄奖	领取日期
4	财务部	财务经理	苏军成	行政职级					
5		出纳	李洁	行政职级					
6		统计专员	周云丽	行政职级					
7	运营部	运营主管	喻可	行政职级					
8		设计师	苏曼	行政职级					
9		助理设计	蒋苗苗	行政职级					
10		助理设计	胡子强	行政职级					

图 2-6

专家点拨

在"设置单元格格式"对话框中，"下画线"下拉列表中有"单下画线"和"双下画线"两个选项，设置效果是直接在选择的单元格文字下添加下画线。而会计用的下画线，是直接在整个单元格下添加下画线，用户可根据自己的需要选择设置效果。

技巧 3 数据竖向显示的效果

默认输入的文字是横排显示的，但很多表格在设计时也需要使用竖向的文字。如图 2-7 所示的竖排文字效果，可以按下面的步骤操作。

图 2-7

❶ 选中要设置竖排效果的单元格区域，这里选中合并后的 A3 单元格。在"开始"→"对齐方式"选项组中单击按钮 ✒▾（方向），弹出下拉菜单，如图 2-8 所示。

图 2-8

❷ 选择"竖排文字"命令，即可实现竖向显示文字。

应用扩展

按钮 ✏ ▾（方向）的下拉菜单中还提供了其他几项命令，可以设置倾斜显示、向上旋转、向下旋转文字等。如图2-9所示为选择"逆时针角度"的效果。

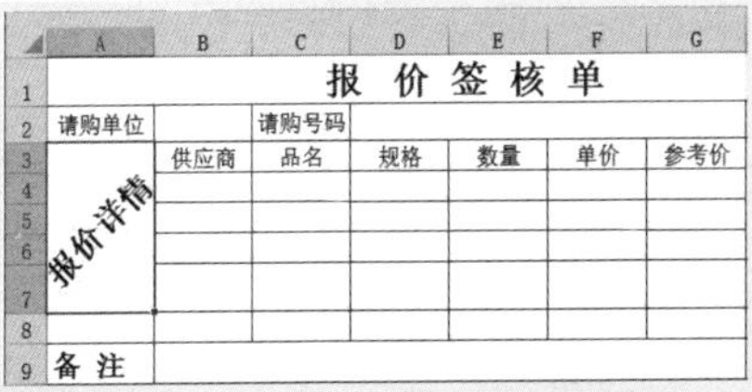

图 2-9

技巧4 合并居中与跨列居中的区别

一般情况下会为表格设置合并居中的效果，另一种相似的效果是跨列居中，二者从视觉上看效果一样（见图2-10），但对数据列的影响却不同。如果使用合并居中，那么表格的多列被锁定，无法进行列列互换；使用跨列居中，则可以进行列列互换。

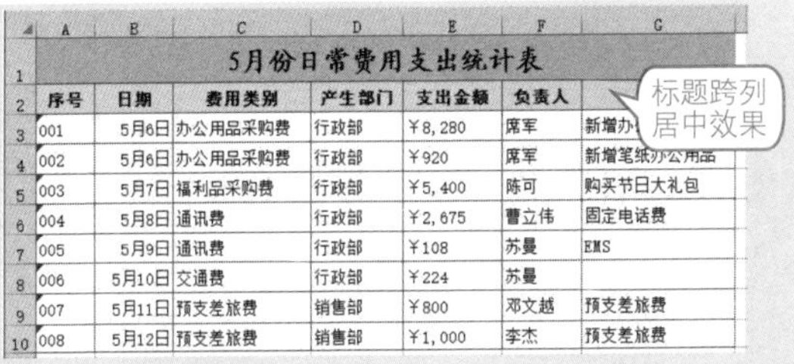

图 2-10

❶ 如图2-11所示的标题进行了合并居中处理，当试图交换数据的列时就会弹出无法操作的提示。

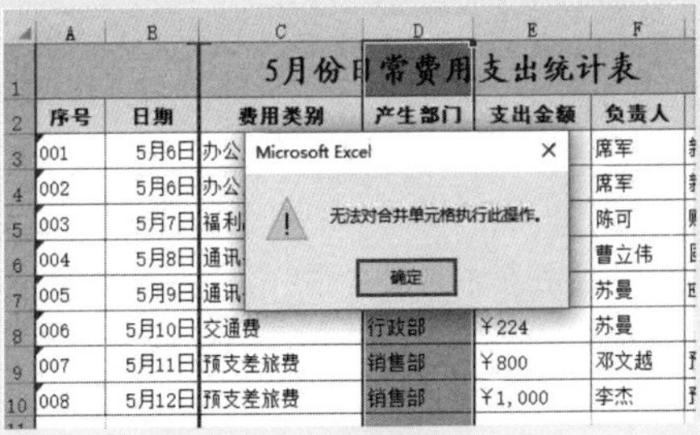

图 2-11

② 如图 2-12 所示的标题进行了跨列居中处理，当交换数据的列时可以操作。

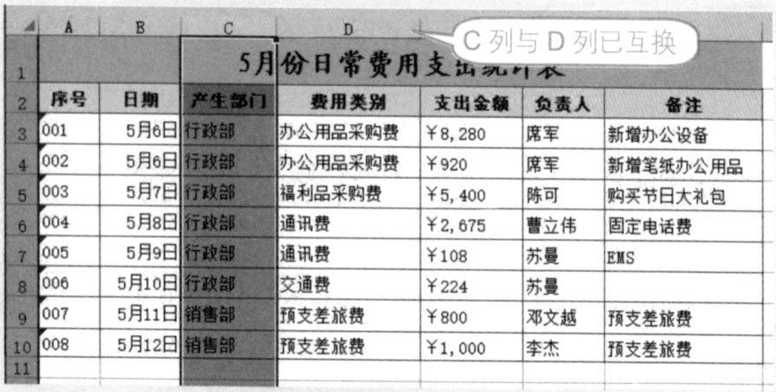

图 2-12

技巧 5　设计单元格框线

　　默认的单元格无框线，这样表格就比较单调不美观，而且不易区分单元格之间的数据，因此一般情况下都需要为表格的数据区域添加边框。如图 2-13 所示为单元格设置框线后的效果。下面具体介绍为单元格设置框线的方法。

图 2-13

　　❶ 选择需设置框线的单元格区域，在"开始"→"字体"选项组中单击按钮，打开"设置单元格格式"对话框。

　　❷ 单击"边框"标签，在"样式"框中选择边框样式，在"颜色"下拉列表中设置边框的颜色，然后在"预置"栏中选择"外边框"，即可将设置的边框效果应用到外边框，如图 2-14 所示。

　　❸ 然后再重新设置"样式"，并在"预置"栏中选择"内部"，设置内部边框效果，如图 2-15 所示。

40

高效随身查——Excel 2021 必学的高效办公 应用技巧（视频教学版）

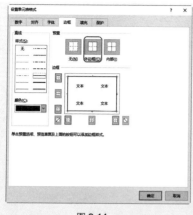

图 2-14　　　　　　　　　　　　　　　图 2-15

❹设置完成后，单击"确定"按钮，即可为单元格添加边框。

技巧6　只应用部分框线装饰表格

通过应用部分框线也可以起到装饰表格的目的，如图 2-16 所示的表头就是利用了部分框线进行装饰，其操作方法如下。

会 议 纪 要	
会议名称：	
会议时间：	
召开地点：	
会议主持人：	
会议记录人：	
参会人员	
缺席人员	
人员统计	1 应到　人　实到　人
	2 缺席人员情况说明

图 2-16

❶选中标题区域，即 A1 单元格，在"开始"→"数字"选项组中单击按钮 ▣（见图 2-17），打开"设置单元格格式"对话框。

❷选择"边框"选项卡，在"样式"列表框中先选择边框样式，然后在"颜色"下拉列表框中选择边框颜色，在"边框"栏中分别单击"上边框"和"下边框"按钮（见图 2-18）。

❸单击"确定"按钮，即可将设置的线条样式与颜色应用到标题行的上边框与下边框。

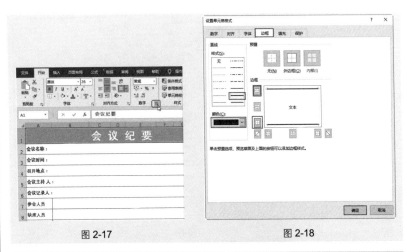

图 2-17 图 2-18

技巧 7 快速设置数据为货币样式

在财务报表中经常需要使用货币样式的数据（见图 2-19），可以在输入普通数据后一次性进行设置。

选中要设置货币格式的单元格区域，在"开始"→"数字"选项组中单击"数字格式"下拉按钮，在打开的下拉列表中单击"会计专用"按钮（见图 2-20），在设置了"会计专用"格式的单元格中输入数值就会显示为会计专用格式。或者如果先设置格式再输入数据，也可以达到同样的效果。

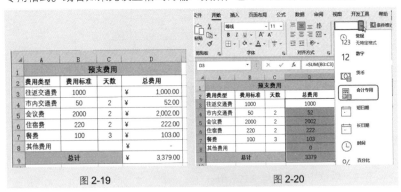

图 2-19 图 2-20

技巧 8 将现有单元格的格式添加为样式

如果现有工作表中有一处格式在日常建表时经常需要使用，则可以将该区域的格式创建为样式。创建样式会保存到样式库中，后期任意表格再想使用此格式，可以直接套用。

❶ 选中需要保存样式的单元格，在"开始"→"样式"选项组中单击"单元格样式"下拉按钮，在下拉菜单中选择"新建单元格样式"命令（见图 2-21），打开"样式"对话框。

图 2-21

❷ 在"样式名"文本框中输入样式名，如"表头样式"，在"样式包括"栏下选中各个样式，如图 2-22 所示。

❸ 单击"确定"按钮完成设置。当有单元格区域需要使用这个格式时，选中区域，单击"单元格样式"下拉按钮，然后选择之前保存的样式（见图 2-23），即可应用，如图 2-24 所示。

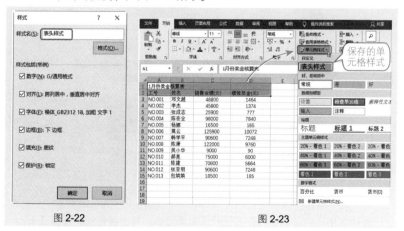

图 2-22　　　　　　　　　　　　　图 2-23

	A	B	C	D
1	1月份奖金核算表			
2	工号	姓名	销售业绩(元)	绩效奖金(元)
3	NO.001	邓文越	48800	1464
4	NO.002	李杰	45800	1374
5	NO.003	张成志	25900	777
6	NO.004	陈在全	98000	7840
7	NO.005	杨娜	16500	165
8	NO.006	莫云	125900	10072
9	NO.007	韩学平	90600	7248
10	NO.008	陈萧	122000	9760
11	NO.009	吴小华	9000	90
12	NO.010	郝亮	75000	6000

图 2-24

技巧 9　用格式刷快速引用表格格式

格式刷是一个非常实用的工具，利用它可以快速复制表格中已有的格式，随用随刷，非常方便，可以在很大程度上提升建表的效率。

❶ 选中要引用其格式的单元格或单元格区域，在"开始"→"剪贴板"选项组中单击按钮 ，光标变成 形状，如图 2-25 所示。

图 2-25

❷ 在需要使用相同格式的单元格上单击（如果是单元格区域，则按住鼠标左键拖动）即可引用格式，如图 2-26 所示。

	A	B	C	D	E	F
1	所属职位	入职时间	基本工资		姓名	销售金额
2	业务员	04/3/1	¥ 900		郑立媛	122800
3	总监	99/2/14	¥ 2,600		钟武	158900
4	员工	02/3/1	¥ 1,900		喻可	110090
5	部门经理	06/3/1	¥ 2,600			
6	员工	07/4/5	¥ 2,100			

引用了格式

图 2-26

❸ 数字格式也可以引用，如选中 C2 单元格，单击按钮 ，直接在 E2:F4 单元格区域上拖动，引用的格式如图 2-27 所示。

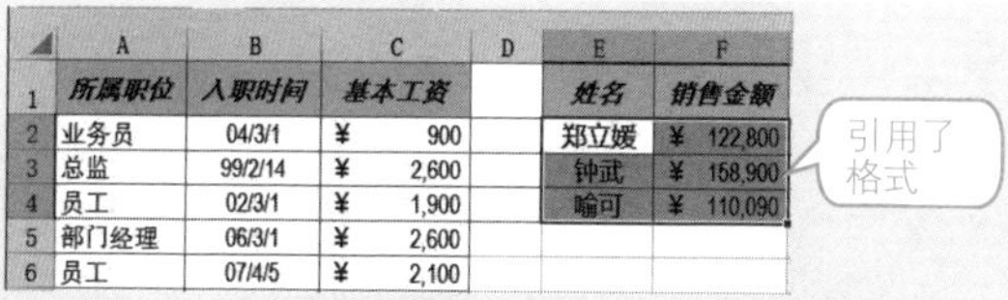

图 2-27

专家点拨

如果多个不连续的单元格区域都需要引用相同的格式，在选中引用源后，可以双击按钮 ，然后依次在需要使用格式的单元格上单击或拖动，当使用结束后，再次单击按钮 取消选择即可。

技巧 10　一次性清除单元格所有的格式

一次性清除单元格格式的功能非常实用，一键操作，方便快捷。

选中需要清除格式的单元格或单元格区域，在"开始"→"编辑"选项组中单击按钮 ，打开下拉菜单，选择"清除格式"命令（见图 2-28），即可清除格式，恢复到默认设置，如图 2-29 所示。

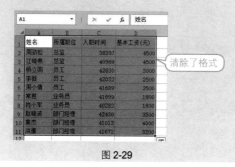

图 2-28

图 2-29

📑✏️ **应用扩展**

"全部清除"是将选中单元格区域中的内容与格式清空，"清除内容"是只清除数据而保留格式，另外还有"清除批注""清除链接"，可根据需要选择使用。

2.2　快速选定与查找替换

技巧 11　选取多个不连续的单元格区域

在编辑单元格时，有时需要选择多处不连续的单元格，可以使用下列方法任意选择。

1. 利用"Ctrl"键和鼠标配合选取

❶ 按住"Ctrl"键的同时，单击所要选择的单元格区域或拖动选择单元格区域，即可选中这些单元格，如图 2-30 所示。

❷ 松开"Ctrl"键，再在任意单元格单击，即可取消选择。

2. 利用"Shift+F8"快捷键和鼠标配合选取

❶ 先选中首个单元格，如 A2 单元格，按一下"Shift+F8"快捷键，然后再单击其他单元格或拖动选择单元格区域，即可选中这些单元格，如图 2-31 所示。

❷ 再次按"Shift+F8"快捷键，即可退出任意选择状态。

	A	B	C
1	工号	姓名	所在部门
2	NO.001	邓文越	销售1部
3	NO.002	李杰	销售1部
4	NO.003	张成志	销售2部
5	NO.004	陈在全	销售2部
6	NO.005	杨娜	销售2部
7	NO.006	莫云	销售1部
8	NO.007	韩学平	营销部
9	NO.008	陈潇	销售2部
10	NO.009	吴小华	销售1部
11	NO.010	郝亮	销售2部
12	NO.011	陈建	销售1部
13	NO.012	张亚明	营销部
14	NO.013	包娟娟	营销部
15			

图 2-30

	A	B	C
1	工号	姓名	所在部门
2	NO.001	邓文越	销售1部
3	NO.002	李杰	销售1部
4	NO.003	张成志	销售2部
5	NO.004	陈在全	销售2部
6	NO.005	杨娜	销售2部
7	NO.006	莫云	销售1部
8	NO.007	韩学平	营销部
9	NO.008	陈潇	销售2部
10	NO.009	吴小华	销售1部
11	NO.010	郝亮	销售2部
12	NO.011	陈建	销售1部
13	NO.012	张亚明	营销部
14	NO.013	包娟娟	营销部

图 2-31

技巧 12　快速定位超大单元格区域

有的表格数据很多，可能有几十行或几百行。在几十行或者几百行的数据区域中拖动鼠标比较麻烦，也较容易出错，利用下面的方法可准确、快速地选取超大单元格区域。

单击编辑栏左侧单元格地址框，输入单元格地址“A2:D28”（见图 2-32），然后按“Enter”键，即可快速定位超大单元格区域，如图 2-33 所示。

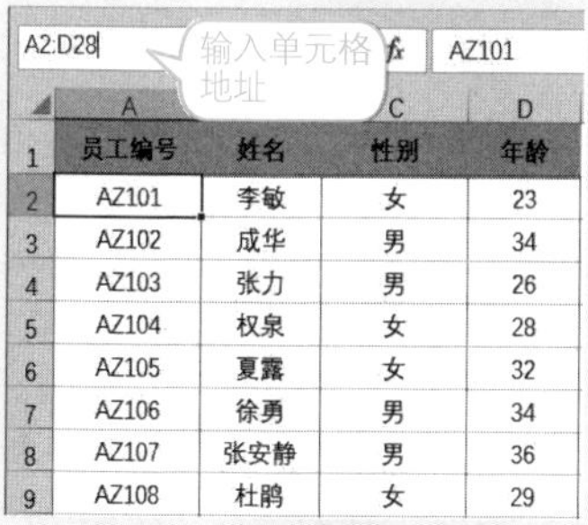

	A	B	C	D
1	员工编号	姓名	性别	年龄
2	AZ101	李敏	女	23
3	AZ102	成华	男	34
4	AZ103	张力	男	26
5	AZ104	权泉	女	28
6	AZ105	夏露	女	32
7	AZ106	徐勇	男	34
8	AZ107	张安静	男	36
9	AZ108	杜鹃	女	29

图 2-32

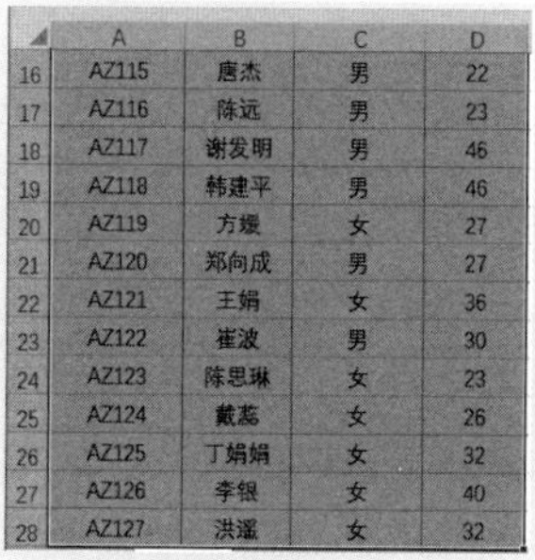

	A	B	C	D
16	AZ115	唐杰	男	22
17	AZ116	陈远	男	23
18	AZ117	谢发明	男	46
19	AZ118	韩建平	男	46
20	AZ119	方媛	女	27
21	AZ120	郑向成	男	27
22	AZ121	王娟	女	36
23	AZ122	崔波	男	30
24	AZ123	陈思琳	女	23
25	AZ124	戴燕	女	26
26	AZ125	丁娟娟	女	32
27	AZ126	李银	女	40
28	AZ127	洪瑶	女	32

图 2-33

应用扩展

在地址框中除了可以定位连续单元格区域，也可以定位不连续单元格区域。

将光标定位到编辑栏左侧单元格地址框，输入多个单元格地址，注意每个地址间使用逗号间隔，如图 2-34 所示；然后按“Enter”键即可快速选中，如图 2-35 所示。

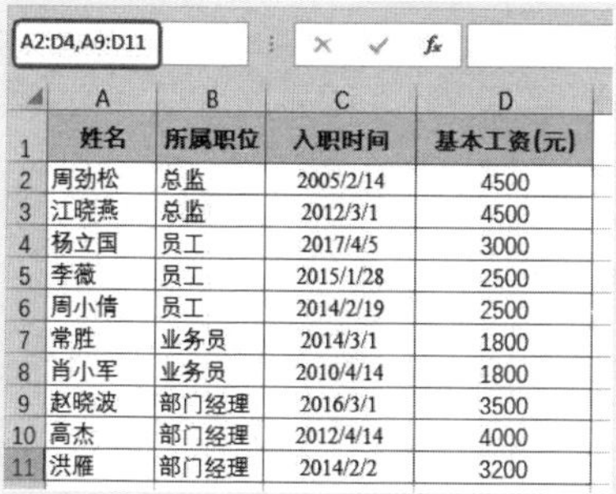

	A	B	C	D
1	姓名	所属职位	入职时间	基本工资(元)
2	周劲松	总监	2005/2/14	4500
3	江晓燕	总监	2012/3/1	4500
4	杨立国	员工	2017/4/5	3000
5	李薇	员工	2015/1/28	2500
6	周小倩	员工	2014/2/19	2500
7	常胜	业务员	2014/3/1	1800
8	肖小军	业务员	2010/4/14	1800
9	赵晓波	部门经理	2016/3/1	3500
10	高杰	部门经理	2012/4/14	4000
11	洪雁	部门经理	2014/2/2	3200

图 2-34

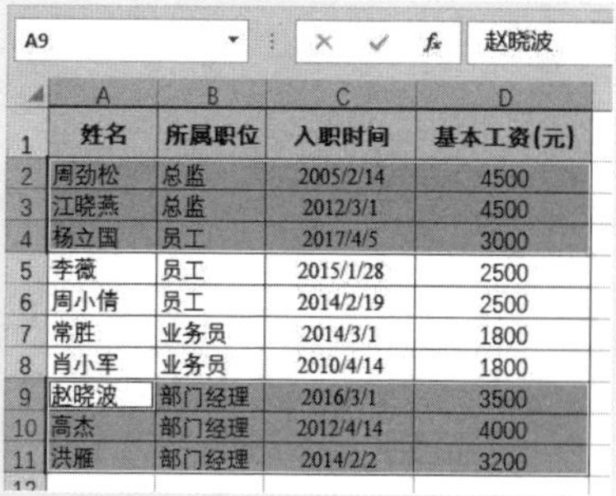

	A	B	C	D
1	姓名	所属职位	入职时间	基本工资(元)
2	周劲松	总监	2005/2/14	4500
3	江晓燕	总监	2012/3/1	4500
4	杨立国	员工	2017/4/5	3000
5	李薇	员工	2015/1/28	2500
6	周小倩	员工	2014/2/19	2500
7	常胜	业务员	2014/3/1	1800
8	肖小军	业务员	2010/4/14	1800
9	赵晓波	部门经理	2016/3/1	3500
10	高杰	部门经理	2012/4/14	4000
11	洪雁	部门经理	2014/2/2	3200

图 2-35

技巧 13 一次性选中所有空值单元格

一次性定位空值可以用来快速查找空白单元格，同时也能实现数据的批量输入。例如在本例中，考核成绩的大块区域只有少量的“不合格”文字，除了这些数据外，其他区域都需要输入“合格”文字。要想实现一次性快速输入，则需要先定位空值单元格，然后再执行文本输入。

❶ 选中要输入数据的所有单元格区域，按键盘上的“F5”键，打开“定位”

对话框，单击"定位条件"按钮，打开"定位条件"对话框，如图 **2-36** 所示。

　　❷ 选中"空值"单选按钮，并单击"确定"按钮，即可将数据表中所有空值单元格都选中，如图 **2-37** 所示。

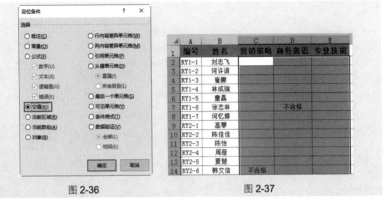

图 2-36　　　　　　　　　　　图 2-37

　　❸ 选中后，在编辑栏内输入"合格"，如图 **2-38** 所示。

　　❹ 按"Ctrl+Enter"快捷键，即可完成大块区域相同数据的填充（排除非空单元格），如图 **2-39** 所示。

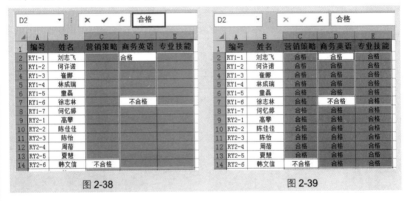

图 2-38　　　　　　　　　　　图 2-39

应用扩展

　　在"定位条件"对话框中还可以选择定位"常量""条件格式""数据验证"等，这些操作都是为了能快速选中具有某一相同特征的单元格。选中单元格不是目的，选中后进行统一的编辑操作才是最终目的。

技巧 14　一次性定位可见单元格

　　定位可见单元格指的是只定位选取当前可见的单元格，其他隐藏的单元格不被选取。这项定位又有什么作用呢？下面仍然举出一个例子来解说。

在如图 2-40 所示的 **Sheet1** 工作表中，选中全部数据区域后，将其复制粘贴到 **Sheet2** 工作表中，但是发现复制的结果却与我们看见的不同。

在 **Sheet1** 工作表中只看见了"线上"渠道的数据，但是粘贴到 **Sheet2** 工作表中，多出了"线下"渠道的数据，如图 2-41 所示。这是因为在 **Sheet1** 工作表中，"线下"渠道的数据被隐藏，所以即使在看不见的情况下，也能将被隐藏的数据粘贴到其他位置。要解决这个问题，可以先定位可见单元格，然后再执行复制的操作。

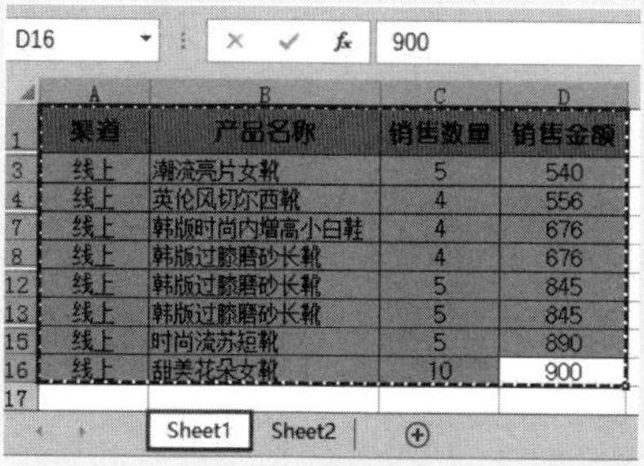

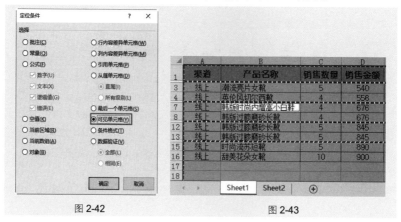

图 2-40 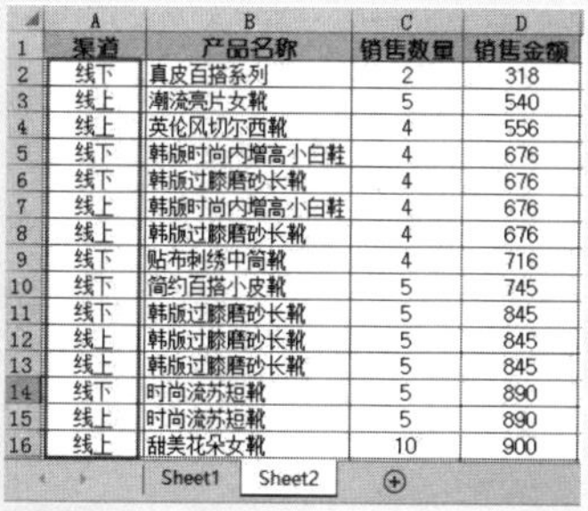　　　　　　　　　　　　　　　图 2-41

❶ 切换到 **Sheet1** 工作表中，按"F5"键，打开"定位"对话框，单击"定位条件"按钮，打开"定位条件"对话框。选中"可见单元格"单选按钮，如图 2-42 所示。

❷ 单击"确定"按钮返回到工作表中，选中 **Sheet1** 工作表中目光可见的单元格区域。

❸ 按"Ctrl+C"快捷键复制选中的单元格，如图 2-43 所示。

图 2-42　　　　　　　　　　　　　　　图 2-43

49

❹ 切换到 Sheet2 工作表中，并选中 A1 单元格作为粘贴的起始位置。按“Ctrl+V”快捷键粘贴，即可实现复制粘贴可见单元格，如图 2-44 所示。

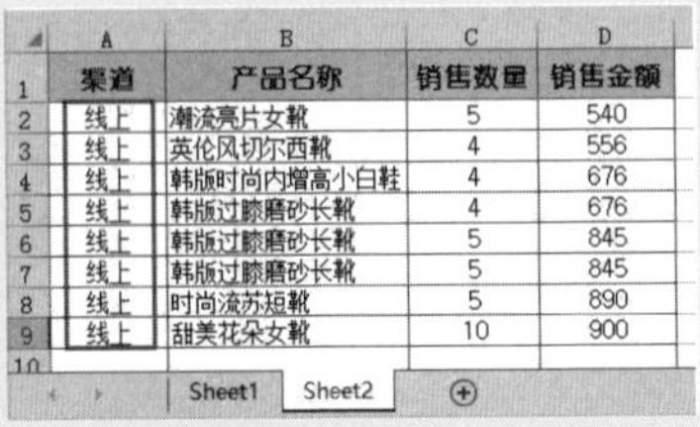

	A	B	C	D
1	渠道	产品名称	销售数量	销售金额
2	线上	潮流亮片女靴	5	540
3	线上	英伦风切尔西靴	4	556
4	线上	韩版时尚内增高小白鞋	4	676
5	线上	韩版过膝磨砂长靴	4	676
6	线上	韩版过膝磨砂长靴	5	845
7	线上	韩版过膝磨砂长靴	5	845
8	线上	时尚流苏短靴	5	890
9	线上	甜美花朵女靴	10	900

图 2-44

技巧 15　查看公式引用的所有单元格

通过查看公式引用了哪些单元格，可以帮助用户对公式的理解。

选中包含公式的单元格（或单元格区域），在英文输入状态下，按“Ctrl+[”快捷键即可快速选取该区域中的公式所引用的所有单元格。

选中 D6 单元格（见图 2-45），然后按“Ctrl+[”快捷键，可以看到 B6:C6 单元格区域被选中（见图 2-46），表示 D6 单元格中的公式引用了 B6:C6 单元格区域中的数据来进行计算。

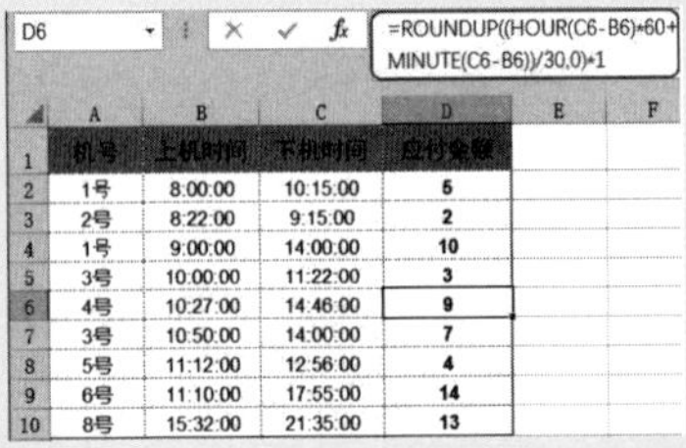

	A	B	C	D
1	机号	上机时间	下机时间	应付金额
2	1号	8:00:00	10:15:00	5
3	2号	8:22:00	9:15:00	2
4	1号	9:00:00	14:00:00	10
5	3号	10:00:00	11:22:00	3
6	4号	10:27:00	14:46:00	9
7	3号	10:50:00	14:00:00	7
8	5号	11:12:00	12:56:00	4
9	6号	11:10:00	17:55:00	14
10	8号	15:32:00	21:35:00	13

图 2-45

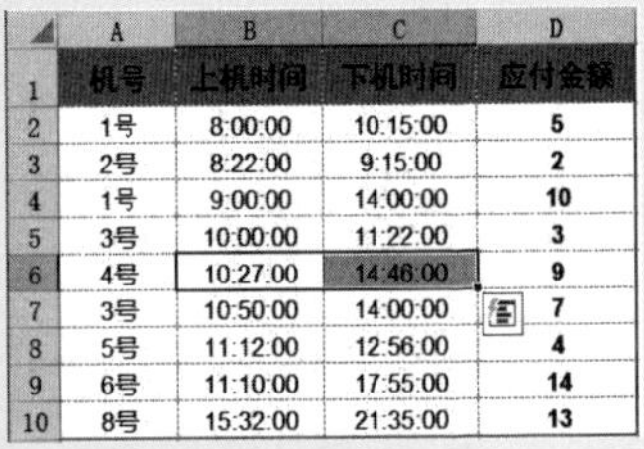

	A	B	C	D
1	机号	上机时间	下机时间	应付金额
2	1号	8:00:00	10:15:00	5
3	2号	8:22:00	9:15:00	2
4	1号	9:00:00	14:00:00	10
5	3号	10:00:00	11:22:00	3
6	4号	10:27:00	14:46:00	9
7	3号	10:50:00	14:00:00	7
8	5号	11:12:00	12:56:00	4
9	6号	11:10:00	17:55:00	14
10	8号	15:32:00	21:35:00	13

图 2-46

技巧 16　一次性选中表格中相同格式的单元格

利用查找功能可以实现快速选取工作表或工作簿中具有相同格式的单元格。

❶ 在当前工作表中，在“开始”→“编辑”选项组中单击“查找和选择”下拉按钮，在打开的下拉菜单中选择“查找”命令（见图 2-47），打开“查找和替换”对话框。

❷ 单击“查找内容”右侧的“格式”按钮右侧的下三角，展开下拉菜单，如图 2-48 所示。

❸ 选择“从单元格选择格式”命令，回到工作表中，此时鼠标变成了✚🖊形状，如图 2-49 所示。

图 2-47

图 2-48

图 2-49

❹ 例如，用 🔵🖊 形鼠标选取一个橘黄色的单元格，回到"查找和替换"对话框中。单击"查找全部"按钮，可以看到下面的列表中显示出所有查找到的单元格，将它们全部选中（先选中一个，再按"Ctrl+A"快捷键），如图 2-50 所示。

❺ 单击"关闭"按钮关闭"查找和替换"对话框，可以看到工作表中所有与选取的单元格具有相同格式的单元格都被选中了，如图 2-51 所示。

图 2-50

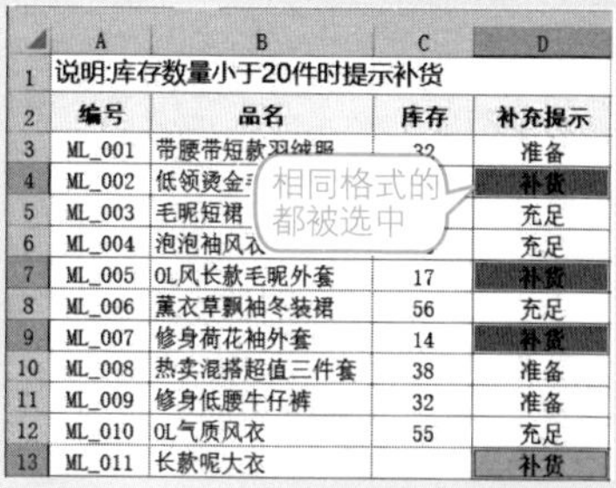

图 2-51

📑✏ 应用扩展

默认情况下是查找并选取当前工作表中的所有相同格式的单元格。如果想查找并选择当前工作簿中所有相同格式的单元格，需要在"查找和替换"对话框中，在"范围"框的下拉列表中选择"工作簿"即可。

要想快速定位工作表中所有的合并单元格，也需要借助于查找功能来实现。

❶ 在当前工作表中，在"开始"→"编辑"选项组中单击"查找和选择"下拉按钮，在打开的下拉菜单中选择"查找"命令，打开"查找和替换"对话框。

❷ 单击"查找内容"右侧的"格式"按钮，打开"查找格式"对话框，单击"对齐"标签，选中"合并单元格"复选框，如图 2-52 所示。

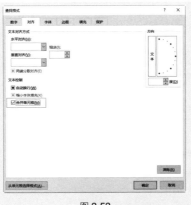

图 2-52

❸ 单击"确定"按钮，回到"查找和替换"对话框中，单击"查找全部"按钮，可以看到下面的列表中显示出所有查找到的单元格，将它们全部选中（先选中一个，再按"Ctrl+A"快捷键），如图 2-53 所示。

❹ 单击"关闭"按钮关闭"查找和替换"对话框，可以看到工作表中所有被合并过的单元格全部被选中，如图 2-54 所示。

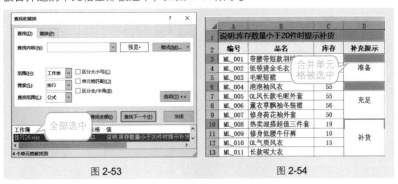

图 2-53　　　　　　　　　　　　　　　图 2-54

技巧 18　数据替换的同时，自动设置格式

通过在“查找和替换”对话框中进行相关设置，可以实现在替换数据的同时为其设置格式，以达到突出显示的目的。

如图 2-55 所示，要求将 D 列中所有“电饭煲”替换为“餐具套件”，并设置格式，如图 2-56 所示。

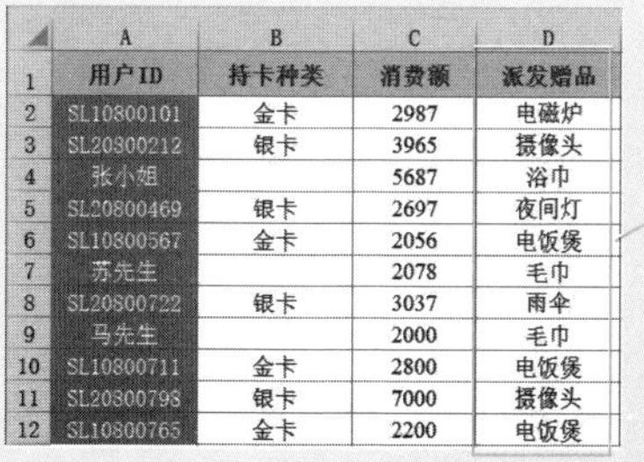

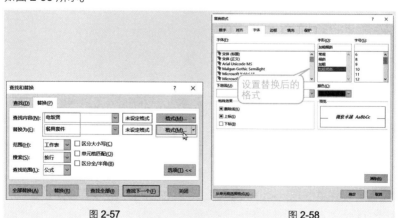

	A	B	C	D
1	用户ID	持卡种类	消费额	派发赠品
2	SL10800101	金卡	2987	电磁炉
3	SL20300212	银卡	3965	摄像头
4	张小姐		5687	浴巾
5	SL20800469	银卡	2697	夜间灯
6	SL10800567	金卡	2056	电饭煲
7	苏先生		2078	毛巾
8	SL20800722	银卡	3037	雨伞
9	马先生		2000	毛巾
10	SL10800711	金卡	2800	电饭煲
11	SL20800798	银卡	7000	摄像头
12	SL10800765	金卡	2200	电饭煲

图 2-55

	A	B	C	D
1	用户ID	持卡种类	消费额	派发赠品
2	SL10800101	金卡	2987	电磁炉
3	SL20800212	银卡	3965	摄像头
4	张小姐		5687	浴巾
5	SL20800469	银卡	2697	夜间灯
6	SL10800567	金卡	2056	***餐具套件***
7	苏先生		2078	毛巾
8	SL20800722	银卡	3037	雨伞
9	马先生		2000	毛巾
10	SL10800711	金卡	2800	***餐具套件***
11	SL20800798	银卡	7000	摄像头
12	SL10800765	金卡	2200	***餐具套件***

图 2-56

❶ 在当前工作表中，在“开始”→“编辑”选项组中单击“查找和选择”下拉按钮，在打开的下拉菜单中选择“替换”命令，打开“查找和替换”对话框。

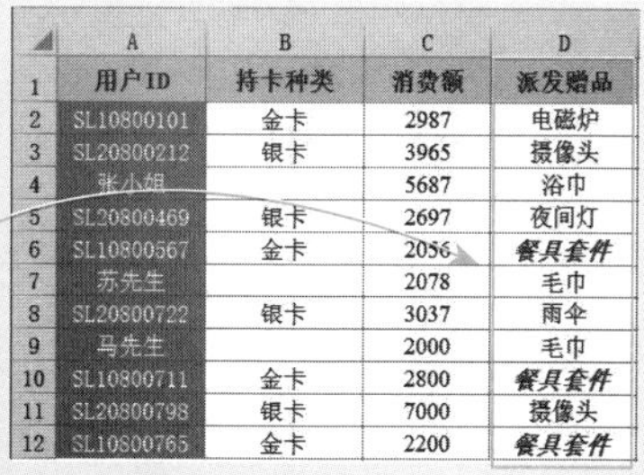

❷ 分别输入查找内容与替换内容（见图 2-57），然后单击“替换为”右侧的“格式”按钮，打开“替换格式”对话框。

❸ 单击“字体”标签，设置替换后其显示的文字字形、字号、颜色等格式，如图 2-58 所示。

图 2-57

图 2-58

❹ 单击“确定”按钮，回到“查找和替换”对话框，可以看到“替换为”右侧显示了预览效果，如图 2-59 所示。

⑤ 单击“全部替换”按钮，就可实现将所有找到的记录设置为特定的格式。

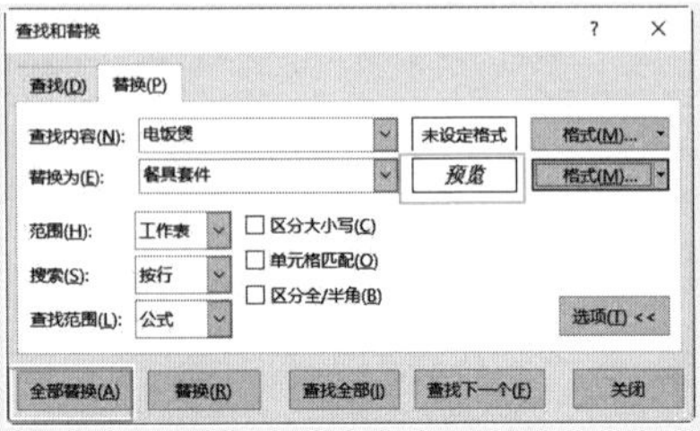

图 2-59

应用扩展

在“替换格式”对话框中，本例中只设置文字格式。还可以切换到各标签下分别设置替换后数据想显示的格式，如数字格式、填充颜色与边框、对齐方式等。

技巧 19 只在指定区域中进行替换

在进行查找替换时，默认是在整个表格中进行，但是若只需替换指定区域的数据，可按下面的方法操作。

如图 2-60 所示，将 5 月 1 日和 5 月 2 日的“百吉商场”替换为“凯旋广场”，替换后效果如图 2-61 所示。

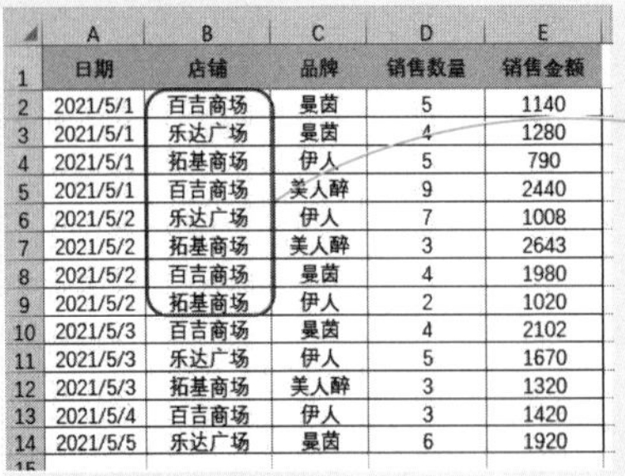

	A	B	C	D	E
1	日期	店铺	品牌	销售数量	销售金额
2	2021/5/1	百吉商场	曼茵	5	1140
3	2021/5/1	乐达广场	曼茵	4	1280
4	2021/5/1	拓基商场	伊人	5	790
5	2021/5/1	百吉商场	美人醉	9	2440
6	2021/5/2	乐达广场	伊人	7	1008
7	2021/5/2	拓基商场	美人醉	3	2643
8	2021/5/2	百吉商场	曼茵	4	1980
9	2021/5/2	拓基商场	伊人	2	1020
10	2021/5/3	百吉商场	曼茵	4	2102
11	2021/5/3	乐达广场	伊人	5	1670
12	2021/5/3	拓基商场	美人醉	3	1320
13	2021/5/4	百吉商场	伊人	3	1420
14	2021/5/5	乐达广场	曼茵	6	1920

图 2-60

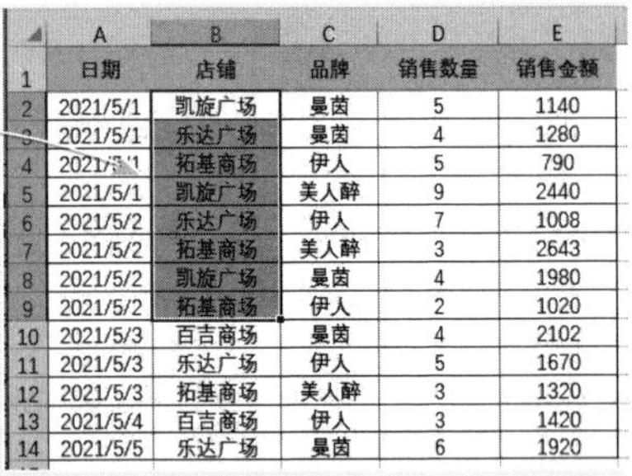

	A	B	C	D	E
1	日期	店铺	品牌	销售数量	销售金额
2	2021/5/1	凯旋广场	曼茵	5	1140
3	2021/5/1	乐达广场	曼茵	4	1280
4	2021/5/1	拓基商场	伊人	5	790
5	2021/5/1	凯旋广场	美人醉	9	2440
6	2021/5/2	乐达广场	伊人	7	1008
7	2021/5/2	拓基商场	美人醉	3	2643
8	2021/5/2	凯旋广场	曼茵	4	1980
9	2021/5/2	拓基商场	伊人	2	1020
10	2021/5/3	百吉商场	曼茵	4	2102
11	2021/5/3	乐达广场	伊人	5	1670
12	2021/5/3	拓基商场	美人醉	3	1320
13	2021/5/4	百吉商场	伊人	3	1420
14	2021/5/5	乐达广场	曼茵	6	1920

图 2-61

① 选择需要替换的区域，如本例选中 A2:E9 单元格区域，在“开始”→“编辑”选项组中单击“查找和选择”下拉按钮，在打开的下拉菜单中选择“替换”命令，打开“查找和替换”对话框。

② 在“查找内容”栏中输入“百吉商场”，在“替换为”栏中输入“凯旋广场”，如图 2-62 所示。

③ 单击“全部替换”按钮，即可只替换指定区域的数据。

技巧 20 完全匹配的查找

默认情况下，在工作表中查找数据时，所有包含查找内容的单元格都会被找到。例如，设置查找内容为"经理"，而单元格内容是"总经理""副经理"的单元格都会被查找到。针对这样的情况，如果只想精确地查找"经理"这个内容，则需要在查找时启用"单元格匹配"。

❶ 在"开始"→"编辑"选项组中单击"查找和选择"下拉按钮，在打开的下拉菜单中选择"查找"命令，打开"查找和替换"对话框。

❷ 在"查找内容"栏中输入"经理"，选中"单元格匹配"复选框，如图 2-63 所示。

图 2-62　　　　　　　　　　　图 2-63

❸ 单击"查找全部"按钮，可以看到下面列表中显示出所有查找到的单元格，将它们全部选中（按"Ctrl+A"快捷键即可全部选中），如图 2-64 所示。

❹ 单击"关闭"按钮关闭"查找和替换"对话框，可以看到工作表中只包含"经理"的单元格被选中，如图 2-65 所示。

图 2-64　　　　　　　　　　　图 2-65

技巧 21 快速找到除某一数据之外的数据

快速找到除某一数据之外的数据，就是利用内容差异找出不同于所选区域的行或列的单元格。行内容差异单元格就是选中所有与所选区域行首内容不同的所有单元格；列内容差异单元格就是选中所有与所选区域列首内容不同的所有单元格。

例如，下面要从如图 2-66 所示表格中，选出除评分为 10 以外的所有数字，如图 2-67 所示，具体方法和操作如下。

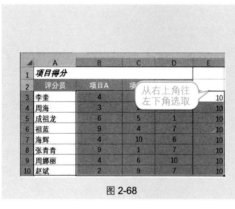

图 2-66   图 2-67

❶ 创建辅助列 E3:E10，输入"10"，然后从右边 E3 单元格开始向左下方选择整个数据，如图 2-68 所示。

❷ 按"F5"键弹出"定位"对话框，单击"定位条件"按钮，打开"定位条件"对话框，选中"行内容差异单元格"单选按钮，如图 2-69 所示。

❸ 单击"确定"按钮，即可选择除 10 以外的所有数字。

图 2-68   图 2-69

2.3 选择性粘贴的妙用

技巧 22 将公式计算结果转换为数值

当利用公式计算出数据结果后，这个统计表也许会移到其他位置使用，但当我们通过复制的方法移动处理时，通常无法显示正确结果，这是因为公式的计算源丢失了。在这种情况下，要想正确使用公式计算的结果，则可以先将其转换为数值。如图 2-70 所示表格的 D 列中包含公式，下面要将其转换为数值。

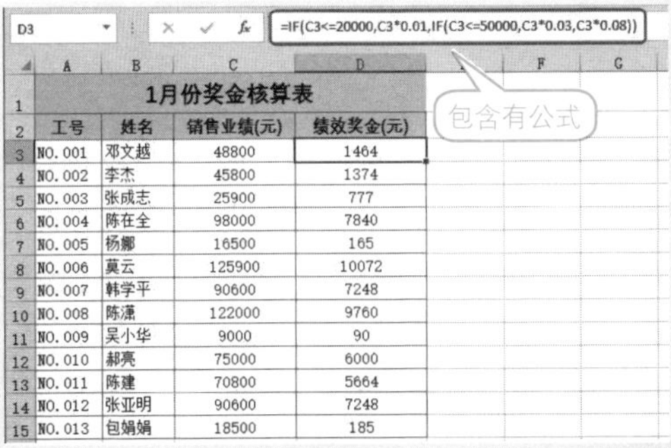

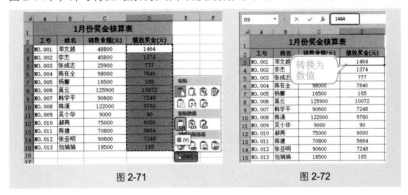

图 2-70

❶ 选中 D3:D15 单元格区域，按 "Ctrl+C" 快捷键复制，然后再按 "Ctrl+V" 快捷键粘贴。

❷ 单击粘贴区域右下角的按钮 📋(Ctrl)▾，打开下拉菜单，单击按钮 📋₁₂₃（见图 2-71），即可将公式的计算结果转换为数值，如图 2-72 所示。

图 2-71

图 2-72

✎ **应用扩展**

本技巧中是将公式的计算结果转换为数值，如果选中的单元格中包含边框底纹设置、小数位数设置、对齐方式设置等，按此方法粘贴后，将全部取消格式转换为 "常规" 格式的数据。

技巧 23　粘贴数据时匹配目标区域格式

如果目标位置上设置了相关格式（见图 2-73），则当有数据粘贴过来时，其会保持原来的格式，如图 2-74 所示。

图 2-73

图 2-74

通过如下技巧可以让粘贴的数据自动匹配目标区域的格式。

❶ 选中要复制的单元格区域，按 "Ctrl+C" 快捷键复制，选中要复制到位置的起始单元格，按 "Ctrl+V" 快捷键粘贴。

❷ 单击粘贴区域右下角的按钮 ，打开下拉菜单，单击按钮 （见图 2-75），即可让粘贴过来的数据自动匹配目标区域的格式，如图 2-76 所示）。

图 2-75

图 2-76

技巧 24　复制数据表到其他位置时保持原列宽

一张表格已经根据数据的宽度调整好列宽（见图 2-77），如果将其复制到其他位置时，可以看到其列宽都采用了默认值（见图 2-78），又需要再次重新去调整。为解决这一问题，我们可以先复制列宽再复制数据，其操作如下。

❶ 选中要复制的数据表，按 "Ctrl+C" 快捷键复制，如图 2-78 所示。

图 2-77

图 2-78

❷ 切换到目标工作表中，选中要粘贴表格的起始单元格，在 "开始" → "剪贴板" 选项组中单击 "粘贴" 按钮，在弹出的菜单中选择 "选择性粘贴" 命令（见图 2-79），打开 "选择性粘贴" 对话框，选中 "列宽" 单选按钮，如图 2-80 所示。

图 2-79

图 2-80

❸ 单击 "确定" 按钮，首先将列宽粘贴过来，如图 2-81 所示。

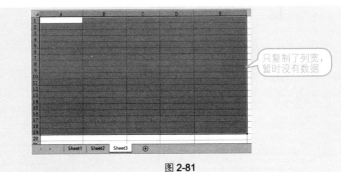

只复制了列宽，暂时没有数据

图 2-81

❹ 接着再次选中要复制的数据表，按 "Ctrl+C" 快捷键复制，再切换到刚刚已复制了列宽的表格中，选中首个单元格，按 "Ctrl+V" 快捷键粘贴即可，如图 2-82 所示。

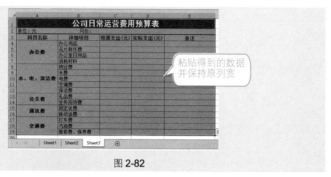

图 2-82

技巧 25　**选择性粘贴实现同增或同减某一数值**

在数据处理过程中，有时会出现一区域的数据需要同增或同减一个具体值的情况，如产品单价统一上涨、基本工资额统一调整等。此时不需要手动逐一输入，可以应用 "选择性粘贴" 功能实现数据的一次性增加或减少。

例如图 2-83 中的表格中，需要将 "绩效奖金" 列同时增加 500 元的交通补助。

❶ 首先将要用于运算的数据输入空白的单元格中，按 "Ctrl+C" 快捷键复制。

❷ 选中要参与运算的单元格区域，在 "开始" → "剪贴板" 选项组中单击 "粘贴" 按钮，在打开的下拉菜单中选择 "选择性粘贴" 命令（见图 2-83），打开 "选择性粘贴" 对话框。

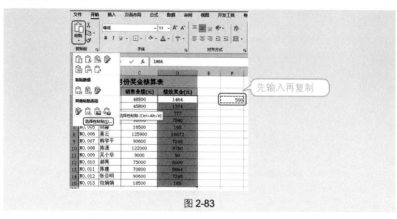

图 2-83

❸ 在"运算"栏中选中"加"单选按钮，如图 2-84 所示；单击"确定"按钮，可以看到选中的单元格区域的值都同时加上了"500"，如图 2-85 示。

图 2-84　　　　　　　　　图 2-85

📢 专家点拨

参与运算的单元格区域也可以是不连续的，选中哪些区域，就对哪些区域进行统一的运算。

技巧 26　将进货单价统一上调 10%

利用"选择性粘贴"功能不仅可以实现同时"加"的操作，还可以实现其他运算。例如，下面的表格要求将进货单价统一上调 10%（采用统一乘以 110% 的办法），那么通过设置粘贴性条件操作就可以实现。

❶ 在空白单元格中输入数字 1.1（即 110%），然后按"Ctrl+C"快捷键进行复制。

❷ 选中进货单价的单元格区域，在"开始"→"剪贴板"选项组中单击"粘贴"按钮，在打开的下拉菜单中选择"选择性粘贴"命令（见图 2-86），打开"选择性粘贴"对话框。

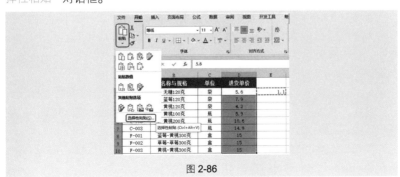

图 2-86

❸ 在"运算"栏中选中"乘"单选按钮，如图 2-87 所示。单击"确定"按钮，就可以看到所有被选中的单元格同时进行了乘以 1.1 的运算，结果如图 2-88 所示。

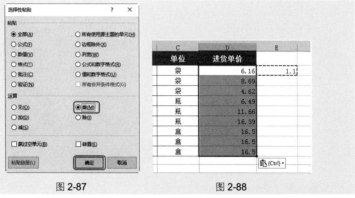

图 2-87　　　　　　　　　　　　　图 2-88

技巧 27　同增或同减数据时忽略空单元格

在如图 2-89 所示的表格中，将所有成绩一次性增加 10，并要求忽略空单元格，即空单元格仍然保持为空，如图 2-90 所示。

	A	B	C	D
1	姓名	语文	数学	英语
2	苏海涛	78	98	80
3	喻可	78		59
4	苏曼	90	99	98
5	蒋苗苗	56		90
6	胡子强	98	80	
7	刘玲燕		78	90
8	侯淑媛	90	78	76
9	孙丽萍	87	67	

图 2-89

	A	B	C	D
1	姓名	语文	数学	英语
2	苏海涛	88	108	90
3	喻可	88		69
4	苏曼	100	109	108
5	蒋苗苗	66		100
6	胡子强			
7	刘玲燕			
8	侯淑媛	100	88	86
9	孙丽萍	97	77	

有数据的同时增加 10

图 2-90

❶ 在空白单元格中输入数字"10"，选中该单元格，按"Ctrl+C"快捷键复制。

❷ 选中显示成绩的单元格区域，按键盘上的"F5"键，打开"定位"对话框，单击"定位条件"按钮，打开"定位条件"对话框，选中"常量"单选按钮，如图 2-91 所示。

❸ 单击"确定"按钮，即可选中所有常量（空值除外），如图 2-92 所示。

❹ 在"开始"→"剪贴板"选项组中单击"粘贴"按钮，在打开的下拉菜单中选择"选择性粘贴"命令，打开"选择性粘贴"对话框。

❺ 在"运算"栏中选中"加"单选按钮，单击"确定"按钮，可以看到所有被选中的单元格同时进行了加 10 操作。

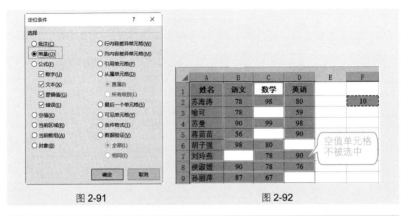

图 2-91   图 2-92

技巧 28　让粘贴数据随源数据自动更新

粘贴数据随源数据自动更新，表示粘贴的数据与源数据是相链接的。例如，在本例中将"基本工资表"中的"基本工资"与"工资核算表"中的"基本工资"相链接，可以达到当"基本工资表"中的"基本工资"调整时，"工资核算表"中的数据可以自动更新。

❶ 在"基本工资表"中选中"基本工资"列数据，按"Ctrl+C"快捷键复制，如图 2-93 所示。

❷ 切换到"工资核算表"中，选中起始单元格，在"开始"→"剪贴板"选项组中单击"粘贴"按钮，在打开的下拉菜单中单击按钮 🖼，如图 2-94 所示。

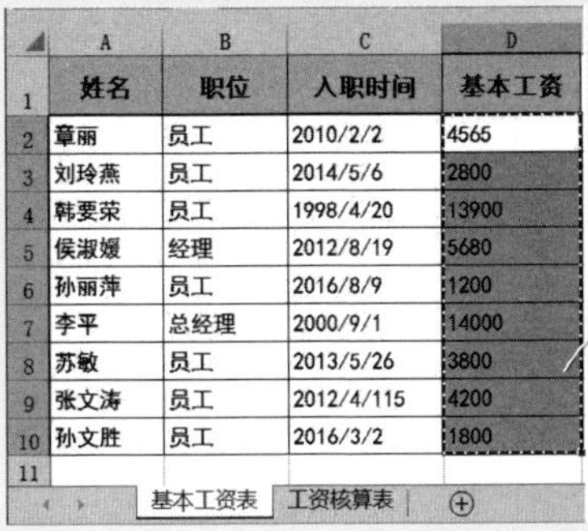

图 2-93 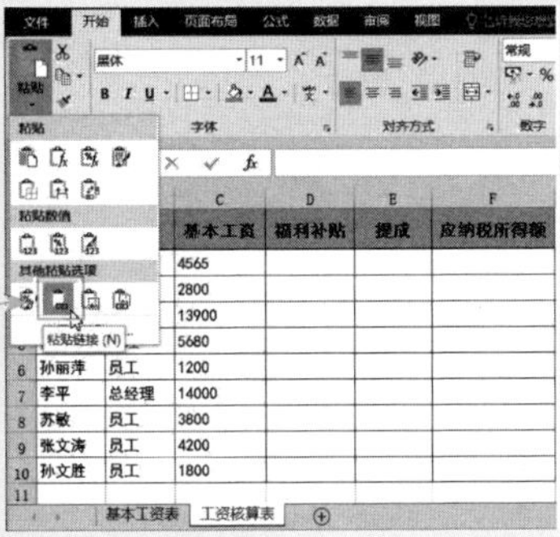   图 2-94

❸ 当"基本工资表"中的"基本工资"调整时（见图 2-95），则"工资核算表"中的"基本工资"将自动更新，如图 2-96 所示。

▲	A	B	C	D
1	姓名	职位	入职时间	基本工资
2	章丽	员工	2010/2/2	5000
3	刘玲燕	员工	2014/5/6	3000
4	韩要荣	员工	1998/4/20	13900
5	侯淑媛	经理	2012/8/19	5680
6	孙丽萍	员工	2016/8/9	1200
7	李平	总经理	2000/9/1	14000
8	苏敏	员工	2013/5/26	3800
9	张文涛	员工	2012/4/115	4200
10	孙文胜	员工	2016/3/2	1800
11				

基本工资表 | 工资核算表 ⊕

图 2-95

▲	A	B	C	D
1	姓名	职位	基本工资	福利补贴
2	章丽	员工	5000	
3	刘玲燕	员工	3000	
4	韩要荣	员工	13900	
5	侯淑媛	经理	5680	
6	孙丽萍	员工	1200	
7	李平	总经理	14000	
8	苏敏	员工	3800	
9	张文涛	员工	4200	
10	孙文胜	员工	1800	
11				

基本工资表 | 工资核算表 ⊕

图 2-96

技巧 29　将表格转换为图片

表格转换为图片，可以利用选择性粘贴功能来实现。粘贴得到的图片可以直接复制到 Word、PPT 等文档中使用。

❶ 选中需要转换为图片的表格，按"Ctrl+C"快捷键复制。

❷ 在"开始"→"剪贴板"选项组中单击"粘贴"按钮，在打开的下拉菜单中单击按钮（见图 2-97），即可得到表格转换的图片，并且图片是浮于文字之上的，可以将其移动到其他位置上，如图 2-98 所示。

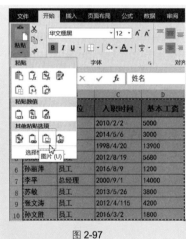

图 2-97

图 2-98

技巧 30　将 Excel 表格插入 Word 文档中

在编辑 Word 文档时，有时需要引用 Excel 表格，这时候就可以直接粘贴，方便、快捷。

❶ 选中需要复制的表格,按"Ctrl+C"快捷键复制,如图 2-99 所示。

❷ 打开 Word 文档,按"Ctrl+V"快捷键粘贴,即可将 Excel 表格插入 Word 文档中,如图 2-100 所示。

图 2-99	图 2-100

技巧 31 链接 Excel 与 Word 中的表格

如果有些数据是需要即时更新的,当将 Excel 表格插入 Word 文档中时, 也可以让表格保持链接。

❶ 选中需要复制的表格,按"Ctrl+C"快捷键复制。

❷ 打开 Word 文档,按"Ctrl+V"快捷键粘贴,单击粘贴区域右下角的按 钮 ,打开下拉菜单,单击按钮 (见图 2-101),即可实现 Excel 与 Word 中的表格链接。

图 2-101

❸ 当 Excel 表格中的数据改变时(见图 2-102),Word 中的表格也同时改 变,如图 2-103 所示。

	A	B	C	D
1	姓名	职位	入职时间	基本工资
2	章丽	员工	2010/2/2	4500
3	刘玲燕	员工	2014/5/6	2500
4	韩要荣	员工	1998/4/20	13900
5	侯淑媛	经理	2012/8/19	5680
6	孙丽萍	员工	2016/8/9	1200
7	李平	总经理	2000/9/1	14000
8	苏敏	员工	2013/5/26	3800
9	张文涛	员工	2012/4/115	4200
10	孙文胜	员工	2016/3/2	1800

图 2-102

姓名	职位	入职时间	基本工资
章丽	员工	2010/2/2	4500
刘玲燕	员工	2014/5/6	2500
韩要荣	员工	1998/4/20	13900
侯淑媛	经理	2012/8/19	5680
孙丽萍	员工	2016/8/9	1200
李平	总经理	2000/9/1	14000
苏敏	员工	2013/5/26	3800
张文涛	员工	2012/4/115	4200
孙文胜	员工	2016/3/2	1800

图 2-103

2.4 提升数据输入的有效性

技巧 32 限制输入金额不超过预算值

在编辑工作表的过程中，通常会遇到某些单元格中只允许输入特定值的情况（如只允许输入介于某两个整数之间的数据、只允许输入小数等），不满足条件时则提示错误信息。

例如，在如图 2-104 所示的数据表中，当输入的金额大于 1000 时，就会弹出错误提示。

图 2-104

❶选中需要设置数据验证的单元格区域。在 "数据" → "数据工具" 选项组中单击按钮 ⊟ **数据验证** ，打开 "数据验证" 对话框。

❷在 "允许" 框下拉列表中选择 "小数" 选项，在 "数据" 框下拉列表中选择 "介于" 选项，将 "最小值" 设置为 "0"，"最大值" 设置为 "1000"，如图 2-105 所示。

❸切换到 "出错警告" 标签下，设置警告信息的标题、错误信息内容（可

以通过此内容给出提示），如图 2-106 所示。

图 2-105

图 2-106

④ 单击"确定"按钮返回到工作表中。当在设置了数据验证的单元格中输入大于 1000 的数据时，就会弹出错误提示。

📝 应用扩展

在"数据验证"对话框的"允许"下拉列表中还有整数、日期、时间几个选项，可以设置数据验证为大于、小于或介于指定的整数、日期或时间。其设置方法都与本技巧操作相似，只要根据实际需要进行选择即可。

技巧 33　限制单元格只能输入日期

编辑表格的时候，经常需要输入日期。为了防止出错，可以为日期单元格设置数据验证，当输入的不是日期数据或者不在设定的日期限制范围时，则弹出错误提示。

如图 2-107 所示，在"出差日期"一列输入非正确格式的日期时，会弹出错误提示。

图 2-107

① 选中需要设置数据验证的单元格区域。在"数据"→"数据工具"选项组中单击按钮 ❑❑ **数据验证** ，打开"数据验证"对话框。

② 在"允许"框下拉列表中选择"日期"选项，在"数据"框下拉列表中选择"小于"选项，将"结束日期"设置为"2021/7/1"，如图2-108所示。

③ 切换到"出错警告"标签下，设置警告信息的标题、错误信息内容等，如图2-109所示。

图 2-108

图 2-109

④ 单击"确定"按钮回到工作表中。当在设置了数据验证的单元格中输入的数据不是日期时则会弹出错误提示。另外，如果输入的日期超过所设置的"2021/7/1"，也会弹出错误提示，如图2-110所示。

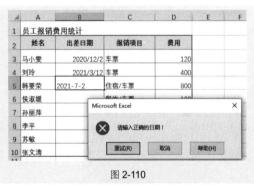

图 2-110

技巧 34　选中单元格时给出智能的输入提示

利用数据验证设置，可以实现在选择某些单元格时显示提示输入的信息（见图2-111），用此方法可以防止输入错误。

❶ 选中需要设置数据验证的单元格区域。在"数据"→"数据工具"选项组中单击按钮 数据验证，打开"数据验证"对话框。

❷ 单击"输入信息"标签，设置提示信息的标题、输入信息内容等，如图 2-112 所示。

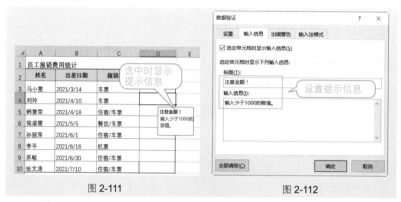

图 2-111　　　　　　　　　　图 2-112

❸ 单击"确定"按钮回到工作表中。当选中设置了数据验证的单元格时，就会弹出提示信息。

技巧 35　建立可选择输入的序列

如果需要在单元格中限制只能输入若干个指定的数据，为了防止输入错误，提高效率，可以给单元格设置可选择输入序列，如图 2-113 所示。

图 2-113

❶ 在表格编辑区域以外空白位置输入序列数据，如图 2-114 所示。

❷ 选择"报销项目"列，在"数据"→"数据工具"选项组中单击按钮 数据验证，打开"数据验证"对话框。

❸ 在"设置"标签下，在"允许"下拉列表中选择"序列"选项，然后单击"来

源"文本框右侧的◢按钮，如图 2-115 所示，选取之前输入的序列关键字，如图 2-116 所示。

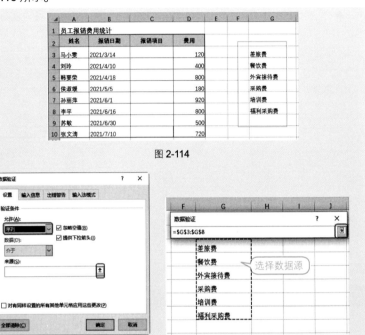

图 2-114

图 2-115   图 2-116

❹ 单击右侧的按钮回返回对话框，即可看到选择的序列，如图 2-117 所示。
❺ 单击"确定"按钮完成设置。当需要填写数据时，只要单击右侧的下拉按钮，即可选择输入数据，如图 2-118 所示。

图 2-117   图 2-118

📢 **专家点拨**

在"来源"文本框中可手动输入序列的来源，但是要注意的是，各数据间用"，"（半角）隔开。

技巧 36　避免输入重复值

如图 2-119 所示，通过设置数据验证，可在用户输入重复的产品编码时弹出错误提示信息。

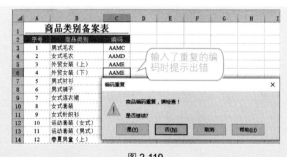

图 2-119

❶ 选中需要设置数据验证的单元格区域（如本例中选择"编码"列从 C3 单元格开始的单元格区域）。在"数据"→"数据工具"选项组中单击按钮 🔄 **数据验证**，打开"数据验证"对话框。

❷ 在"允许"框下拉列表中选择"自定义"选项，在"公式"文本框中输入公式"=COUNTIF(C:C,C3)=1"，如图 2-120 所示。

❸ 切换到"出错警告"标签下，设置警告信息，如图 2-121 所示。设置完成后，单击"确定"按钮。

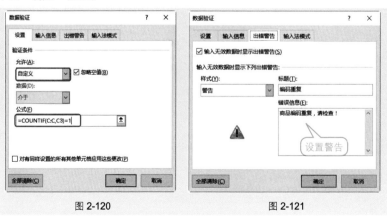

图 2-120　　　　　　　　　　　　图 2-121

📢 **专家点拨**

COUNTIF 函数用于对指定区域中符合指定条件的单元格计数。公式"=COUNTIF(C:C,C3)=1"用于统计 C 列中 C3 单元格值出现的次数是否等于 1，如果等于 1 则允许输入，如果大于 1 则弹出提示信息。公式依次向下取值，即判断完 C3 单元格后再判断 C4 单元格，依次类推。

技巧37 限制输入数据的长度

有些单元格输入的数据长度是固定的，比如身份证号码只有 **15** 位或者 **18** 位。通过数据验证设置，可以限制数据输入的长度。如图 **2-122** 所示，当输入身份证号码的位数不符时，会弹出错误提示。

图 2-122

❶ 选中需要设置数据验证的单元格区域（如本例中选择 D 列从 D2 单元格开始需要输入身份证号码的单元格区域）。在"数据"→"数据工具"选项组中单击按钮 数据验证，打开"数据验证"对话框。

❷ 在"允许"框下拉列表中选择"自定义"选项。在"公式"文本框中输入公式"=OR(LEN(D2)=15,LEN(D2)=18)"，如图 **2-123** 所示。

❸ 切换到"出错警告"标签下,设置警告信息,如图 2-124 所示。设置完成后,单击"确定"按钮。

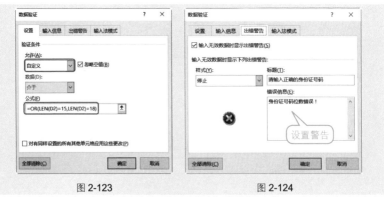

图 2-123　　　　　　图 2-124

技巧 38　禁止输入文本值

如图 2-125 所示，通过数据验证设置，禁止在特定的单元格中输入文本值。

图 2-125

❶ 选中需要设置数据验证的单元格区域（如本例中选择"销售数量"列从 D3 单元格开始的单元格区域）。在"数据"→"数据工具"选项组中单击按钮 数据验证 ，打开"数据验证"对话框。

❷ 在"允许"框下拉列表中选择"自定义"选项。在"公式"文本框中输入公式"=IF(ISNONTEXT(D3),FALSE,TRUE)= FALSE"，如图 2-126 所示。

❸ 切换到"出错警告"标签下，设置警告信息，如图 2-127 所示。设置完成后，单击"确定"按钮。

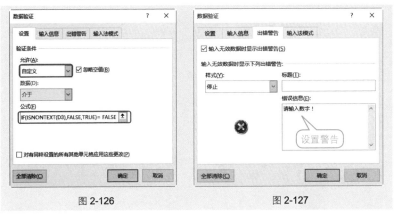

图 2-126　　　　　　　　　　　图 2-127

专家点拨

ISNONTEXT 函数用于判断引用的参数是否为文本，如果是则返回 TRUE，不是则返回 FALSE。公式"=IF(ISNONTEXT(D3),FALSE,TRUE)= FALSE"用于判断 D3 单元格的值是否是文本，如果不是文本则允许输入，如果是文本则会弹出提示信息。

　　手动输入数据时经常会有意或无意地输入一些多余的空格，这些数据如果只是用于查看，有无空格并无大碍，但数据用于统计、查找时，如"李菲"和"李菲"则会作为两个完全不同的对象,这时的空格则为数据分析带来了困扰。例如当设置查找对象为"李菲"时，则会出现找不到的情况。为了规范数据的输入，可以使用数据验证限制空格的输入，一旦有空格输入就弹出提示框,如图 2-128 所示。

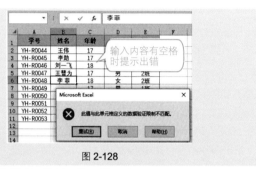

图 2-128

　　❶ 选中要设置数据验证的单元格区域，在"数据"→"数据工具"选项组中单击按钮 📋 数据验证（见图 2-129），打开"数据验证"对话框。

　　❷ 在"允许"框下拉列表中选择"自定义"选项。在"公式"文本框中输入公式"=ISERROR(FIND(" ",B2))"，如图 2-130 所示。

　　❸ 设置完成后，单击"确定"按钮。

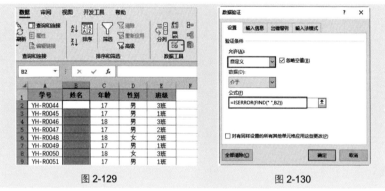

图 2-129　　　　　　　　　　　图 2-130

📢　**专家点拨**

　　先用 FIND 函数在 B2 单元格中查找空格的位置,如果找到,则返回位置值;

如果未找到，则返回一个错误值。ISERROR 函数则判断值是否为任意错误值，如果是，则返回 TRUE；如果不是，则返回 FALSE。本例中，当结果为 TRUE 时则允许输入，否则不允许输入。

技巧 40　禁止出库数量大于库存数量

表格中记录了商品上月的结余量和本月的入库量，当要出库商品时，显然出库数量应当小于库存数量。设置数据验证，禁止用户输入的出库数量大于库存数量，如图 2-131 所示。

图 2-131

❶ 选中要设置数据验证的单元格区域，在"数据"→"数据工具"选项组中单击按钮 数据验证，打开"数据验证"对话框。

❷ 在"允许"框下拉列表中选择"自定义"选项。在"公式"文本框中输入公式"=D2+E2>F2"，如图 2-132 所示。

❸ 切换到"出错警告"标签下，设置提示信息，如图 2-133 所示。最后单击"确定"按钮，完成设置。

图 2-132　　　　　　　图 2-133

如图 2-134 所示，在"成绩"列应该输入 0 ~ 100 的数据，但是在表格中的"成绩"列有"-10"等无效数据。利用"圈释无效数据"功能，可快速、准确圈出无效数据。

❶ 选中需要设置数据验证的单元格区域（如本例中选择 C 列从 C2 单元格开始需要验证的单元格区域）。在"数据"→"数据工具"选项组中单击按钮 **数据验证**，打开"数据验证"对话框。

❷ 在"允许"框下拉列表中选择"整数"选项，在"数据"下拉列表中选择"介于"选项，在"最小值"文本框中输入"0"，在"最大值"文本框中输入"100"，如图 2-135 所示。

图 2-134   图 2-135

❸ 单击"确定"按钮，然后在"数据"→"数据工具"选项组中单击 **数据验证** 右侧下拉按钮，在下拉菜单中选择"圈释无效数据"命令（见图 2-136），即可圈出 C 列不符合要求的数据，如图 2-137 所示。

图 2-136

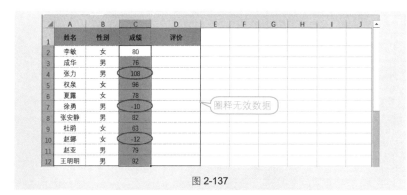

圈释无效数据

图 2-137

技巧 42　复制设置的数据验证

为表格的指定单元格区域设置好数据验证之后，如果新表格需要应用相同的数据验证，不需要重新设置，使用"选择性粘贴"功能粘贴验证条件即可。

❶ 选中已设置了验证条件的单元格区域（如图 2-138 所示的"初试时间"列），并按"Ctrl+C"快捷键执行复制。

❷ 切换到要粘贴验证条件格式的表格后，选中目标单元格区域，在"开始"→"剪贴板"组中单击"粘贴"下拉按钮，在弹出的下拉菜单中选择"选择性粘贴"命令（见图 2-139），打开"选择性粘贴"对话框。在"粘贴"栏中选中"验证"单选按钮，如图 2-140 所示。

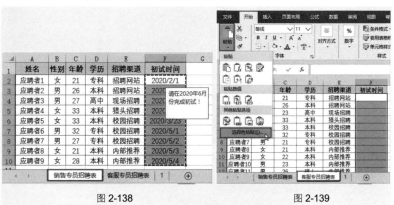

图 2-138　　　　　　　　　　　　　图 2-139

❸ 单击"确定"按钮，即可实现验证条件的复制，效果如图 2-141 所示。

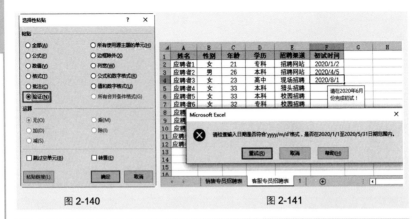

图 2-140　　　　　　　　　　图 2-141

技巧 43　删除设置的数据验证

要删除设置的数据验证，其操作方法如下。

❶选中需要设置数据验证的单元格区域，在"数据"→"数据工具"选项组中单击按钮 数据验证，打开"数据验证"对话框。

❷单击"全部清除"按钮，即可清除设置的数据验证，如图 2-142 所示。

图 2-142

第 **3** 章　自定义单元格格式，输入特殊数据

技巧 1　快速输入大量负数

负数前面都带有一个"-"符号，如果表格中需要输入大量的负数（见图 3-1），可通过设置自定义单元格格式来快速添加。

图 3-1

❶ 首先输入正数，然后选中要显示为负数的单元格区域，在"开始"→"数字"选项组中单击右下角的 按钮（见图 3-2），打开"设置单元格格式"对话框。

❷ 在"分类"列表框中选择"自定义"选项，在"类型"文本框的"G/通用格式"前添加负号，如图 3-3 所示。

图 3-2　　　　　　　　　　　　　　图 3-3

❸ 单击"确定"按钮，即可让选中的单元格的数据都显示为负值。

当被选中的单元格被设置了其他数字格式（如包含两位小数格式、货币格式等）时，在"类型"编辑栏中也许显示的不是"G/通用格式"。不管"类型"编辑栏中显示的是什么，要让数据显示为负数，只要在前面添加"-"符号即可。

技巧2 批量添加数据单位

Excel 中，有时会希望数字的后面能带上单位，如长度单位"m""mm"，重量单位"kg""t"、货币单位"元""万元"等。如果直接把这些单位写在数字的后面，数据将变为文本格式，无法参与计算。通过下面的方法既可以显示出单位，同时数据还可以参与计算。如图 3-4 所示，将"重量"列单元格数据后都加上"吨"。

	A	B	C	D	E
1	序号	材料名称	规格	重量	
2	1	圆钢	12mm	2.2 吨	
3	2	工字钢	4.5mm	4.8 吨	
4	3	角钢	16mm	5.6 吨	
5	4	槽钢	55mm	7.8 吨	
6	5	H型钢	9.5mm	6.2 吨	
7	6	螺纹钢	17mm	2.5 吨	
8	7	硅钢	21mm	1.8 吨	
9	8	C型钢	30mm	2.8 吨	
10	9	Z型钢	65mm	7.1 吨	

（添加统一单位）

图 3-4

❶ 选择 D2:D10 单元格区域，在"开始"→"数字"选项组中单击右下角的 按钮（见图 3-5），打开"设置单元格格式"对话框。

❷ 在"分类"列表框中选择"自定义"选项，然后在"类型"文本框中输入"#.### "吨""，如图 3-6 所示。

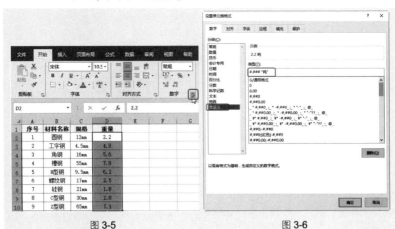

图 3-5   图 3-6

❸ 单击"确定"按钮回到工作表中，输入重量后，按"Enter"键，即可在输入数据后自动添加"吨"。

技巧 3　当数据有部分重复时的快捷输入

如果要输入的数据有部分重复（如产品编码、同一地区的身份证号码等），可以通过如下技巧设置，实现在各单元格中只输入不重复的部分，而重复部分可以自动填入。

例如，本例通过设置后，输入如图 3-7 所示的数据，按"Enter"键可得到如图 3-8 所示的数据。

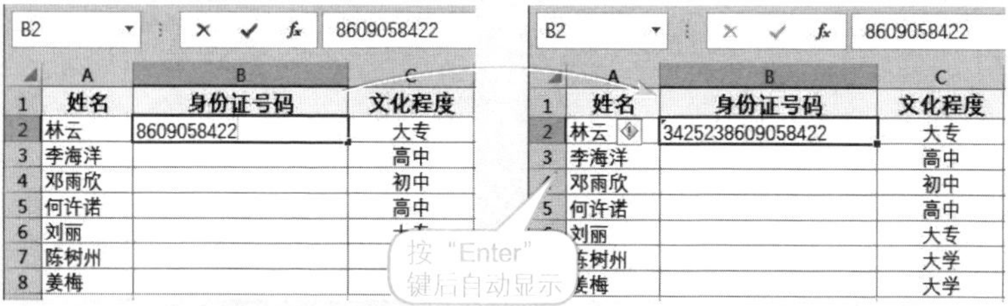

图 3-7　　　　　　　　　　　　　　图 3-8

❶ 选中目标单元格区域，在"开始"→"数字"选项组中单击右下角的 ▫ 按钮，打开"设置单元格格式"对话框。

❷ 在"分类"列表框中选择"自定义"选项，然后在"类型"文本框中输入""342523"@"（注意，双引号要在半角状态下输入，"342523"为重复部分），如图 3-9 所示。

图 3-9

❸单击"确定"按钮回到工作表中，输入身份证号码中不重复的数据部分，按"Enter"键，即可在输入的数据前自动添加"342523"。

📖✍ 应用扩展

若要在数字格式中包括文本部分，可在要显示文本的地方加入 @ 符号。例如，设置自定义格式"@"员工工资核算表""，当在单元格输入"8 月"，按"Enter"键则显示出"8 月员工工资核算表"。

技巧 4　根据单元格内容，显示不同的字体颜色

通过自定义单元格的格式，可以实现数据根据数值大小显示出不同的颜色。如图 3-10 所示，当库存数量小于等于 20 时，显示为红色；当库存量大于等于 40 时，显示为蓝色；当库存量在 20~40 时，显示为绿色。

❶选中"数量"列中数据，在"开始"→"数字"选项组中单击右下角的 ▫ 按钮，打开"设置单元格格式"对话框。

❷在"分类"列表框中选择"自定义"选项，然后在"类型"文本框中输入"[蓝色][>=40]0;[红色][<=20]0;[绿色]0"，如图 3-11 所示。

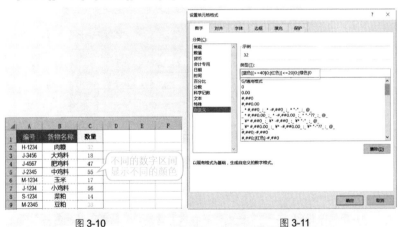

	A	B	C	D	E	F
1	编号	货物名称	数量			
2	H-1234	肉糠	32			
3	J-3456	大鸡料	18			
4	J-4567	肥鸡料	47			
5	J-2345	中鸡料	32			
6	M-1234	玉米	17			
7	J-1234	小鸡料	56			
8	S-1234	菜粕	14			
9	M-2345	豆粕	33			

不同的数字区间
显示不同的颜色

图 3-10　　　　　　　　　　图 3-11

❸单击"确定"按钮，即可看到不同的数量显示出不同的颜色。

📖✍ 应用扩展

[]（中括号）在自定义格式中有两个用途，一是使用颜色代码，二是使用条件。条件由比较运算符和数值两部分组成。此类运算符包括：=（等于）、>（大于）、<（小于）、>=（大于等于）、<=（小于等于）和 <>（不等于）。

当成绩低于 60 分时，显示"取消资格"文字

表格中统计了学生的成绩，通过自定义单元格格式可以将低于 60 分（包括 60 分）的成绩都显示 "取消资格" 文字。

❶ 选中 B2: B11 单元格区域，在 "开始" → "数字" 选项组中单击右下角的 ⏷ 按钮（见图 3-12），打开 "设置单元格格式" 对话框。

图 3-12

❷ 在 "分类" 列表中选择 "自定义" 选项，然后在右侧的 "类型" 文本框中输入 "[>60]G/ 通用格式 ;"取消资格""，如图 3-13 所示。

❸ 单击 "确定" 按钮完成设置，此时可以看到分数小于 60 分时显示 "取消资格" 文字，如图 3-14 所示。

图 3-13   图 3-14

本例中的格式代码可以自定义灵活设置，如可以自定义所大于的值；再如设置为"[>0] G/ 通用格式；[=0]"无效""，表示当值大于 0 时正常显示，当值等于 0 时显示"无效"文字等。

技巧 6 根据数值的正负，自动添加不同的前后缀

当前有两张工作表分别为"上半年销售额"与"下半年销售额"，现在需要在"下半年销售额"工作表中建立一列用于对销售额进行比较，如图 3-15 所示。

当下半年的销售金额高于上半年的销售金额时在数据前添加"增长"前缀；当下半年的销售金额低于上半年的销售金额时在数据前添加"减少"前缀，如图 3-16 所示。

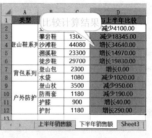

图 3-15   图 3-16

① 在"下半年销售额"表中，选中 D 列的单元格，在"开始"→"数字"选项组中单击右下角的 ⬚ 按钮，打开"设置单元格格式"对话框。

② 在"分类"列表框中选择"自定义"选项，然后在"类型"文本框中输入""增长"0.00;"减少"0.00"，如图 3-17 所示。

图 3-17

③ 单击“确定”按钮，完成设置。

④ 选中 D2 单元格，在公式编辑栏中输入公式“=C2-上半年销售额!C2”。

按“Enter”键，当计算结果为负值时添加“减少”前缀（见图 3-18），当计算结果为正值时添加“增长”前缀。

D2　=C2-上半年销售额!C2

	A	B	C	D	E	F
1	类型	品名	销售金额	与上半年比较		
2		登山鞋	11000	减少4100.00	计算结果	
3		攀岩鞋	13005			
4	登山鞋系列	沙滩鞋	44080			
5		溯溪鞋	23300			
6		徒步鞋	29700			
7	背包系列	登山包	2300			
8		水袋	1080			

图 3-18

技巧 7　约定数据宽度不足时用零补齐

本例中需要规范产品编号统一为六位数字，如果数字宽度不足则自动在前面用 0 补齐（见图 3-19），可以通过自定义单元格格式进行设置。

	A	B	C	D	E
1	产品编号	分类	产品名称	规格(克)	单价(元)
2	000434	坚果/炒货	碧根果	210	19.9
3	000045	坚果/炒货	夏威夷果	265	24.9
4	000709	坚果/炒货	开口松子	218	25.1
5	000886	坚果/炒货	奶油瓜子	168	9.9
6	008004	坚果/炒货	紫薯花生	120	4.5
7	012086	坚果/炒货	山核桃仁	155	45.9
8	006420	坚果/炒货	炭烧腰果	185	21.9
9	009043	果干/蜜饯	芒果干	116	10.1
10	045606	果干/蜜饯	草莓干	106	13.1
11	000099	果干/蜜饯	猕猴桃干	106	8.5
12	065709	果干/蜜饯	柠檬干	66	8.6
13	053401	果干/蜜饯	和田小枣	180	24.1
14	001109	果干/蜜饯	加仑葡萄	280	10.9
15	001105	果干/蜜饯	蓝莓干	108	14.95

图 3-19

① 选中要设置的单元格区域，在“开始”→“数字”选项组中单击右下角的 ⬊ 按钮（见图 3-20），打开“设置单元格格式”对话框。

② 在“分类”列表框中选择“自定义”选项，然后在“类型”文本框中输入“000000”，如图 3-21 所示。

③ 单击“确定”按钮，即可完成设置。例如，当输入“434”时（见图 3-22），按“Enter”键即可显示为“000434”，如图 3-23 所示。

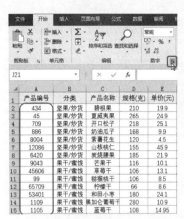

图 3-20

图 3-21

	A	B	C
1	产品编号	分类	产品名称
2	434	坚果/炒货	碧根果
3		坚果/炒货	夏威夷果
4		坚果/炒货	开口松子
5		坚果/炒货	奶油瓜子
6		坚果/炒货	紫薯花生
7		坚果/炒货	山核桃仁

图 3-22

	A	B	C
1	产品编号	分类	产品名称
2	000434	坚果/炒货	碧根果
3		坚果/炒货	夏威夷果
4		坚果/炒货	开口松子
5		坚果/炒货	奶油瓜子
6		坚果/炒货	紫薯花生
7		坚果/炒货	山核桃仁

图 3-23

技巧8 输入1时显示"√"，输入0时显示"×"

本技巧在试卷的批阅中经常要使用，要实现的效果是：在单元格中输入 1，按"Enter"键显示"√"（见图 3-24）；在单元格中输入 0，按"Enter"键显示"×"。完成批阅后效果如图 3-25 所示。

	A	B	C	D	
1	姓名：崔文娜				
2	题号	选择答案	正确答案	批阅	
3	1	A	A	√	
4	2	C	B		
5	3	D	D		
6	4	A	B		
7	5	B	B		
8	6	D	D		
9	7	B	B		
10	8	C	D		

图 3-24

	A	B	C	D
1	姓名：崔文娜			
2	题号	选择答案	正确答案	批阅
3	1	A	A	√
4	2	C	B	×
5	3	D	D	√
6	4	A	B	×
7	5	B	B	√
8	6	D	D	√
9	7	B	B	√
10	8	C	D	×
11	9	C	C	√
12	10	A	A	√

图 3-25

❶ 选中要设置的单元格区域，在"开始"→"数字"选项组中单击右下角的 ▪ 按钮，打开"设置单元格格式"对话框。

❷ 在"分类"列表框中选择"自定义"选项，然后在"类型"文本框中输入"[=1]"√";[=0]"×""，如图 3-26 所示。

❸ 单击"确定"按钮，完成设置。

图 3-26

技巧 9　在数字前统一添加文字前缀

默认情况下，所有单元格中输入的数字都没有单位，手动添加单位到数字后又会造成数字不能参与运算的问题。本例学习如何在数字前面添加标识符格式。如图 3-27 所示，在单元格中输入单价 318，自动返回"RMB318"。

	A	B	C	D	E
1	订单编号	产品	订购日期	数量	单价
2	CW001	通体大理石	2016/3/4	30	RMB318
3	CW002	生态大理石	2016/3/5	25	RMB344
4	CW003	喷墨瓷片	2016/6/6	40	RMB207
5	CW004	艺术仿古砖	2016/6/6	22	RMB378
6	CW005	希腊爵士白	2016/6/7	100	RMB195
7	CW006	通体仿古砖	2016/6/7	15	RMB355
8	CW007	木纹金刚石	2016/6/8	30	RMB205

添加前缀

图 3-27

❶ 选中要设置的单元格区域，在"开始"→"数字"选项组中单击右下角的 ▪ 按钮，打开"设置单元格格式"对话框。

❷ 在"分类"列表框中选择"自定义"选项，然后在"类型"文本框中输

入 ""RMB"G/通用格式" ，如图 3-28 所示。单击 "确定" 按钮完成设置。

图 3-28

③ 以此方法为数字添加前缀后，数字仍然是可以参与计算的。如图 3-29 所示，F2 单元格的数据是 D2 与 E2 相乘得出的，同时也会自动添加前缀。如果是手动添加的 "RMB"，则单元格的数字则显示为文本格式，无法参与运算。

	A	B	C	D	E	F
1	订单编号	产品	订购日期	数量	单价	总价
2	CW001	通体大理石	2016/3/4	30	RMB318	RMB9540
3	CW002	生态大理石	2016/3/5	25	RMB344	RMB8600
4	CW003	喷墨瓷片	2016/6/6	40	RMB207	RMB8280
5	CW004	艺术仿古砖	2016/6/6	22	RMB378	RMB8316
6	CW005	希腊爵士白	2016/6/7	100	RMB195	RMB19500
7	CW006	通体仿古砖	2016/6/7	15	RMB355	RMB5325
8	CW007	木纹金刚石	2016/6/8	30	RMB205	RMB6150

图 3-29

技巧 10　正确显示超过 24 小时的时间

日常工作过程中进行时间总和计算时，可能会遇到如图 3-30 所示的情况，即时间总和超过 24 小时，显示的结果并不正确。那么如何设置才能得出如图 3-31 所示正确的结果呢？操作方法如下。

❶ 选中要设置的单元格区域，在 "开始" → "数字" 选项组中单击右下角的 ⌐ 按钮，打开 "设置单元格格式" 对话框。

❷ 在 "分类" 列表框中选择 "自定义" 选项，然后在 "类型" 文本框中输入 "[h]:mm"，如图 3-32 所示。

图 3-30

图 3-31

图 3-32

❸ 单击"确定"按钮，完成设置。

技巧 11 显示 mm.dd(yyyy) 格式的日期

当前表格的日期格式如图 3-33 所示，现在要求显示为 mm.dd(yyyy) 格式（见图 3-34），这就需要自定义格式代码。

	A	B	C	D	E
1	姓名	所属部门	性别	职位	入职时间
2	刘源	行政部	男	行政副总	2018/5/8
3	刘晓芸	人事部	女	HR专员	2016/6/4
4	陈可	行政部	女	网络编辑	2017/11/5
5	沈佳宜	行政部	女	主管	2015/3/12
6	谢雯雯	行政部	女	行政文员	2017/3/5
7	韦宇	人事部	男	HR经理	2013/6/18
8	盛念慈	行政部	女	网络编辑	2017/2/15

图 3-33

	A	B	C	D	E
1	姓名	所属部门	性别	职位	入职时间
2	刘源	行政部	男	行政副总	05.08(2018)
3	刘晓芸	人事部	女	HR专员	06.04(2016)
4	陈可	行政部	女	网络编辑	11.05(2017)
5	沈佳宜	行政部	女	主管	03.12(2015)
6	谢雯雯	行政部	女	行政文员	03.05(2017)
7	韦宇	人事部	男	HR经理	06.18(2013)
8	盛念慈	行政部	女	网络编辑	02.15(2017)

图 3-34

89

❶ 选中 E2:E8 单元格区域，在"开始" → "数字"选项组中单击右下角的 ⌐ 按钮，打开"设置单元格格式"对话框。

❷ 在"分类"列表框中选择"自定义"选项，在右侧的"类型"文本框中输入"mm.dd(yyyy)"，如图 3-35 所示。

图 3-35

❸ 单击"确定"按钮，在单元格内输入日期后，按"Enter"键即可返回上面所设置的格式样式。

🔊 **专家点拨**

日期代码中，"yy"表示年，"mm"表示月，"dd"表示日。只要知道了日期的表示代码，就可以根据个人需要设置各种格式样式。

技巧 12 考勤表中的"d 日"格式

考勤表数据一般都是本月日期，因此建表时如果想只显示日，而不显示年与月，即达到如图 3-36 所示的效果，需要修改日期的格式代码。

图 3-36

❶ 选中需要设置格式的日期的单元格区域，在"开始"→"数字"选项组中单击右下角的 按钮，打开"设置单元格格式"对话框。

❷ 在"分类"列表框中选择"自定义"选项，在右侧的"类型"文本框中输入"d"日""，如图 3-37 所示。

图 3-37

❸ 单击"确定"按钮，在单元格内输入日期后，按"Enter"键即可显示为"d 日"格式。

技巧 13　隐藏单元格中所有或部分数据

通过自定义单元格格式，可以隐藏单元格中的数据，比如只隐藏数字或只隐藏正数等。

❶ 选中要设置的单元格区域，在"开始"→"数字"选项组中单击右下角的 按钮，打开"设置单元格格式"对话框。

❷ 在"分类"列表框中选择"自定义"选项，然后在"类型"文本框中输入：

● ";;;"，表示隐藏单元格所有的数值或文本；

● ";;"，隐藏数值而不隐藏文本；

● "##;;;"，只显示正数；

● ";;0;"，只显示零值；

● """"，隐藏正数和零值，负数显示为"-"，文字不隐藏；

● "???"，仅隐藏零值，不隐藏非零值和文本。

91

专家点拨

格式 "???" 有四舍五入后再显示的功能，因此不仅会隐藏 0 值，同时也将小于 0.5 的值都隐藏了。同时，它将 0.7 显示为 1，将 1.7 显示为 2。

技巧 14　自定义格式的数据转换为实际数据

通过上面的一系列技巧，我们发现自定义单元格格式对日常工作帮助非常大。自定义格式后的数据只是显示方式改变了，实际上仍然为原数据，通过查阅编辑栏可以看到，如图 3-38 所示。

A2		✕ ✓ fx	434		
	A	B	C	D	E
1	产品编号	分类	产品名称	规格(克)	单价(元)
2	000434	坚果/炒货	碧根果	210	19.9
3	000045	坚果/炒货	夏威夷果	265	24.9
4	000709	坚果/炒货	开口松子	218	25.1
5	000886	坚果/炒货	奶油瓜子	168	9.9
6	008004	坚果/炒货	紫薯花生	120	4.5
7	012086	坚果/炒货	山核桃仁	155	45.9
8	006420	坚果/炒货	炭烧腰果	185	21.9
9	009043	果干/蜜饯	芒果干	116	10.1
10	045606	果干/蜜饯	草莓干	106	13.1

（自定义格式数据）

图 3-38

根据不同的应用场合，也可以将自定义格式的数据转换为与显示完合对应的实际数据。

❶ 选中需要转换的单元格区域，按 "Ctrl+C" 快捷键复制，接着在 "开始" → "剪贴板" 选项组中单击 ⬜ 按钮（见图 3-39），打开剪贴板。

❷ 单击剪贴内容右侧的下拉按钮，选择 "粘贴" 命令，如图 3-40 所示。

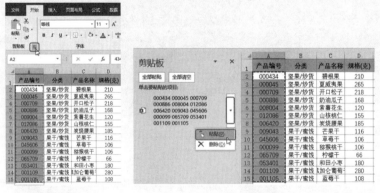

图 3-39　　　　　　　　　　　　图 3-40

❸ 再次选中单元格，通过在编辑栏中查看，即可看到已经转换为实际值显示，如图 3-41 所示。

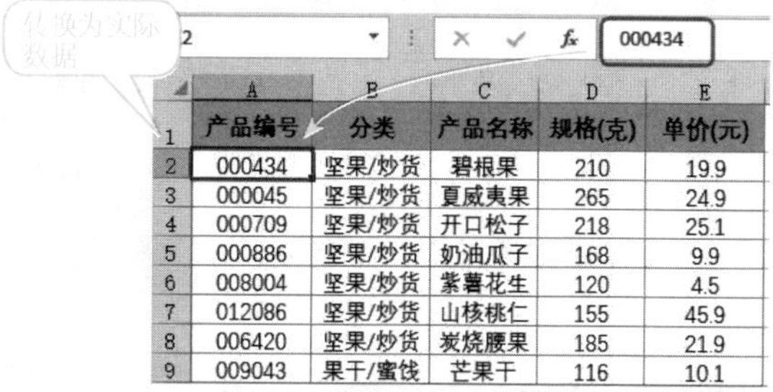

图 3-41

第 **4** 章 数据的编排与整理

4.1 行列的批量处理

一次性插入多行、多列

　　要一次性插入多行（多列），其关键在于执行插入前的准确选择，想插入几行（几列）就选择几行（几列）。下面以插入多行为例进行介绍。

　❶ 要想插入连续的行，只需要选中连续的行，在"开始"→"单元格"选项组中单击"插入"右侧的下拉按钮，选择下拉菜单中的"插入工作表行"命令（见图 4-1），即可插入，如图 4-2 所示。

图 4-1

图 4-2

② 如果插入的是不连续的行（列），那么在插入前选中单元格时要配合"Ctrl"键来选择。按住"Ctrl"键不放，依次选中需要在其上面插入行的所有行，再执行"插入工作表行"命令即可。如图 4-3 所示，选中了 A5 与 A7:A8 单元格区域，因此执行"插入工作表行"命令后，则在第 5 行上方插入一行，在第 7 行上方插入两行，如图 4-4 所示。

图 4-3

图 4-4

应用扩展

根据步骤 ① 与步骤 ② 总结得出，插入行（列）的命令很简单，关键在于执行插入前要准确选中对应行列数的单元格或单元格区域。

选择单元格时，可以在行标（列标）上选择，也可以直接在数据表中选择，因为数据表中的每一个单元格都包含对应的行号与列号。

技巧2 一次性隔行插入空行

表格中要求实现隔一行插入一个空行，达到如图 4-5 所示的效果。

95

序号	费用类别	支出金额	负责人			
007	办公用品采购费	￥8,280	席军			
010	办公用品采购费	￥920	席军			
015	福利品采购费	￥5,400	陈可			
017	通讯费	￥2,675	曹立伟			
020	通讯费	￥108	苏曼			
027	交通费	￥224	苏曼			
028	通讯费	￥2,675	曹立伟			
031	会务费	￥2,900	赵萍			

图 4-5

❶ 在 E3、F4 单元格中输入两个辅助数字"1""1"，如图 4-6 所示。

❷ 选中 E3:F4 单元格区域，拖动右下角的填充柄向下填充（填充的结束位置依据当前数据而定），如图 4-7 所示。

支出金额	负责人	E	F
￥8,280	席军		
￥920	席军	1	
￥5,400	陈可		1
￥2,675	曹立伟		
￥108	苏曼		
￥224	苏曼		
￥2,675	曹立伟		
￥2,900	赵萍		

图 4-6

支出金额	负责人		
￥8,280	席军		
￥920	席军	1	
￥5,400	陈可		1
￥2,675	曹立伟	2	
￥108	苏曼		2
￥224	苏曼	3	
￥2,675	曹立伟		3
￥2,900	赵萍	4	

图 4-7

❸ 保持填充区域的选中状态，按键盘上的 F5 键，打开"定位"对话框。单击"定位条件"按钮，打开"定位条件"对话框，选中"空值"单选按钮，如图 4-8 所示。

图 4-8

④ 单击"确定"按钮，即可选中之前选中的单元格区域中的所有空值单元格。然后单击鼠标右键，在弹出的快捷菜单中选择"插入"命令（见图 4-9），打开"插入"对话框。

⑤ 选中"整行"单选按钮（见图 4-10），单击"确定"按钮，然后将 E 列和 F 列两个辅助列删除即可达到如图 4-5 所示的效果。

图 4-9

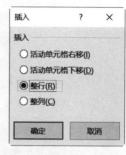

图 4-10

专家点拨

在步骤④中单击鼠标右键时注意一定要在选中的单元格上单击，否则将取消之前通过"定位"功能选中的所有空值。

技巧3 隔4行（任意指定）插入空行

表格中要求实现隔 4 行插入一个空行，即达到如图 4-11 所示的效果，也需要通过辅助数据来完成。

	A	B	C	D	E	F	G
1	序号	日期	费用类别	支出金额	负责人		
2	001	7月1日	办公用品采购费	￥8,280	席军		
3	002	7月1日	办公用品采购费	￥920	席军		
4	003	7月2日	福利品采购费	￥5,400	陈可		
5							
6	004	7月3日	通讯费	￥2,675	曹立伟		
7	005	7月4日	通讯费	￥108	苏曼		
8			通费	￥224	苏曼		
9	00		利品采购费	￥1,800	陈可		
10				￥9			
11	008	7月5日	办公用品采购费	￥338	李建琴		
12	009	7月5日	交通费	￥224	苏曼		
13	010	7月6日	福利品采购费	￥1,800	陈可		
14	011	7月7日	办公用品采购费	￥338	李建琴		
15							
16	012	7月7日	交通费	￥224	苏曼		
17	013	7月9日	福利品采购费	￥1,800	陈可		
18	014	7月10日	办公用品采购费	￥338	李建琴		

图 4-11

① 在 F5 单元格中输入辅助数字"1"，并选中包含 F5 单元格在内的向下的连续 4 个单元格，如图 4-12 所示。

97

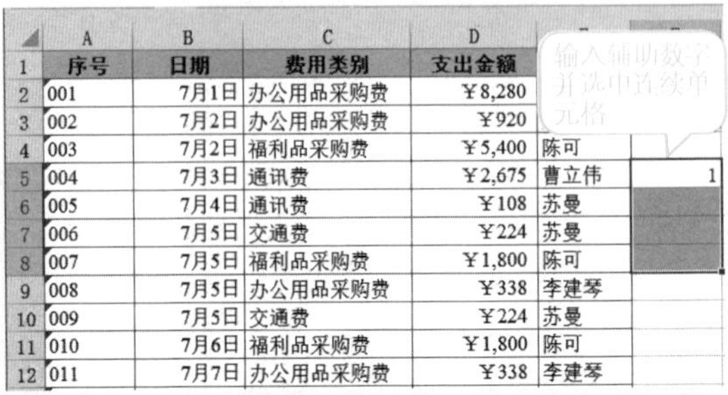

图 4-12

　　❷拖动选中单元格区域右下角的填充柄向下填充（填充的结束位置依据当前数据而定），如图4-13所示。

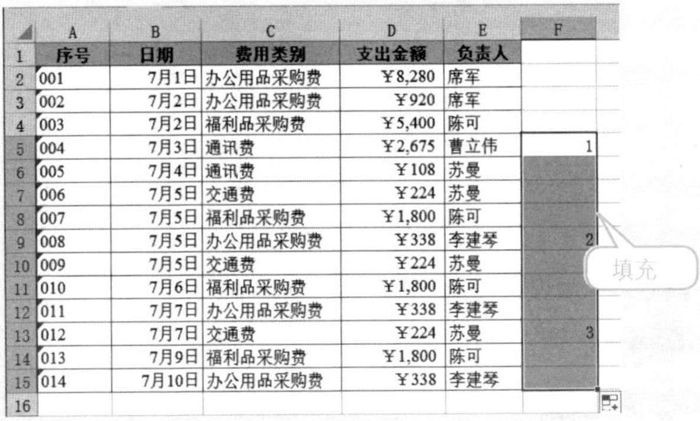

图 4-13

　　❸保持填充区域的选中状态，按键盘上的"F5"键，打开"定位"对话框。单击"定位条件"按钮，打开"定位条件"对话框，选中"常量"单选按钮，如图4-14所示。

　　❹单击"确定"按钮，即选中之前选中的单元格区域中的所有常量单元格。单击鼠标右键，在弹出的快捷菜单中选择"插入"命令（见图4-15），打开"插入"对话框。

　　❺选中"整行"单选按钮，如图4-16所示。单击"确定"按钮，然后将F列辅助列删除即可达到如图4-11所示的效果。

▱╱│ 应用扩展

　　按照上面的技巧，想隔几行插入空行都可以按类似的操作实现。操作重点在于辅助列的建立，想隔两行插入空行就隔两行填充数据，想隔三行插入空行就隔三行填充数据，依次类推。

图 4-14

图 4-15

图 4-16

技巧 4 一次性隔行调整行高

本例表格中要求隔行调整行高，比如一次性设置 3、5、7、……行的行高为 "25"，即达到如图 4-17 所示的效果，可以按如下的步骤操作。

	A	B	C	D	E	F	G	H
1	序号	日期	费用类别	支出金额	负责人			
2	001	12月1日	办公用品采购费	¥8,280	席军			
3	002	12月2日	办公用品采购费	¥920	席军			
4	003	12月2日	福利品采购费	¥5,400	陈可			
5	004	12月3日	通讯费	¥2,675	曹立伟			
6	005	12月4日	通讯费	¥108	苏曼			
7	006		交通费	¥224	苏曼			
8	007		福利品采购费	¥1,800	陈可			
9	008	12月5日	办公用品采购费	¥338	李建琴			
10								

图 4-17

● 在 A 列前插入一列作为辅助列，并分别在 A2、A3 单元格中输入 1 和 2，如图 4-18 所示。

❷选中 A2:A3 单元格区域，光标定位到右下角的填充柄上，按住 "Ctrl" 键不放，向下拖动填充柄，可以得到如图 4-19 所示的填充结果。

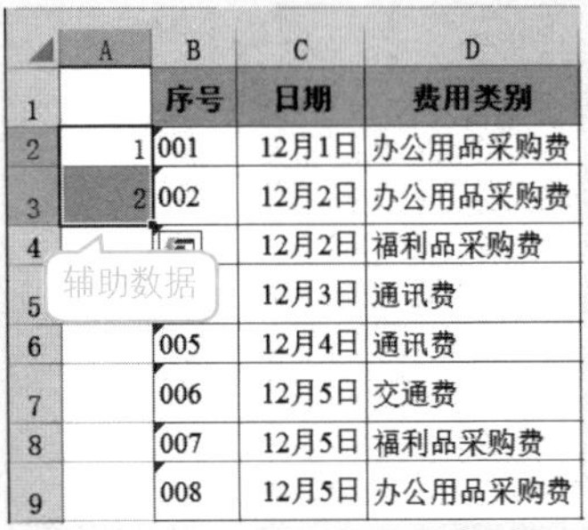

图 4-18 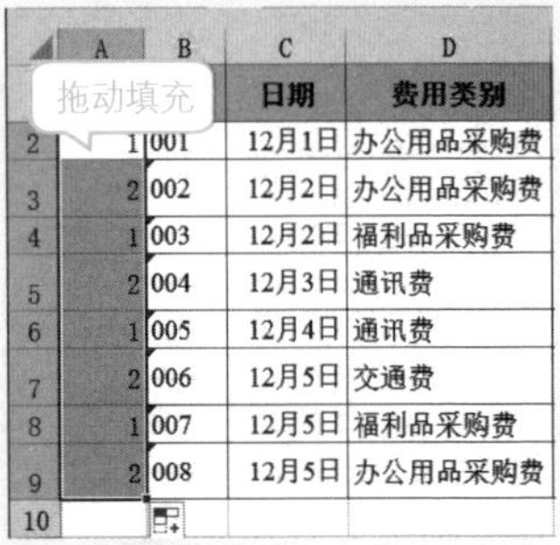   图 4-19

❸选中表格编辑区中的任意单元格，在 "数据" → "排序和筛选" 选项组中单击 "筛选" 按钮（见图 4-20），可添加自动筛选。

图 4-20

❹单击辅助列右侧的 ▼ 按钮，在打开的下拉菜单中取消选中 "全选"，并选中 "2" 复选框，如图 4-21 所示。

❺单击 "确定" 按钮，即可筛选出 3、5、7、……行。在选中行的行标上单击鼠标右键，在弹出的快捷菜单中选择 "行高" 命令（见图 4-22），打开 "行高" 对话框。

图 4-21

图 4-22

❻ 设置"行高"值为"25"，单击"确定"按钮，即可一次性调整 3、5、7、……行的行高，如图 4-23 所示。

❼ 在"数据"→"排序和筛选"选项组中单击"筛选"按钮取消筛选，删除辅助列，即可达到如图 4-24 所示的效果。

side bar: 第4章 数据的编排与整理

图 4-23

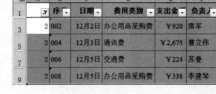

图 4-24

4.2　表格结构的整理

技巧 5　快速互换两列数据

对于已经建立完成的数据表，通过互换数据可以实现对数据的快速调整。要实现两列数据的互换，除了利用复制粘贴的方法外，还可以通过鼠标拖动的方法来实现，后一种方法更加方便快捷。例如，下面需要互换 C 列与 D 列数据。

❶ 选中 D 列，将光标定位于该列的边线上，直到出现黑色十字型箭头，如图 4-25 所示。

❷ 按住"Shift"键不放，按住鼠标左键向左水平拖动至 C 列，释放鼠标即可互换 C 列与 D 列数据，如图 4-26 所示。

	A	B	C	D	E
1	序号	日期	费用类别	产生部门	支出金额
2	001	5月6日	办公用品采购费	行政部	¥8,280
3	002	5月6日	办公用品采购费	行政部	¥920
4	003	5月7日	福利品采购费	行政部	¥5,400
5	004	5月8日	通讯费	行政部	¥2,675
6	005	5月9日	通讯费	行政部	¥108
7	006	5月10日	交通费	行政部	¥224
8	007	5月11日	预支差旅费	销售部	¥800
9	008	5月12日	预支差旅费	销售部	¥1,000
10					
11					

图 4-25

	A	B	C	D	E
1	序号	日期	产生部门	费用类别	支出金额
2	001	5月6日	行政部	办公用品采购费	¥8,280
3	002	5月6日	行政部	办公用品采购费	¥920
4	003	5月7日	行政部		¥5,400
5	004	5月8日	行政部		¥2,675
6	005	5月9日	行政部	通讯费	¥108
7	006	5月10日	行政部	交通费	¥224
8	007	5月11日	销售部	预支差旅费	¥800
9	008	5月12日	销售部	预支差旅费	¥1,000
10					
11					

图 4-26

应用扩展

鼠标拖动互换数据，不仅可以应用于相邻列数据的互换，也可以应用于间隔列数据的互换。其方法是，只要将选中列拖动至需要与其互换的目标列上即可。

101

删除 A 列为空的所有行

在当前数据表中，A 列中包含很多空值（见图 4-27），现在要求不管该行的其他单元格中是否有数据，只要 A 列中为空值，就将该行删除。

    ① 选中表格编辑区中的任意单元格，在"数据"→"排序和筛选"选项组中单击"筛选"按钮（见图 4-28），可添加自动筛选。

图 4-27　　　　　　　　　　　图 4-28

    ② 单击 A1 单元格右侧的 ▼ 按钮，在打开的下拉菜单中取消选中"全选"，并选中"（空白）"复选框，如图 4-29 所示。

    ③ 单击"确定"按钮，即可筛选出 A 列为空值的所有行。

    ④ 通过在行标上选中所有筛选出的空行并单击鼠标右键，在弹出的快捷菜单中选择"删除行"命令，如图 4-30 所示。

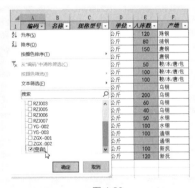

图 4-29　　　　　　　　　　　图 4-30

    ⑤ 在"数据"→"排序和筛选"选项组中单击"筛选"按钮取消筛选，即可一次性删除 A 列为空值的所有行，如图 4-31 所示。

	A	B	C	D	E	F
1	编码	名称	规格型号	单位	入库数量	产地
2	RZJ001	热轧卷	1.5mm*1250*C	公斤	120	珠钢
3	RZJ002	热轧卷	2.0mm*1250*C	公斤	80	涟钢
4	RZJ003	热轧卷	2.75mm*1500*C	公斤	150	唐钢
5	RZJ005	热轧卷	5.5*1500*C	公斤	50	鞍/本/唐/包
6	RZJ006	热轧卷	7.5mm*1500*C	公斤	100	鞍/本/唐/包
7	RZJ007	热轧卷	9.5mm*1500*C	公斤	100	鞍/本/唐/包
8	YG-002	圆钢	Φ14mm	公斤	200	乌钢
9	YG-003	圆钢	Φ16mm	公斤	60	乌钢
10	ZGX-001	准高线	Φ6.5mm	公斤	50	水钢
11	ZGX-002	准高线	Φ10mm	公斤	100	水钢
12	GX-001	高线	Φ8mm	公斤	100	新抚
13	GX-002	高线	Φ10mm	公斤	120	新抚

图 4-31

技巧 7 删除整行为空的所有行

数据表中存在这样一种情况，有些行中部分单元格中有数据，即不是整行都为空，如图 4-32 所示。现在要求将整行为空的所有行全部删除，包含部分数据的不删除，即达到如图 4-33 所示的效果。

	A	B	C	D	E	F	G	H	I
1	网络工程	星期	第1节	第2节	第3节	第4节	第5节	第6节	第7节
2	1班	1	数据库系统	专业英语	离散数学	离散数学	离散数学		
3		2	计算机网络	计算机网络	计算机网络	计算机网络	高级语言	高级语言	数据库系统
4									
5		3			数字逻辑	离散数学	数字逻辑		
6		4	数据结构	计算机网络	计算机网络	计算机网络	离散数学	软件工程	软件工程
7		5	数字逻辑	离散数学	离散数学	专业英语	离散数学		
8									
9									
10									
11	网络工程	星期	第1节	第2节	第3节	第4节	第5节	第6节	第7节
12	2班	1	数据库系统	离散数学			计算机网络	素质教育	素质教育
13									
14									
15		2		数字逻辑	专业英语	离散数学	离散数学		
16		3	计算机网络	计算机网络			计算机网络	软件工程	软件工程
17		4	专业英语	离散数学	专业英语	离散数学	数字逻辑	专业英语	专业英语
18		5			计算机网络	计算机网络	计算机网络		

部分单元格为空

图 4-32

	A	B	C	D	E	F	G	H	I
1	网络工程	星期	第1节	第2节	第3节	第4节	第5节	第6节	第7节
2	1班	1	数据库系统	专业英语	离散数学	离散数学	离散数学		
3		2	计算机网络	计算机网络	计算机网络	计算机网络	高级语言	高级语言	数据库系统
4		3			数字逻辑	离散数学	数字逻辑		
5		4	数据结构	计算机网络	计算机网络	计算机网络	离散数学	软件工程	软件工程
6		5	数字逻辑	离散数学	离散数学	专业英语	离散数学		
7	网络工程	星期	第1节	第2节	第3节	第4节	第5节	第6节	第7节
8	2班	1	数据库系统	离散数学			计算机网络	素质教育	素质教育
9		2		数字逻辑	专业英语	离散数学	离散数学		
10		3	计算机网络	计算机网络			计算机网络	软件工程	软件工程
11		4	专业英语	离散数学	专业英语	离散数学	数字逻辑	专业英语	专业英语
12		5			计算机网络	计算机网络	计算机网络		

只删除整行为空的行

图 4-33

❶ 将 J 列作为辅助列。选中 J1 单元格，在公式编辑栏中输入公式“=COUNTA(A1:I1)”。按“Enter”键，统计出 A1:I1 单元格区域中包含值的

单元格的数量（如果统计结果为 0，表示该行整行都为空）。

❷ 选中 J1 单元格，拖动右下角的填充柄向下复制公式（复制的结束位置依据当前数据而定），如图 4-34 所示。

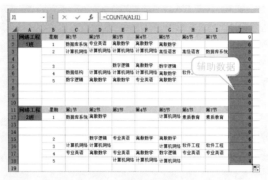

图 4-34

❸ 选中表格编辑区中的任意单元格，在 "数据" → "排序和筛选" 选项组中单击 "筛选" 按钮（见图 4-35），可添加自动筛选。

图 4-35

❹ 单击 J1 单元格右侧的 ▼ 按钮，在打开的下拉菜单中取消选中 "全选"，并选中 "0" 复选框，如图 4-36 所示。

图 4-36

⑤ 单击"确定"按钮，即可筛选出所有空行，如图 4-37 所示。

图 4-37

⑥ 通过在行标上选中所有筛选出的空行并单击鼠标右键，在弹出的快捷菜单中选择"删除行"命令，如图 4-38 所示。

图 4-38

⑦ 在"数据"→"排序和筛选"选项组中单击"筛选"按钮取消筛选，将辅助列删除，即可达到如图 4-33 所示的效果。

🔫 专家点拨

COUNTA 函数用于返回指定单元格区域中包含值（包括数字、文本或逻辑数字）的单元格数或项数。利用 COUNTA 函数进行统计，当统计结果为 0 时，表示这一行中没有任何值，即为空行。

技巧 8 复制合并的单元格且让数据连续显示

如图 4-39 所示的表格中存在多处合并单元格，现在要求将这些数据复制到另一张工作表中且取消单元格的合并，即达到如图 4-40 所示的效果。

图 4-39

图 4-40

　　◎选中需要复制的数据表（包含合并单元格的表），按"Ctrl+C"快捷键进行复制。

　　◎切换到目标位置，按"Ctrl+V"快捷键进行粘贴，单击右下角的 🖿(Ctrl)▾ 按钮，在打开的下拉菜单中单击 🖫 按钮（见图4-41），可以看到粘贴得到的数据取消了单元格的合并，但数据不是连续显示的，如图4-42所示。

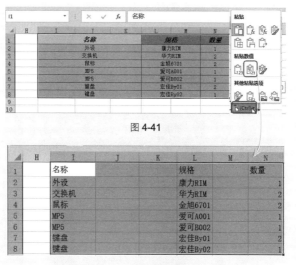

图 4-41

图 4-42

　　◎选中空白列，单击鼠标右键，在弹出的快捷菜单中选择"删除"命令（见图4-43）即可删除空行。

图 4-43

技巧9　取消单元格合并后，一次性填充空白单元格

　　如图4-44所示数据表的D列中包含合并单元格，现在要求取消单元格的

合并，并让空白单元格能够一次性填充，从而达到如图 4-45 所示的效果。

图 4-44　　　　　　　　　　　　　　图 4-45

❶ 选中 D 列数据，在"开始"→"对齐方式"选项组中单击圖·按钮，可取消 D 列中所有合并的单元格。

❷ 保持 D 列的选中状态，按键盘上的"F5"键，打开"定位"对话框。单击"定位条件"按钮，打开"定位条件"对话框，选中"空值"单选按钮，如图 4-46 所示。

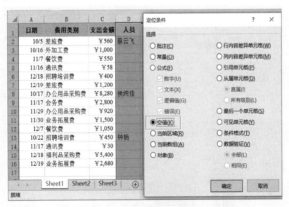

图 4-46

❸ 单击"确定"按钮，即可选中 D 列中所有空值单元格。将光标定位到编辑栏中，输入"=D2"，如图 4-47 所示。

❹ 按"Ctrl+Enter"快捷键，即可达到如图 4-45 所示的填充结果。

SUM　fx　=D2

	A	B	C	D
1	日期	费用类别	支出金额	人员
2	10/5	差旅费	¥560	蔡云飞
3	10/16	外加工费	¥1,000	=D2
4	11/7	餐饮费	¥550	
5	11/16	通讯费	¥58	
6	12/18	招聘培训费	¥400	
7	12/19	差旅费	¥1,200	
8	10/17	办公用品采购费	¥8,280	侯纯佳
9	11/17	会务费	¥2,800	
10	11/29	办公用品采购费	¥920	
11	11/30	业务拓展费	¥1,500	
12	12/7	餐饮费	¥1,050	
13	10/22	招聘培训费	¥450	钟杨
14	11/17	通讯费	¥30	
15	12/18	福利品采购费	¥5,400	
16	12/19	业务拓展费	¥2,680	

图 4-47

技巧 10　删除重复数据

数据处理时出现重复值的情况比较常见，很多时候需要对重复值进行处理，以得到唯一值的清单或记录。

如图 4-48 所示的表格中，"工号"列有重复值，现在要求将重复值删除，且只要"工号"列是重复值就删除，而不管后面列中的数据是否重复。

	A	B	C	D	E	F
1	月份出差补助统计表					
2	工号	姓名	出差时间	返回时间	累计天数	补助金额（元
3	0015	陈山	2021/3/5	2021/3/8	3	¥360.00
4	0016	廖晓	2021/3/6	2021/3/10	4	¥480.00
5	0017	张丽君	2021/3/8	2021/3/13	5	¥600.00
6	0018	吴华波	2021/3/9	2021/3/14	5	¥600.00
7	0019	黄孝铭	2021/3/12	2021/3/16	4	¥480.00
8	0016	廖晓	2021/3/6	2021/3/10	4	¥480.00
9	0021	庄霞	2021/3/15	2021/3/19	4	¥480.00
10	0022	王福鑫	2021/3/16	2021/3/20	4	¥480.00
11	0023	王琪	2021/3/17	2021/3/22	5	¥600.00
12	0021	庄霞	2021/3/15	2021/3/19	4	¥480.00
13	0025	杨浪	2021/3/20	2021/3/25	5	¥600.00

图 4-48

❶ 选中目标数据区域（即 A2:F13），在"数据"→"数据工具"选项组中单击"删除重复值"按钮（见图 4-49），弹出"删除重复值"对话框。

❷ 在"列"区域中选中以哪一列为参照来删除重复值（此处只要"工号"列有重复值就删除），选中"工号"复选框，其他选项取消选中，如图 4-50 所示。

图 4-49

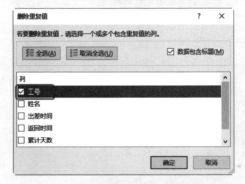

图 4-50

⑥ 单击"确定"按钮弹出提示框,指出有多少重复值被删除,有多少唯一值被保留(见图 4-51),或未发现重复值,单击"确定"按钮即可完成删除重复值的操作。

图 4-51

如图 4-52 所示，A 列中显示的是姓名，B 列中显示的是已报名，现在要建立一列显示出未报名的人员姓名，如图 4-53 所示。

图 4-52　　　　　　　　　　图 4-53

❶ 将 D 列作为辅助列。选中 D2 单元格，在公式编辑栏中输入公式 "=COUNTIF($A$2:$B$12,A2)"，按 "Enter" 键，统计出 $A$2:$B$12 单元格区域中 A2 单元格中值出现的次数。

❷ 选中 D2 单元格，拖动右下角的填充柄向下复制公式（复制的结束位置依据当前数据而定），如图 4-54 所示。

图 4-54

❸ 选中表格编辑区中的任意单元格，在 "数据" → "排序和筛选" 选项组中单击 "筛选" 按钮（见图 4-55），可添加自动筛选。

图 4-55

高效随身查——Excel 2021 必学的高效办公 应用技巧（视频教学版）

④ 单击 D1 单元格右侧的 按钮，在打开的下拉菜单中取消选中 ，并选中 复选框，如图 4-56 所示。

⑤ 单击 "确定" 按钮，即可筛选出只出现过一次的姓名（显示在 A 列中），如图 4-57 所示。

图 4-56   图 4-57

⑥ 将 A 列中的数据复制到 C 列中即可。

🔊 **专家点拨**

COUNTIF 函数用于统计区域中满足给定条件的单元格的个数。本技巧正是利用这一函数来统计。当统计结果为 1 时，表示这个姓名只出现一次，因此未在 "已报名" 列中出现过，即为未报名。

公式 =COUNTIF($A$2:$B$12,A2) 中的 "$A$2:$B$12" 为待统计区域，这个区域的界定要根据当前数据区域的大小，如果 A 列与 B 列中包含很多数据，可以直接将这一区域更改为 "$A:$B"。

技巧 12　合并多个单元格的数据且自动分行显示

要求将如图 4-58 所示的数据合并成如图 4-59 所示的效果。

图 4-58   图 4-59

① 选中 A2:A8 单元格区域，连按两次 "Ctrl+C" 快捷键复制的同时打开剪贴板，如图 4-60 所示。

② 光标定位到 A2 单元格中，将内容删除，然后在剪贴板中单击步骤 ① 中复制的内容，效果如图 4-61 所示。

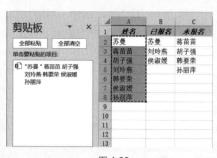

图 4-60　　　　　　　　　图 4-61

❸ 按相同的方法可以合并 B 列和 C 列的数据。

技巧 13　一个单元格中的数据拆分为多列

A2 单元格中显示的数据如图 4-62 所示，现在想将 A2 单元格的数据转换为如图 4-63 所示的形式。

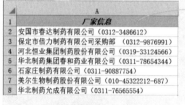

图 4-62　　　　　　　　　　　图 4-63

❶ 选中 A 列的单元格，在"数据"→"数据工具"选项组中单击"分列"按钮，打开"文本分列向导"对话框，选中"分隔符号"单选按钮，如图 4-64 所示。

图 4-64

❷ 单击"下一步"按钮，在"分隔符号"栏中选中"其他"复选框，并设置分隔符号为"（"，如图 4-65 所示。

❸ 单击"完成"按钮，可以看到 A 列数据被分成两列，如图 4-66 所示。

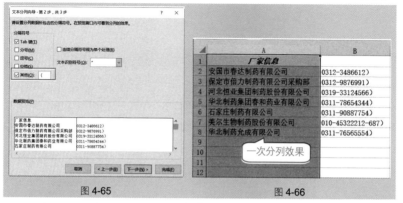

图 4-65　　　　　　　　　　　　图 4-66

❹ 选中 B 列数据，再次打开"文本分列向导"对话框，在"分隔符号"栏中选中"其他"复选框，并设置分隔符号为"）"，如图 4-67 所示。

❺ 单击"完成"按钮，即可达到如图 4-68 所示的效果。

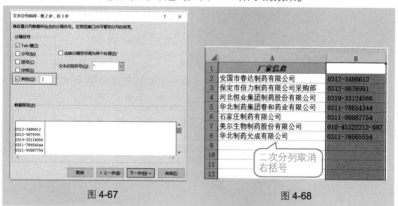

图 4-67　　　　　　　　　　　　图 4-68

👉 专家点拨

本例数据的整理多次应用了数据分列的功能。值得注意的是，分列数据需要数据具有一定的规律，如宽度相等、使用同一种分隔符号（空格、逗号、分号均可）间隔等。默认有"Tab 键""分号""逗号""空格"几种符号，其他不常见的符号，只要能保障格式统一，都可以使用"其他"复选框来自定义分隔符号。

另外，如果要分列的单元格区域不是最后一列，则在执行分列操作前，一定要在待拆分的那一列的右侧先插入一个空白列，否则在拆分后，右侧一列的数据会被分列后的数据替换掉。

4.3 不规则数据的整理

技巧 14   不规范数值导致的无法计算问题

公式计算是 Excel 中非常强大的一项功能，通过公式可快速返回运算结果，这是手动计算所不能比拟的。但是有时候我们会遇到一些情况，比如明明输入的是数据，却无法对数据进行运算与统计，如图 4-69 所示。这是因为数字是文本格式的数字，无法计算，因此要进行格式转换。

	A	B	C	D	E	F	G
1	员工编号	姓名	促销方案	顾客心理	市场开拓	总分	平均成绩
2	PX01	王磊	89	82	78	0	#DIV/0!
3	PX02	郝凌云	98	87	90	0	#DIV/0!
4	PX03	陈南	69	80	77	0	#DIV/0!
5	PX04	周晓丽	87	73	85	0	#DIV/0!
6	PX05	杨文华	85	90	82	0	#DIV/0!
7	PX06	钱丽	85	90	91	0	#DIV/0!
8	PX07	陶莉莉	95	70	90	0	#DIV/0!
9	PX08	方伟	68	89	87	0	#DIV/0!
10	PX09	周梅	78	87	82	0	#DIV/0!
11	PX10	郝艳艳	82	78	86	0	#DIV/0!
12	PX11	王青	85	81	91	0	#DIV/0!

（无法得到正确的计算结果）

图 4-69

❶ 选中所有左上角带有绿色小三角形标志的单元格，然后单击左上角的
⬥ 按钮，在打开的下拉列表中选择 "转换为数字" 命令，如图 4-70 所示。

	A	B	C	D	E	F	G
1	员工编号	姓名	促销方案	顾客心理	市场开拓	总分	平均成绩
2	PX01	王	89	82	78	0	#DIV/0!
3	PX02	郝			90	0	#DIV/0!
4	PX03	陈	以文本形式存储的数字		77	0	#DIV/0!
5	PX04	周	转换为数字(C)		85	0	#DIV/0!
6	PX05	杨	有关此错误的帮助		82	0	#DIV/0!
7	PX06	钱	忽略错误		91	0	#DIV/0!
8	PX07	陶	在编辑栏中编辑(F)		90	0	#DIV/0!
9	PX08	方	错误检查选项(O)...		87	0	#DIV/0!
10	PX09	周			82	0	#DIV/0!
11	PX10	郝艳艳	82	78	86	0	#DIV/0!
12	PX11	王青	85	81	91	0	#DIV/0!

图 4-70

❷ 此时可以看到原来的数字左上角的绿色小三角形消失，同时 F 列与 G 列中得到正确的计算结果，如图 4-71 所示。

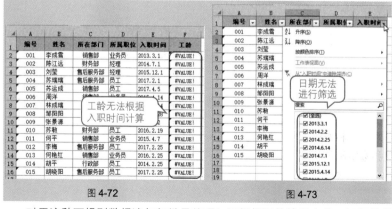

得到正确的计算结果

	A	B	C	D	E	F	G
1	员工编号	姓名	促销方案	顾客心理	市场开拓	总分	平均成绩
2	PX01	王磊	89	82	78	249	83
3	PX02	郝凌云	98	87	90	275	91.67
4	PX03	陈南	69	80	77	226	75.33
5	PX04	周晓丽	87	73	85	245	81.67
6	PX05	杨文华	85	90	82	257	85.67
7	PX06	钱丽	85	90	91	266	88.67
8	PX07	陶莉莉	95	70	90	255	85
9	PX08	方伟	68	89	87	244	81.33
10	PX09	周梅	78	87	82	247	82.33
11	PX10	郝艳艳	82	78	86	246	82
12	PX11	王青	85	81	91	257	85.67

图 4-71

技巧 15　不规范日期导致的无法计算问题

在 Excel 中必须按指定的格式输入日期，Excel 才会把它当作日期型数值，否则会视为不可计算的文本。输入以下四种日期格式的日期，Excel 均可识别：

● 短横线 "-" 分隔的日期，如 "2021-4-1" "2021-5"
● 用斜杠 "/" 分隔的日期，如 "2021/4/1" "2021/5"
● 使用中文年月日输入的日期，如 "2021 年 4 月 1 日" "2021 年 5 月"
● 使用包含英文月份或英文月份缩写输入的日期，如 "April-1" "May-21"

用其他符号间隔的日期或数字形式输入的日期，如 "2021.4.1" "021\4\1" "20210401" 等，Excel 无法自动识别为日期数据，因此会被视为文本数据，且无法参与数据运算。如图 4-72 所示的表格中，要求根据输入的入职时间来计算工龄，由于当前的入职日期不是程序能识别的日期格式，进而导致后面的公式计算错误。在进行筛选时也不能按日期筛选，如图 4-73 所示。

图 4-72

图 4-73

115

对于这种不规则数据该如何批量处理？可根据具体情况来使用不同的处

理方法。

　　本例中需要将"2021.11.1"这类不规则日期统一替换为规范的日期，可以通过使用查找和替换功能将"."或"\"替换为"-"或"/"即可。

　　❶ 选中 E2:E16 单元格，按"Ctrl+H"快捷键，打开"查找和替换"对话框。

　　❷ 在"查找内容"文本框中输入"."，在"替换为"文本框中输入"/"，如图 4-74 所示。

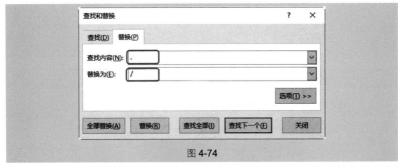

图 4-74

　　❸ 单击"全部替换"按钮会打开"Microsoft Excel"提示框，单击"确定"按钮，即可看到 Excel 程序已将其转换为可识别的规范日期值，同时计算工龄的公式也能返回正确的结果了，如图 4-75 所示。

	A	B	C	D	E	F
1	编号	姓名	所在部门	所属职位	入职时间	工龄
2	001	李成雪	销售部	业务员	2013/3/1	8
3	002	陈江远	财务部	经理	2014/7/1	7
4	003	刘莹	售后服务部	经理	2015/12/1	6
5	004	苏瑞瑞	售后服务部	员工	2017/2/1	4
6	005	苏运成	销售部	员工	2017/4/5	4
7	006	周洋	销售部	业务员	2015/4/14	6
8	007	林成瑞	工程部	部门经理	2014/6/14	7
9	008	邹阳阳	行政部	员工	2016/1/28	5
10	009	张景源	销售部	部门经理	2014/2/2	7
11	010	苏敏	财务部	员工	2016/2/19	5
12	011	何平	销售部	业务员	2015/4/7	6
13	012	李梅	售后服务部	员工	2017/2/25	4
14	013	何艳红	销售部	业务员	2016/2/25	5
15	014	胡平	行政部	员工	2014/2/25	7
16	015	胡晓阳	售后服务部	员工	2017/2/25	4

工龄自动根据入职日期计算

图 4-75

　　另一种方法是使用"分列"功能，比如默认把日期输入为"20211101"这种数字形式，可以统一转换为"2021/11/1"日期格式。

　　❶ 选中要转换的单元格区域，在"数据"→"数据工具"选项组中单击"分列"按钮（见图 4-76），打开"文本分列向导-第 1 步，共 3 步"对话框，如图 4-77 所示。

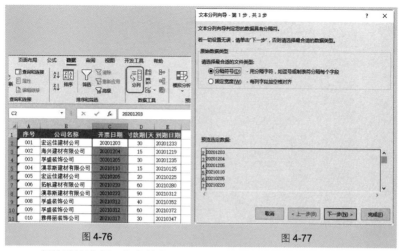

图 4-76　　　　　　　　　　　　　　　図 4-77

❷ 保持默认选项，依次单击"下一步"按钮，直到打开"文本分列向导 -
第 3 步，共 3 步"对话框，选中"日期"单选按钮，如图 4-78 所示。

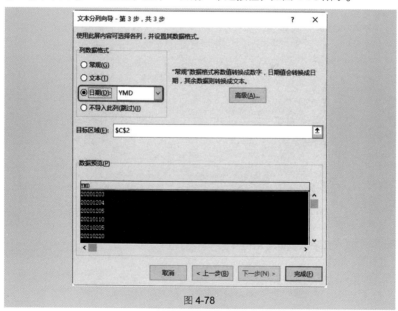

图 4-78

❸ 单击"完成"按钮，即可将表格中的数字格式全部转换为规范的日期格
式，如图 4-79 所示。

	A	B	C	D	E
1	序号	公司名称	开票日期	付款期(天)	到期日期
2	001	宏运佳建材公司	2020/12/3	30	2021/1/2
3	002	海兴建材有限公司	2020/12/4	15	2020/12/19
4	003	孚盛装饰公司	2020/12/5	30	2021/1/4
5	004	澳菲斯建材有限公司	2021/1/10	15	2021/1/25
6	005	宏运佳建材公司	2021/2/5	20	2021/2/25
7	006	拓帆建材有限公司	2021/2/20	60	2021/4/21
8	007	澳菲斯建材有限公司	2021/2/22	90	2021/5/23
9	008	孚盛装饰公司	2021/3/12	40	2021/4/21
10	009	孚盛装饰公司	2021/3/12	60	2021/5/11
11	010	雅得丽装饰公司	2021/3/17	30	2021/4/16
12	011	宏运佳建材公司	2021/3/20	10	2021/3/30
13	012	雅得丽装饰公司	2021/4/3	25	2021/4/28

图 4-79

应用扩展

不规范的日期格式多种多样，如图 4-80 所示的 A 列也为不规范的日期。但无论不规范数据的格式是什么样的，应该具备统一规律，才便于统一处理。如果不规范的样式没有规律，便只能靠手动去修改，或运用相关功能辅助进行多次整理。

针对如图 4-80 所示的数据，可以根据规律，进行两次查找并替换来处理，首先查找“（”，再查找“）”，分别将它们替换为空白。

	A	B	C
1	加班日期	加班员工	加班开始时间
2	(2020/4/4)	吴明华	11:00:00
3	(2020/4/6)	郭时节	11:00:00
4	(2020/4/6)	邓子建	11:00:00
5	(2020/4/7)	陈华伟	11:00:00
6	(2020/4/10)	杨 明	11:00:00
7	(2020/4/11)	张铁明	11:00:00
8	(2020/4/12)	刘济东	17:30:00
9	(2020/4/12)	张仪	12:00:00
10	(2020/4/17)	何丽	17:30:00
11	(2020/4/20)	李凝	17:30:00
12	(2020/4/23)	陈华	17:30:00

图 4-80

技巧 16　一次性删除文本中的所有空格

当 Excel 表格中存在空格，如果数据只是用来显示，似乎没有什么影响，但若是涉及数据运算统计，则会导致出错。

如图 4-81 所示，要查询“韩燕”的应缴所得税，却出现查询不到的情况。双击 C4 单元格查看源数据，在编辑栏发现光标所处的位置与数据最后一位间隔有距离，即为不可见的空格，如图 4-82 所示。而这样的空格是肉眼很难发现的。

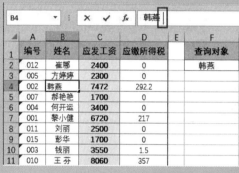

图 4-81

图 4-82

❶ 用鼠标选中不可见字符并按 "Ctrl+C" 快捷键复制。

❷ 按 "Ctrl+H" 快捷键，打开 "查找和替换" 对话框，将光标定位到 "查找内容" 文本框中，按 "Ctrl+V" 快捷键粘贴，将不可见字符粘贴至 "查找内容" 文本框，"替换为" 文本框为空，如图 4-83 所示。

图 4-83

❸ 单击"全部替换"按钮，弹出对话框提示共有多少处替换，单击"确定"按钮，此时解决了无法查询的问题，如图 4-84 所示。

	A	B	C	D	E	F	G
1	编号	姓名	应发工资	应缴所得税		查询对象	应缴所得税
2	012	崔娜	2400	0		韩燕	292.2
3	005	方涛涛	2300	0			
4	002	韩燕	7472	292.2			
5	007	郝艳艳	1700	0			
6	004	何开运	3400	0			
7	001	黎小健	6720	217			
8	011	刘丽	2500	0			
9	015	彭华	1700	0			
10	003	钱丽	3550	1.5			
11	010	王芬	8060	357			
12	013	王海燕	8448	434.6			
13	008	王青	10312	807.4			
14	006	王雨虹	4495	29.85			
15	009	吴银花	2400	0			
16	016	武杰	3100	0			
17	014	张燕	12700	1295			

图 4-84

技巧 17　一列多属性数据的分列整理

一列多属性数据指的是一列中记录有两种或多种不同意义的数据，这种情况经常在导入数据时出现。这时一般需要将多属性的数据重新分列处理，以方便对数据进行计算与分析。最常用的解决方式就是利用分列来分割数据。

例如，本例表格中在记录物品总价时将购买日期与金额同时记录到了一列中，此时可通过分列操作整理数据。

❶ 选中要拆分的单元格区域，在"数据"→"数据工具"选项组中单击"分列"按钮，如图 4-85 所示。打开"文本分列向导 - 第 1 步，共 3 步"对话框，选中"分隔符号"单选按钮，如图 4-86 所示。

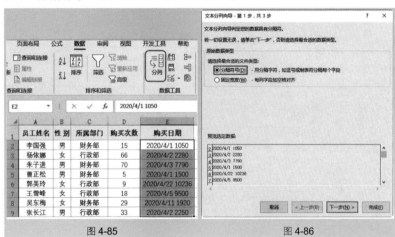

图 4-85　　　　　　　　　　图 4-86

❷ 单击"下一步"按钮，在"分隔符号"栏中选中"空格"复选框，如图 4-87 所示。

图 4-87

❸ 单击"完成"按钮，即可将单列数据分组为两列，如图 4-88 所示。然后添加上列标识，并对表格稍加整理即可投入使用。

	A	B	C	D	E	F
1	员工姓名	性 别	所属部门	购买次数	购买日期	
2	李国强	男	财务部	15	2020/4/1	1050
3	杨依娜	女	行政部	66	2020/4/2	2280
4	朱子进	男	财务部	70	2020/4/3	7790
5	曹正松	男	财务部	5	2020/4/1	1500
6	郭美玲	女	行政部	9	2020/4/22	10236
7	王雪峰	女	行政部	18	2020/4/5	9500
8	吴东梅	女	财务部	29	2020/4/11	1920
9	张长江	男	行政部	33	2020/4/2	2250
10						

图 4-88

应用扩展

根据数据分隔符号的不同，在利用分列功能处理一列多属性数据时，要灵活设置分隔符号。如图 4-89 所示的数据表，在分列 C 列数据时，需要在"文本分列向导"对话框中选中"其他"复选框，并在后面的文本框中输入"："，如图 4-90 所示。

	A	B	C	D
1	序号	公司名称	应收金额	付款期(天)
2	001	宏运佳建材公司	2021/1/20:25000	15
3	002	海兴建材有限公司	2021/2/22:58000	60
4	003	孚盛装饰公司	2021/2/22:5000	90
5	004	澳菲斯建材有限公司	2021/2/5:12000	20
6	005	宏运佳建材公司	2021/3/12:23000	40
7	006	拓帆建材有限公司	2021/3/12:29000	60
8	007	澳菲斯建材有限公司	2021/3/17:50000	30
9	008	孚盛装饰公司	2021/3/20:4000	10
10	009	雅得丽装饰公司	2021/4/3:18500	25
11	010	宏运佳建材公司	2021/4/13:5000	15
12	011	雅得丽装饰公司	2021/4/14:28000	90
13	012	澳菲斯建材有限公司	2021/4/18:24000	60
14	013	拓帆建材有限公司	2021/4/28:6000	15

图 4-89

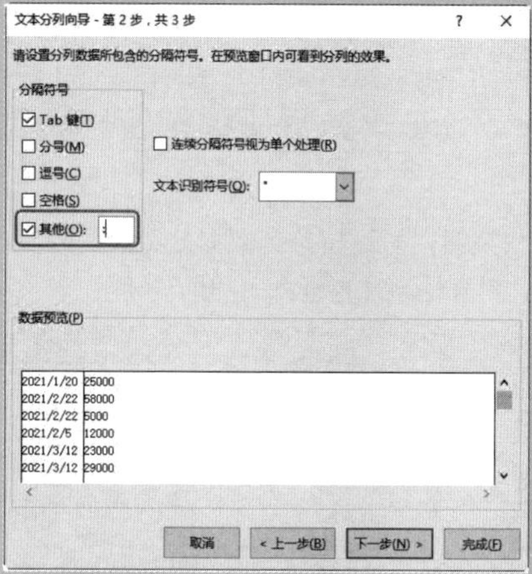

图 4-90

技巧 18　结合 Word 批量去除单元格中的字母

在 Excel 表格中，有的单元格含有大量不规则字母，这时可以结合 Word 中的“查找和替换”功能，快速去除单元格中的字母。

❶ 选中含有字母的单元格区域，按“Ctrl+C”快捷键复制，如图 4-91 所示。

❷ 打开一个空白文档，按“Ctrl+V”快捷键粘贴，并只保留文本，如图 4-92 所示。

❸ 按“Ctrl+H”快捷键，打开“查找和替换”对话框，在“查找内容”文本框中输入“^$”，“替换为”栏中保持空白，如图 4-93 所示。

❹ 单击“全部替换”按钮，弹出提示对话框，如图 4-94 所示。

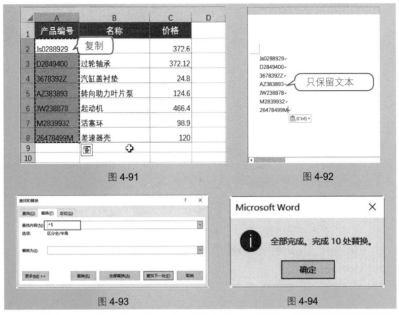

图 4-91

图 4-92

图 4-93

图 4-94

❺ 单击"确定"按钮，关闭"查找和替换"对话框，即可看到所有字母被替换消失了，如图 4-95 所示。

❻ 选择所有数字，按"Ctrl+C"快捷键复制，然后再选择需粘贴的单元格区域，按"Ctrl+V"快捷键粘贴，如图 4-96 所示。

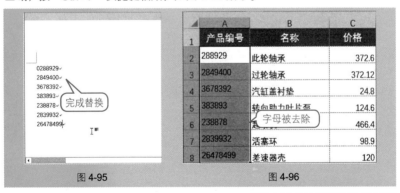

图 4-95

图 4-96

技巧 19 解决合并单元格不能筛选的问题

如图 4-97 所示，A 列中的月份显示在合并单元格中，当为其添加自动筛选并进行筛选时，无法按月份筛选来查看数据。例如，筛选查看 11 月份数据

时显示如图 **4-98** 所示（只显示一条数据）。

	A	B	C	D	E	F	G
1	月份	日期	费用类别	产生部门	支出金额	负责人	备注
2		10/5	差旅费	销售部	￥560	张宁玲	张宁玲出差南京
3		10/16	外加工费	销售部	￥1,000	程成	海报
4	10月	10/17	餐饮费	销售部	￥550	马艳红	与合肥平五商贸
5		10/22	通讯费	财务部	￥58	苏曼	快递
6		10/25	招聘培训费	人事部	￥400	喻小婉	市人才中心招聘
7		11/7	差旅费	企划部	￥1,200	吴军洋	吴军洋出差济南
8		11/16	办公用品采购费	行政部	￥8,280	席军	新增办公设备
9	11月	11/17	会务费	企划部	￥2,800	赵萍	交流会
10		11/29	办公用品采购费	行政部	￥920	席军	新增笔纸办公用品
11		11/30	业务拓展费	企划部	￥1,500	赵萍	展位费
12		12/2	餐饮费	销售部	￥1,050	苏曼	与瑞景科技客户
13		12/3	招聘培训费	人事部	￥450	沈涛	培训教材
14	12月	12/7	通讯费	财务部	￥30	金晶	EMS
15		12/18	福利品采购费	行政部	￥5,400	陈可	购买春节大礼包
16		12/19	业务拓展费	企划部	￥2,680	赵萍	公交站广告

图 4-97

	A	B	C	D	E	F	G
1	月份	日期	费用类别	产生部门	支出金额	负责人	备注
7	11月	11/7	差旅费	企划部	￥1,200	吴军洋	吴军洋出差济南
17							
18		无法筛选					
19							
20							

图 4-98

现在通过操作，可以实现按月份筛选查看数据，如图 **4-99** 所示。

	A	B	C	D	E	F	G
1		可以筛选	费用类别	产生部门	支出金额	负责人	备注
7		旅费		企划部	￥1,200	吴军洋	吴军洋出差济南
8		11/16	办公用品采购费	行政部	￥8,280	席军	新增办公设备
9	11月	11/17	会务费	企划部	￥2,800	赵萍	交流会
10		11/29	办公用品采购费	行政部	￥920	席军	新增笔纸办公用品
11		11/30	业务拓展费	企划部	￥1,500	赵萍	展位费

图 4-99

❶ 选中 A 列（单击 A 列的列标），在"开始"→"剪贴板"选项组中单击 📋 按钮（如图 4-100 所示），然后在表格右侧的 I 列上单击一次，将 A 列的格式引用下来，如图 4-101 所示。

❷ 选中 A 列，在"开始"→"对齐方式"选项组中单击 🔲▾ 按钮取消这一列单元格的合并，如图 4-102 所示。

❸ 按键盘上的"F5"键，打开"定位"对话框。单击"定位条件"按钮，打开"定位条件"对话框，选中"空值"单选按钮，如图 4-103 所示。

❹ 单击"确定"按钮选中 A 列中的所有空值，如图 4-104 所示。光标定位到编辑栏中，输入公式"=A2"，按"Ctrl+Enter"快捷键即可得到填充结果，如图 4-105 所示。

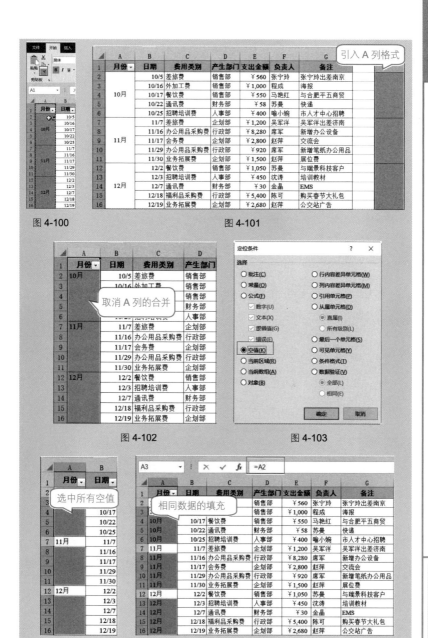

图 4-100

图 4-101

图 4-102

图 4-103

图 4-104

图 4-105

⑤选中之前引用格式的 I 列，在"开始"→"剪贴板"选项组中单击 按钮，

再回到 A 列上单击一次，恢复 A 列的格式，如图 4-106 所示。

图 4-106

⑥ 单击 A 列中的 ▼ 按钮，取消选中"全选"，任意选中不同月份的复选框（见图 4-107），单击"确定"按钮即可进行筛选查看。

图 4-107

技巧 20　解决合并单元格不能排序的问题

如图 4-108 所示，A 列中的日期显示在合并单元格中（同一日期对应多条记录），如果要按日期大小排序，则会弹出提示信息，无法完成排序。通过如下操作则可以得到如图 4-109 所示的排序效果。

❶ 参照技巧 20 的操作，取消 A 列的合并后，一次性填充所有空白单元格，如图 4-110 所示。

❷ 选中 A 列中的任意单元格，在"数据"→"排序和筛选"选项组中单击 ↓↑ 按钮，即可实现按日期排列，如图 4-111 所示。

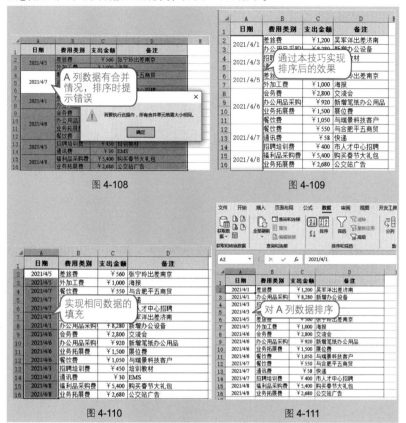

图 4-108

图 4-109

图 4-110

图 4-111

完成上面的操作后，接着需要逐一将 A 列中相同日期的单元格合并（因为假设的数据非常多，需要用格式刷逐一操作，无法进行批量处理）。

❶ 将 F 列作为辅助列，选中 F2 单元格，在编辑栏中输入公式"=COUNTIF($A$2:A2,A2)"。选中 F2 单元格，拖动右下角的填充柄向下填充（填充结束位置依据当前数据而定），得出如图 4-112 所示的结果。

❷ 选中公式返回的值，按"Ctrl+C"快捷键复制，再按"Ctrl+V"快捷键粘贴，然后单击 📋(Ctrl)· 按钮，在弹出的列表中单击 📋 按钮，将公式计算结果转换为值，如图 4-113 所示。

❸ 按键盘上的"Ctrl+F"快捷键，打开"查找和替换"对话框，设置"查找内容"为"1"（见图 4-114），单击"查找全部"按钮，即可将选中区域

中的所有值为"1"的单元格都选中。

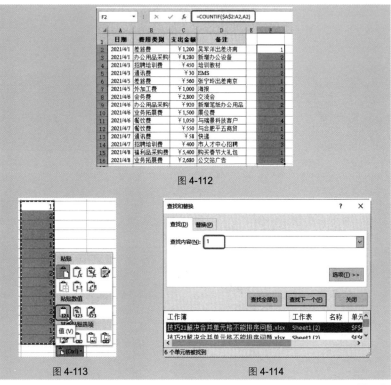

图 4-112

图 4-113 图 4-114

❹ 在选中的单元格上单击鼠标右键，在弹出的快捷菜单中选择"插入"命令（见图 4-115），打开"插入"对话框，选中"整行"单选按钮，如图 4-116 所示。

图 4-115 图 4-116

⑤ 单击"确定"按钮，即可在值为"1"的单元格中都插入一个空行。

⑥ 选中 F 列，按键盘上的"F5"键，打开"定位"对话框。单击"定位条件"按钮，打开"定位条件"对话框，选中"常量"单选按钮，如图 4-117 所示。单击"确定"按钮，即可选中 F 列中的常量，如图 4-118 所示。

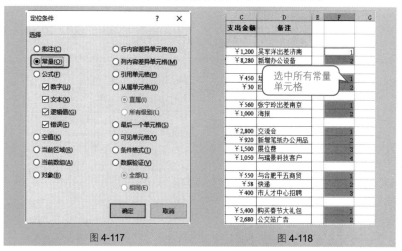

图 4-117　　　　　　　　　　　图 4-118

⑦ 按键盘上的"Delete"键，将选中的常量一次性删除，接着单击"开始"→"对齐方式"选项组中的 按钮（见图 4-119），一次性合并单元格，如图 4-120 所示。

图 4-119　　　　　　　　　　　图 4-120

⑧ 选中 F 列（单击 F 列的列标），在"开始"→"剪贴板"选项组中单

击 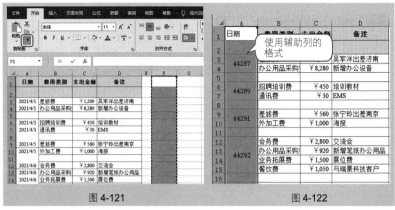 按钮（见图 4-121），然后在 A 列上单击一次，如图 4-122 所示。

图 4-121

图 4-122

❾ 重新将 A 列的数字格式更改为日期格式，然后一次性将空行删除，以达到如图 4-109 所示的效果。

📖 **应用扩展**

本例中借助 COUNTIF 函数来统计每个日期出现的次数。其原理是：一个日期出现次数为"1"，到下一日期的出现次数为"1"时，这中间的间隔为同一日期，利用辅助列，将这些间隔一次性合并，再将格式粘贴到 A 列已完成排序的数据上。

技巧 21 解决合并单元格中公式不能复制的问题

如图 4-123 所示，在公式计算时包含合并的单元格，并且计算结果显示在不同大小的单元格中（有的合并，有的未合并），此时如果直接下拉复制公式将无法实现。

图 4-123

❶ 选中 E 列中的单元格区域，在"开始"→"对齐方式"选项组中单击 按钮，取消单元格的合并，如图 4-124 所示。再将 E2 单元格的公式向下复制，如图 4-125 所示。

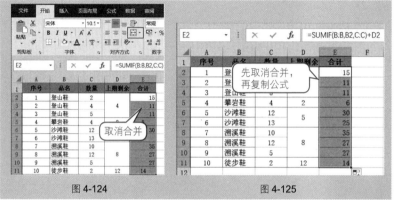

图 4-124   图 4-125

❷ 完成公式的复制后，选中 D 列，在"开始"→"剪贴板"选项组中单击 按钮引用该列的格式（见图 4-126），然后再在 E 列上单击一次鼠标即可，如图 4-127 所示。

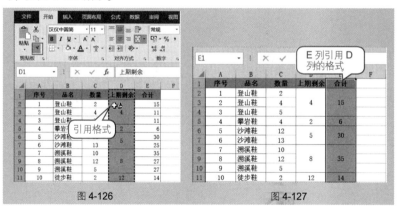

图 4-126   图 4-127

第5章 数据的分析与分类汇总

5.1 按条件自动设置特殊格式

技巧1 库存量过低时自动预警

如图 5-1 所示，使库存量小于 5 的单元格显示特殊的格式。这一效果可通过设置单元格的条件格式来实现。单元格条件格式是指通过设置让满足指定条件的单元格以特殊的标记（如加色块、加图标或自定义特殊格式等）显示出来。

	A	B	C	D	E	F
1	产品编号	名称	销售数量	库存		
2	HY001	立领风衣	18	6		
3	MY002	针织毛衣	28	8		
4	KZ003	裤子	31	2		
5	DD004	打底衫	33	3		
6	YQ005	连衣裙	21	6		
7	TQ006	直筒裙	15	9		
8	NZ007	牛仔裤	25	1		
9	XF008	西服上衣	12	10		
10	XK009	西服裤	6	10		
11	XF010	雪纺衫	42	2		
12	BZ011	百褶裙	39	3		

图 5-1

❶ 选中显示库存的单元格区域，在"开始"→"样式"选项组中单击 **条件格式** ·按钮，在弹出的下拉菜单中可以选择条件格式，这里选择"突出显示单元格规则"→"小于"命令，如图 5-2 所示。

❷ 弹出"小于"对话框，在第一个设置框中输入值"5"，如图 5-3 所示。

❸ 单击"确定"按钮回到工作表中，可以看到所有库存量小于 5 的单元格都显示为浅红填充色深红色文本格式，如图 5-1 所示。

图 5-2

图 5-3

应用扩展

在满足条件的情况下，设置单元格显示格式时，默认格式为"浅红填充色深红色文本"，也可以单击右侧的下拉按钮，从下拉列表中选择其他格式（见图 5-4），或选择"自定义格式"命令，打开"设置单元格格式"对话框来设置格式，如图 5-5 所示（可以切换到多个选项卡下分别设置，如指定数字格式、指定字体字号、指定边框等）。

图 5-4

图 5-5

如图 5-6 所示，成绩表中（表格中有很多数据）前 3 名成绩显示了特殊的格式。要实现这种满足某个条件自动显示特殊格式的效果，可以按如下方法操作。

❶ 选中 B 列中显示分数的单元格区域，在"开始"→"样式"选项组中单击 条件格式 按钮，在弹出的下拉菜单中选择"项目选取规则"→"前 10 项"命令，如图 5-7 所示。

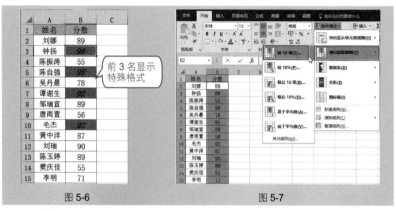

图 5-6　　　　　　　　　　图 5-7

❷ 弹出"前 10 项"对话框，重新设置值为"3"（因为本技巧中只需要让前 3 名数据显示特殊格式），单击"设置为"右侧的下拉按钮，在列表中选择"自定义格式"命令（见图 5-8），打开"设置单元格格式"对话框设置想要的格式。

图 5-8

❸ 在"字体"选项卡中设置字形，如图 5-9 所示；切换到"填充"选项卡，设置单元格填充颜色，如图 5-10 所示。

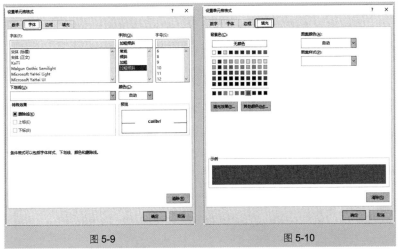

| 图 5-9 | 图 5-10 |

❹ 设置完成后依次单击"确定"按钮，即可看到前 3 名成绩显示为所设置的特殊格式，如图 5-6 所示。

专家点拨

当单元格中数据发生改变而影响了当前的前 3 名数据时，数据格式将自动按当前数据重新设置。

应用扩展

在"项目选取规则"子菜单中还有一些其他的选项，如高于平均值、低于平均值、前 10% 等，当需要设置时，只需要按相同方法选择相应的选项，并设置所需要的特殊格式即可。

技巧 3　标识出只值班一次的员工

如图 5-11 所示，B 列中显示的是值班人员的姓名。要求通过单元格条件格式的设置，实现当值班人员姓名只出现一次时显示特殊格式。

❶ 选中显示值班人员的单元格区域，在"开始"→"样式"选项组中单击 **条件格式 ▾** 按钮，在弹出的下拉菜单中选择"突出显示单元格规则"→"重复值"命令，如图 5-12 所示。

❷ 弹出"重复值"对话框，单击第一个下拉按钮，在列表中选择"唯一"选项，单击"设置为"左侧的下拉按钮，在列表中选择"自定义格式"命令（见图 5-13），打开"设置单元格格式"对话框设置特殊格式。

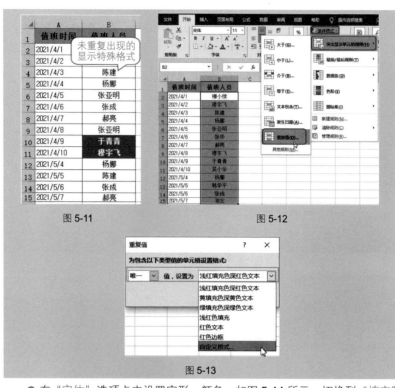

图 5-11　　　　　　　　　　　　　图 5-12

图 5-13

❸ 在"字体"选项卡中设置字形、颜色，如图 5-14 所示；切换到"填充"选项卡，设置单元格填充颜色，如图 5-15 所示。

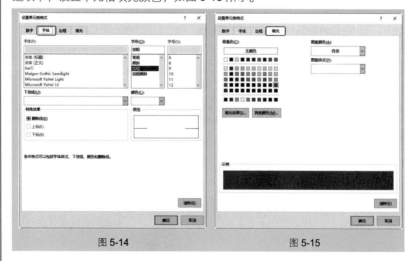

图 5-14　　　　　　　　　　　　　图 5-15

❹ 设置完成后依次单击“确定”按钮，即可看到选中的单元格区域中只出现一次的值被设置了特殊的格式，如图 5-11 所示。

技巧 4　突出显示本月的退货数据

如图 5-16 所示，A 列中显示的是申请退货的日期。现在通过单元格条件的设置，以特殊格式显示本月的所有退货单。

	A	B	C	D	E
1	申请日期			颜色	销售平台
2	2021/3/5			黑灰	天猫
3	2021/3/12	MY231	M	卡其	京东
4	2021/3/17	MY543	L	皮红	京东
5	2021/4/18	MY67	XL	卡其	天猫
6	2021/5/12	LQ123	L	咖啡	京东
7	2021/4/3	LQ884	XL	皮红	京东
8	2021/4/29	LQ431	M	黑灰	天猫
9	2021/5/30	LQ435	XL	咖啡	天猫
10	2021/4/23	PL09	S	米白	京东
11	2021/5/24	PL988	L	拼色	天猫
12	2021/4/15	PL43	XL	黄	天猫
13	2021/5/28	PL76	S	绿	天猫

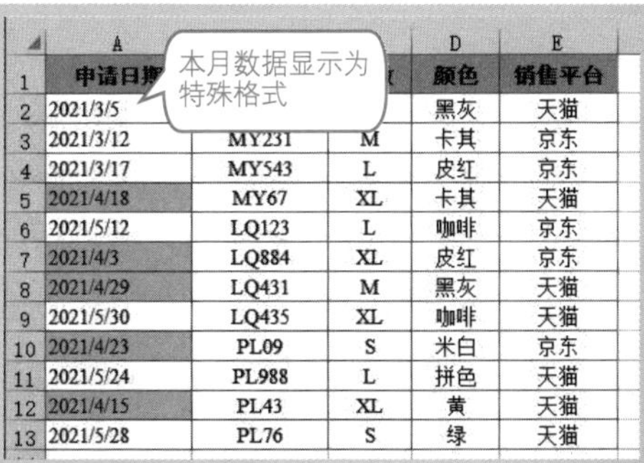

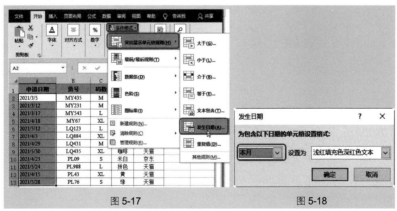

图 5-16

❶ 选中显示申请日期的单元格区域，在“开始”→“样式”选项组中单击 条件格式 按钮，在弹出的下拉菜单中选择“突出显示单元格规则”→“发生日期”命令，如图 5-17 所示。

❷ 弹出“发生日期”对话框，单击第一个下拉按钮，在弹出的列表中选择“本月”选项，再单击“设置为”右侧的下拉按钮，选择需要的格式，如图 5-18 所示。

图 5-17

图 5-18

❸ 设置完成后依次单击“确定”按钮，可以看到所有本月的日期都被设置了特殊的格式，如图 5-16 所示。

📢 **专家点拨**

在打开的"发生日期"对话框的下拉列表中还有其他选项可以选择，如"昨天""本周""最近7天"等，在操作时可以根据实际进行选择。请注意，通过这里设置特殊格式时无法自定义指定的日期区间，并且只有这几项可供用户选择。

技巧5 排除某文本后的特殊标记

本例表格为某次学生竞赛的成绩表，要求将所有不包含"安和佳"的记录都特殊标识出来，如图5-19所示。在进行条件格式设置时，要实现排除某文本之后其他的数据都特殊标记，需要打开条件格式对话框来进行设置。

❶ 选中要设置的单元格区域，在"开始"→"样式"选项组中单击 **条件格式 ▾** 按钮，在弹出的下拉菜单中选择"新建规则"命令（见图5-20），打开"新建格式规则"对话框。

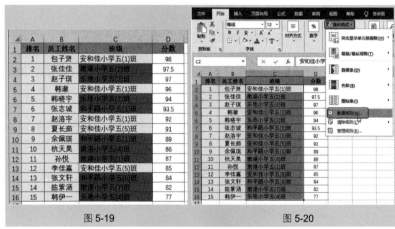

图5-19　　　　　　　　　图5-20

❷ 在"选择规则类型"列表框中选择"只为包含以下内容的单元格设置格式"规则，在"编辑规则说明"栏中依次将各项设置为"特定文本""不包含""安和佳"，如图5-21~图5-23所示。

❸ 单击"格式"按钮，打开"设置单元格格式"对话框，切换到"填充"选项卡，设置单元格填充颜色，如图5-24所示。

❹ 设置后依次单击"确定"按钮，即可让所有不包含"安和佳"的数据以特殊格式显示。

图 5-21　　　　　　　　　　　　　　　图 5-22

图 5-23　　　　　　　　　　　　　　　图 5-24

应用扩展

在"突出显示单元格规则"中有"文本包含"的规则，例如现在想将包含"安和佳"的条目以特殊格式显示。在"开始"→"样式"选项组中单击"条件格式"按钮，在弹出的下拉菜单中选择条件格式，这里选择"突出显示单元格规则"→"文本包含"命令，打开如图 5-25 所示的对话框并设置，然后单击"确定"按钮，得到如图 5-26 所示的结果。

图 5-25

	A	B	C	D
1	排名	员工姓名	班级	分数
2	1	包子贤	安和佳小学五(1)班	98
3	2	张佳佳	南港小学五(2)班	97.5
4	3	赵子琪	乐地小学五(3)班	97
5	4	韩澈	安和佳小学五(1)班	96
6	5	韩晓宇	乐地小学五(2)班	94
7	6	张志诚	和平路小学五(1)班	93.5
8	7	赵洛宇	安和佳小学五(1)班	92
9	8	夏长茹	安和佳小学五(5)班	91
10	9	余佩琪	和平路小学五(1)班	89
11	10	杭天昊	南港小学五(4)班	88
12	11	孙悦	南港小学五(1)班	87
13	12	李佳嘉	安和佳小学五(5)班	85
14	13	张文轩	和平路小学五(8)班	84
15	14	陈紫涵	南港小学五(7)班	82

图 5-26

需要注意的是，如果想设置不包含的条件，则没有专用的设置选项，必须打开“新建格式规则”对话框进行设置。

技巧 6 用数据条直观比较数据

如图 5-27 所示为某个月份的销量统计表，在此表格中可以通过添加数据条直观比较数据的大小。

	A	B	C	D
1	4月份销量统计表			
2	编号	产品名称	包装规格	销量
3	ZG6007	通体大理石	6*	167
4	ZG6008	生态大理石	6*	65
5	ZG6009	喷墨瓷片	9*	165
6	ZG6010	艺术仿古砖	6*	71
7	ZG6011	负离子通体全瓷中板	11*	27
8	ZG6012	通体仿古砖	6*	48
9	ZG6013	负离子钻石釉大理石	6*	19
10	ZG6014	木纹金刚石	3*	72
11	ZG6015	希腊爵士白	3*	33
12	ZG6016	负离子生态大理石	3*	10
13	ZG6017	全抛釉玻化砖	3*	22

值越大数据条越长

图 5-27

选中 D3:D13 单元格区域，在“开始”→“样式”选项组中单击“条件格式”按钮，在弹出的下拉菜单中选择“数据条”命令，在其子菜单中可选择相应的数据条样式，光标指向即时预览（见图 5-28），单击即可应用。

技巧 7 为不同库存量亮起“三色灯”

“图标集”规则是指根据单元格的值区间采用不同颜色的图标进行标记，图标的样式与值区间的设定都是可以自定义设置的。

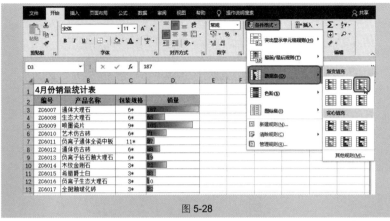

图 5-28

本例中选择"三色灯"图标，绿色图标表示库存充足，红色图标表示库存紧缺，以起到警示的作用。例如，要求当库存量大于等于 500 时显示绿色图标，当库存量在 500 至 200 之间时显示黄色图标，当库存量小于 200 时显示红色图标，如图 5-29 所示。

	A	B	C
1	产品名称	出库量	库存量
2	卡莱饰新车空气净化光触媒180ml	756	🔴 236
3	南极人汽车头枕腰靠	564	🟢 510
4	北极绒U型护颈枕	350	🟡 494
5	康车宝 空调出风口香水夹	780	🟡 488
6	信逸舒 EBK-标准版 汽车腰靠	800	🟢 508
7	卡莱饰 汽车净味长嘴狗竹炭包	750	🔴 167
8	COMFIER汽车座垫按摩坐垫	705	🟡 345
9	毕亚兹 中控台磁吸式	600	🟢 564
10	牧宝冬季纯羊毛汽车坐垫	781	🔴 180
11	快美特空气科学Ⅱ 车载香水	782	🟡 476
12	固特异丝圈汽车脚垫 飞足系列	865	🟢 514
13	尼罗河四季通用汽车坐垫	800	🔴 140
14	香木町汽车香水	654	🟡 404
15	GREAT LIFE 汽车脚垫丝圈	750	🟢 504
16	途雅汽车香水	756	🟡 289
17	卡饰社便携式记忆棉U型枕	682	🔴 164
18	洛克 重力支架	754	🔴 138
19	五福金牛 汽车脚垫	654	🟢 568

图 5-29

❶ 选中要设置条件格式的单元格区域（C2:C19 单元格区域），在"开始"→"样式"选项组中单击 **条件格式 ▾** 按钮，在弹出的下拉菜单中选择"图标集"→"其他规则"命令（见图 5-30），打开"新建格式规则"对话框。

图 5-30

❷ 由于默认的值类型是"百分比"，因此首先单击"类型"下设置框右侧的下拉按钮，在打开的列表中选择"数字"格式，如图 5-31 所示（注意这一步一定要在设置具体值之前进行）。

❸ 在"图标"区域设置绿色图标后的值为">=500"，如图 5-32 所示。

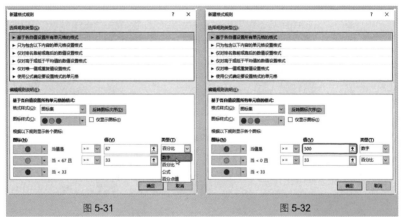

图 5-31   图 5-32

❹ 接着按相同方法设置黄色图标后的值为">=200"，红色图标后自动显示为"<200"，如图 5-33 所示。

❺ 单击"确定"按钮，返回工作表中，可以看到在 C2:C19 单元格区域使用不同的图标显示出库存量，库存较少的显示红色图标，可特殊关注。

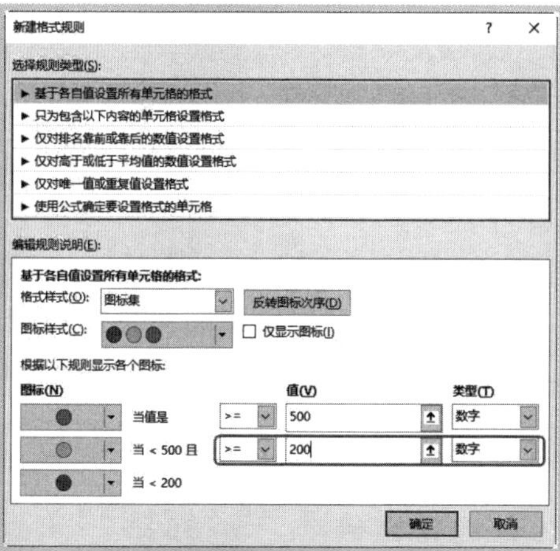

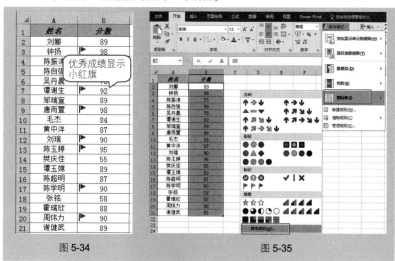

图 5-33

技巧 8　用条件格式给优秀成绩标记小红旗

如图 5-34 所示的学生成绩表中，当成绩大于等于 90 分时会在前面插上红色小旗子。要达到这一效果，可以按如下步骤操作。

❶ 选中“分数”列单元格区域，在“开始”→“样式”选项组中单击“条件格式”按钮，在弹出的下拉菜单中选择“图标集”→“其他规则”命令（见图 5-35），打开“新建格式规则”对话框。

	A	B
1	姓名	分数
2	刘娜	89
3	钟扬	▶ 98
4	陈振涛	
5	陈自强	
6	吴丹晨	
7	谭谢生	▶ 92
8	邹瑞宣	89
9	唐雨萱	▶ 98
10	毛杰	84
11	黄中洋	87
12	刘瑞	▶ 90
13	陈玉婷	▶ 95
14	樊庆佳	55
15	谭玉嫦	89
16	陈超明	87
17	陈学明	▶ 90
18	张铭	58
19	霍瑞欣	88
20	周炜力	▶ 90
21	谢健武	89

图 5-34

图 5-35

❷ 在"图标样式"下拉列表中选择"三色旗"图标样式（见图 5-36），单击第一个图标右侧下拉按钮，选择小红旗，如图 5-37 所示。

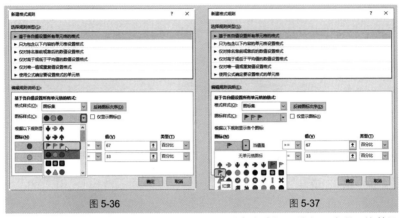

图 5-36　　　　　　　　　　　图 5-37

❸ 单击"类型"右侧下拉按钮，在下拉列表中选择"数字"选项，接着设置值为">=90"，如图 5-38 所示。

❹ 单击第二个图标右侧的下拉按钮，在下拉列表中单击"无单元格图标"取消图标（见图 5-39）。然后按相同的方法设置第三个图标为"无单元格图标"。

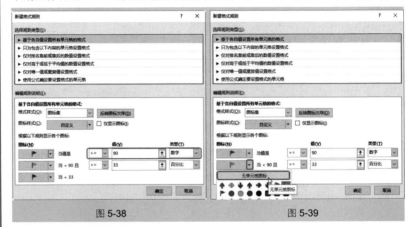

图 5-38　　　　　　　　　　　图 5-39

❺ 单击"确定"按钮，即可看到分数在 90 分及以上的单元格前都标记小红旗。

技巧9　制作数据比较的旋风图

旋风图通常用于两组数据之间的对比，它的展示效果非常直观。本例中统计了最近几年公司的出口和内销额，下面需要使用 Excel 条件格式制作出如图 5-40 所示的旋风图。

	A	B	C
1	年份	出口（万元）	内销（万元）
2	2012年	4000	3000
3	2013年	3000	1200
4	2014年	1200	900
5	2015年	900	3300
6	2016年	3400	4450
7	2017年	870	5609
8	2018年	680	2450
9	2019年	900	889

图 5-40

❶ 选中"出口"列数据，在"开始"→"样式"选项组中单击 📒条件格式▾ 按钮，在弹出的下拉菜单中选择"数据条"选项，在子菜单中选择一种想使用的数据条，如图 5-41 所示。

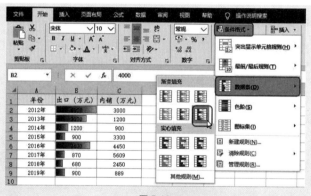

图 5-41

❷ 按相同方法为"内销"列数据添加相同的数据条，如图 5-42 所示。

❸ 然后选中 B2:B9 单元格区域，再次单击 📒条件格式▾ 按钮，在弹出的下拉菜单中选择"数据条"→"其他格式"命令，打开"新建格式规则"对话框。保持各默认选项不变，单击"条形图方向"下拉按钮，在打开的下拉列表中选择"从右到左"命令（见图 5-43），即可更改数据条的方向，得到旋风图效果，如图 5-40 所示。

图 5-42

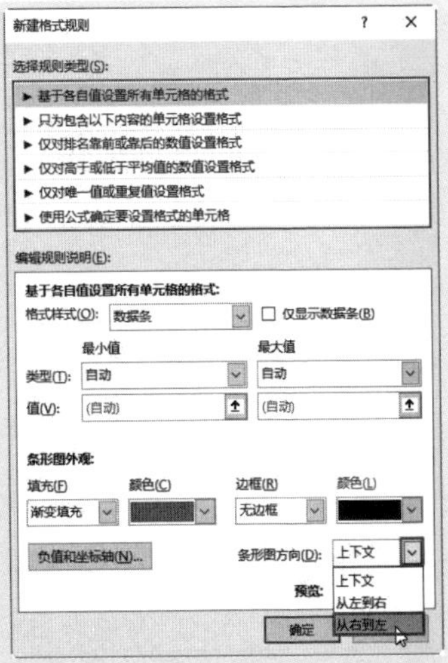

图 5-43

技巧 10　高亮显示将要进行值班的日期

本例中统计了每位员工的值班日期，要求根据系统当前的日期，把第二天要进行值班的日期以红色底纹标记出来，如图 5-44 所示。例如，当前的系统日期是 2020/6/1。

❶ 选中要设置的单元格区域，在"开始"→"样式"选项组中单击 条件格式 按钮，在弹出的下拉菜单中选择条件格式，这里选择"突出显示单元格规则"→"等于"命令，如图 5-45 所示。

图 5-44

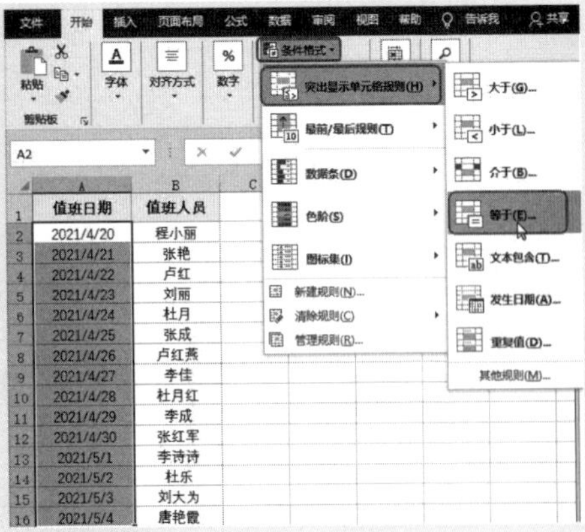

图 5-45

❷ 打开"等于"对话框，在设置框中输入"=TODAY()+1"，单击"确定"按钮，即可把第二天要值班的日期（系统日期的后面一天）以红色底纹标记显示，效果如图 5-46 所示。

图 5-46

🔊 专家点拨

TODAY 函数用来返回当前的日期，再加上 1 就可以返回第二天的日期。

技巧 11 自动标识出周末

如图 5-47 所示，考勤表中显示了当月的各个日期，通过条件格式设置可以自动标识出周末。

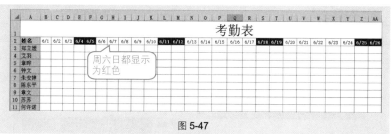

图 5-47

❶ 选中第 2 行中显示日期的数据区域，在"开始"→"样式"选项组中单击 条件格式▾ 按钮，在弹出的下拉菜单中选择"新建规则"命令，打开"新建格式规则"对话框。

❷ 在列表中选择最后一条规则类型，设置公式为"=WEEKDAY (B2,3)>5"，如图 5-48 所示。

❸ 单击"格式"按钮，打开"设置单元格格式"对话框，切换到"字体"选项卡下设置字体，如图 5-49 所示；再切换到"填充"选项卡下，选择填充颜色，如图 5-50 所示。

❹ 单击"确定"按钮，回到"新建格式规则"对话框中，可以看到预览格式，如图 5-51 所示。

图 5-48

图 5-49

图 5-50

图 5-51

❺ 单击"确定"按钮，即可达到如图 5-47 所示的效果。

🔊 **专家点拨**

WEEKDAY 函数用于返回某日期为星期几。公式"=WEEKDAY(B2,3)>5"中的参数"3"表示返回"数字 1 到数字 7（星期一到星期日）"，参数">5"表示当条件大于 5 时则为周末（因为星期六和星期日返回的数字为 6 和 7），就为其设置格式。

技巧 12 比较两个单元格的采购价格是否相同

如图 5-52 所示，1 月份与 2 月份各商品的采购价格有部分不同，通过条件格式设置，可以在两个月份的采购价格出现不同时以特殊格式显示。

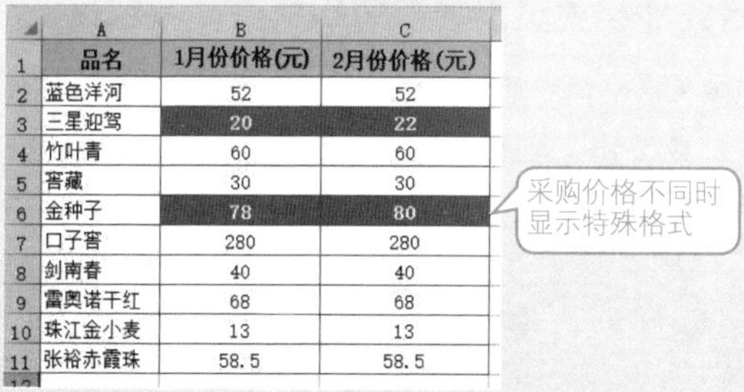

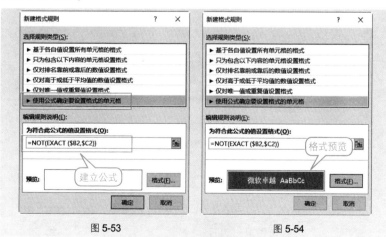

	A	B	C
1	品名	1月份价格(元)	2月份价格(元)
2	蓝色洋河	52	52
3	三星迎驾	20	22
4	竹叶青	60	60
5	窖藏	30	30
6	金种子	78	80
7	口子窖	280	280
8	剑南春	40	40
9	雷奥诺干红	68	68
10	珠江金小麦	13	13
11	张裕赤霞珠	58.5	58.5

采购价格不同时显示特殊格式

图 5-52

❶ 选中 B 列与 C 列中显示价格的单元格区域，在"开始"→"样式"选项组中单击 条件格式▾ 按钮，在弹出的下拉菜单中选择"新建规则"命令，打开"新建格式规则"对话框。

❷ 在列表中选择最后一条规则类型，设置公式为"=NOT(EXACT($B2,$C2))"，如图 5-53 所示。

❸ 单击"格式"按钮，打开"设置单元格格式"对话框，切换到"填充"选项卡下，选择填充颜色；再切换到"字体"选项卡下设置字体。

❹ 单击"确定"按钮，回到"新建格式规则"对话框中，可以看到预览格式，如图 5-54 所示。

图 5-53

图 5-54

❺ 单击"确定"按钮，即可达到如图 5-52 所示的效果。

🔊 专家点拨

　　EXACT 函数用于比较两个值是否相等。公式 "=NOT(EXACT($B2, $C2))" 表示当判断出两个值不相等时为其设置格式。

技巧 13　用条件格式突出显示每行的最高分和最低分

　　某公司招聘人员，各面试官对应聘者的成绩进行了打分，现在想直观显示出每位应聘者的最高分与最低分，如图 5-55 所示，蓝色单元格为最低分，黄色单元格为最高分。

	A	B	C 面试官A	D 面试官B	E 面试官C	F 面试官D	G 面试官E
1	序号	姓名	面试官A	面试官B	面试官C	面试官D	面试官E
2	1	张小白	9.1	9.3	8	7.6	9
3	2	王凯丽	9.1	8.7	9.3	8.8	9.4
4	3	董小华	8.5	8.6	9	9.3	9.2
5	4	王明	9.3	9.3	9.5	9.2	8.5
6	5	于程程	8.8	9	8.9	8.4	8.9
7	6	风腾	9.4	9.2	9.1	9.5	8.8
8	7	白凯	8.9	9.2	9.1	9	9.4
9	8	周力	8.2	9.3	9.5	9.4	9

突出显示最高分和最低分

图 5-55

　　❶ 选择分数单元格区域，在"开始"→"样式"选项组中单击 🔲 条件格式 按钮，在弹出的下拉菜单中选择 "新建规则" 命令，打开 "新建格式规则" 对话框。

　　❷ 在列表中选择最后一条规则类型，设置公式为 "=C2=MAX($C2:$G2)"，如图 5-56 所示。

　　❸ 单击 "格式" 按钮，打开 "设置单元格格式" 对话框，切换到 "填充" 选项卡下，选择填充颜色；再切换到 "字体" 选项卡下设置字体。

　　❹ 单击 "确定" 按钮，回到 "新建格式规则" 对话框中，可以看到预览格式，如图 5-57 所示。

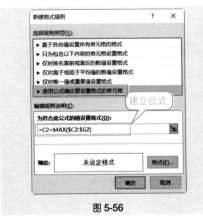

图 5-56

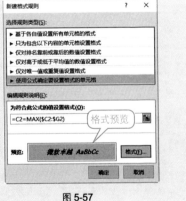

图 5-57

❺ 再次打开"新建格式规则"对话框，在列表中选择最后一条规则类型，设置公式为"=C2=MIN($C2:$G2)"，如图 5-58 所示。

❻ 单击"格式"按钮，打开"设置单元格格式"对话框，切换到"填充"选项卡下，选择填充颜色；再切换到"字体"选项卡下设置字体。

❼ 单击"确定"按钮，回到"新建格式规则"对话框中，可以看到预览格式，如图 5-59 所示。

❽ 单击"确定"按钮，即可达到如图 5-55 所示的效果。

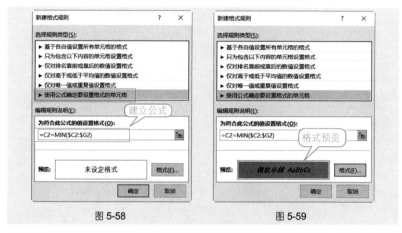

图 5-58　　　　　　　　　　　图 5-59

技巧 14　突出显示"缺考"或未填写数据的单元格

如图 5-60 所示，要求当成绩列中不是数值时就以特殊格式来显示。

	A	B	C
1	姓名	面试成绩	面试成绩
2	张明亮	85	86
3	石兴红	85	80
4	周燕飞	不合格	缺考
5	周松	78	缺考
6	何亮亮	90	92
7	李丽	不合格	72
8	郑磊	91	78
9	杨亚	83	缺考
10	李敏	不合格	88
11	李小辉	92	91
12	韩微	75	63
13			

非数值单元格都显示特殊格式

图 5-60

❶ 选中 B 列与 C 列中显示成绩的数据区域，在"开始"→"样式"选项

151

组中单击 条件格式 按钮，在弹出的下拉菜单中选择"新建规则"命令，打开"新建格式规则"对话框。

❷ 在列表中选择最后一条规则类型，设置公式为 "=NOT(ISNUMBER(B2))"，如图 5-61 所示。

❸ 单击"格式"按钮，打开"设置单元格格式"对话框，设置想使用的特殊格式。设置后单击"确定"按钮，回到"新建格式规则"对话框中，可以看到预览格式，如图 5-62 所示。

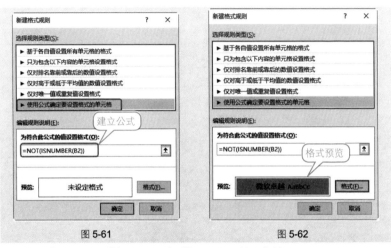

图 5-61　　　　　　　　　　　　图 5-62

❹ 单击"确定"按钮，即可达到如图 5-60 所示的效果。

🔫 **专家点拨**

ISNUMBER 函数用来判断引用的参数或指定单元格中的值是否为数字。公式"=NOT(ISNUMBER(B2))"表示当 B2 单元格中的值不为数字时就为其设置特殊格式。

技巧 15　使用条件格式突出显示整行

在 Excel 条件格式使用中，经常需要将符合条件的整行改变颜色。如图 5-63 所示，将所有内容为"黑色"单元格的整行改变颜色。

❶ 选择数据区域，如 A2:D9 的单元格，在"开始"→"样式"选项组中单击 条件格式 按钮，在弹出的下拉菜单中选择"新建规则"命令，打开"新建格式规则"对话框。

❷ 在列表中选择最后一条规则类型，设置公式为"=IF($D2="黑色",1,0)"，如图 5-64 所示。

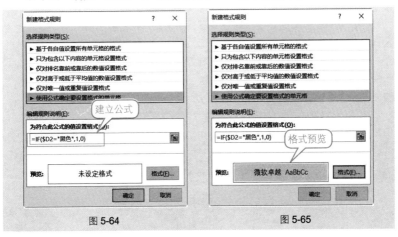

	A	B	C	D	E
1	编号	名称	数量	颜色	
2	FY010	风衣	5	黄色	
3	KZ002	裤子	6	黑色	
4	SY003	短上衣	4	蓝色	
5	DD004	打底裤	5	绿色	
6	DQ005	短裙	6	黑色	
7	DK006	短裤	3	紫色	
8	LY007	连衣裙	7	白色	
9	YS008	夹克衫	3	黑色	

整行突出显示

图 5-63

❸ 单击 "格式" 按钮，打开 "设置单元格格式" 对话框，切换到 "填充" 选项卡下，选择特殊的填充颜色。设置后单击 "确定" 按钮，回到 "新建格式规则" 对话框中，可以看到预览格式，如图 5-65 所示。

❹ 单击 "确定" 按钮，即可达到如图 5-63 所示的效果。

图 5-64　　　　　　　　图 5-65

技巧 16　特殊显示加班时长最长的员工

关于最大值的判定及突出显示，通过灵活地设置公式可以达到不同的可视化显示目的。例如，要求将加班时长最长的员工姓名特殊显示出来（见图 5-66），其操作方法如下。

❶ 选中 B 列中 "加班员工" 列下的单元格区域，在 "开始" → "样式" 选项组中单击 条件格式 ▾ 按钮，在弹出的下拉菜单中选择 "新建规则" 命令，打开 "新建格式规则" 对话框。

	A	B	C	D	E
1	加班日期	加班员工	加班开始时间	加班结束时间	加班耗时
2	2020/4/1	王艳	17:30:00	19:30:00	2
3	2020/4/2	周全	17:30:00	21:00:00	3.5
4	2020/4/3	韩燕飞	18:00:00	19:30:00	1.5
5	2020/4/4	周毅	11:00:00	16:00:00	5
6	2020/4/6	伍先泽	17:30:00	21:00:00	3.5
7	2020/4/7	方小飞	17:30:00	19:30:00	2
8	2020/4/8	钱丽丽	17:30:00	20:00:00	2.5
9	2020/4/11	彭红	12:00:00	13:30:00	1.5
10	2020/4/11	夏守梅	11:00:00	16:00:00	5
11	2020/4/12	陶菊	11:00:00	16:00:00	5
12	2020/4/14	张明亮	17:30:00	18:30:00	1
13	2020/4/16	石兴红	17:30:00	20:30:00	3
14	2020/4/19	周燕飞	14:00:00	17:00:00	3
15	2020/4/20	周松	19:00:00	22:30:00	3.5
16	2020/4/21	何亮亮	17:30:00	21:00:00	3.5
17	2020/4/22	李丽	18:00:00	19:30:00	1.5

图 5-66

📢 **专家点拨**

此处要求让"加班员工"列突出显示，而不是"加班耗时"列，选择目标区域时要注意。

❷ 在列表中选择最后一条规则类型，在下面的文本框中输入公式"=E2=MAX(E\$2:E\$19)"，然后单击"格式"按钮打开"设置单元格格式"对话框，设置格式后返回，如图 5-67 所示。

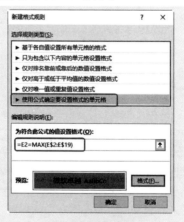

图 5-67

❸ 单击"确定"按钮，即可看到"加班耗时"这一列中的最大值所对应在"加班员工"这一列中的姓名特殊显示，如图 5-66 所示。

❹ 当源数据发生改变时，条件格式的规则会自动发生改变而重新标记，如图 5-68 所示。

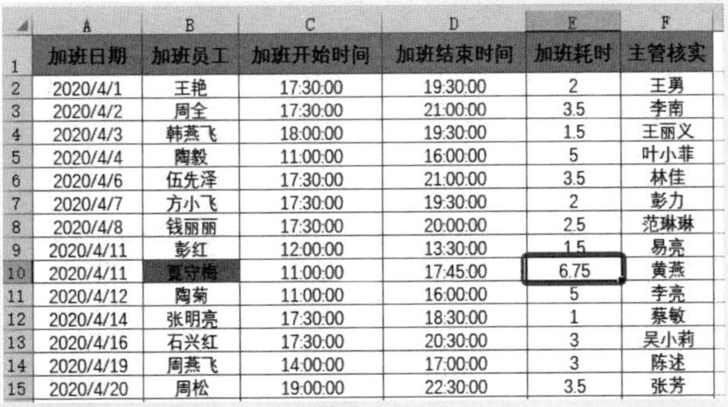

	A	B	C	D	E	F
1	加班日期	加班员工	加班开始时间	加班结束时间	加班耗时	主管核实
2	2020/4/1	王艳	17:30:00	19:30:00	2	王勇
3	2020/4/2	周全	17:30:00	21:00:00	3.5	李南
4	2020/4/3	韩燕飞	18:00:00	19:30:00	1.5	王丽义
5	2020/4/5	陶毅	11:00:00	16:00:00	5	叶小菲
6	2020/4/6	伍先泽	17:30:00	21:00:00	3.5	林佳
7	2020/4/7	方小飞	17:30:00	19:30:00	2	彭力
8	2020/4/8	钱丽丽	17:30:00	20:00:00	2.5	范琳琳
9	2020/4/11	彭红	12:00:00	13:30:00	1.5	易亮
10	2020/4/11	夏守梅	11:00:00	17:45:00	6.75	黄燕
11	2020/4/12	陶菊	11:00:00	16:00:00	5	李亮
12	2020/4/14	张明亮	17:30:00	18:30:00	1	蔡敏
13	2020/4/16	石兴红	17:30:00	20:30:00	3	吴小莉
14	2020/4/19	周燕飞	14:00:00	17:00:00	3	陈述
15	2020/4/20	周松	19:00:00	22:30:00	3.5	张芳

图 5-68

技巧 17 快速引用已设置的条件格式

如果表格中已经设置了条件格式，当其他单元格区域中需要使用相同条件格式时，可以利用复制的方法实现。

❶ 例如"6月库存"工作表区域已经设置了条件格式，选中 B2 单元格，在"开始"→"剪贴板"选项组中单击"格式刷"按钮，如图 5-69 所示。

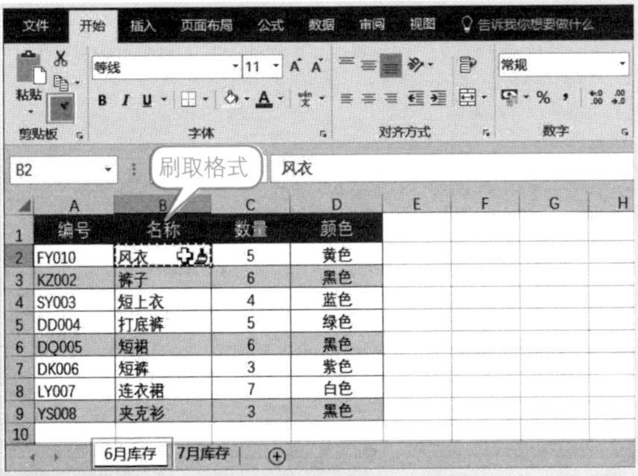

图 5-69

❷ 切换到"7 月库存"工作表，在需要引用格式的单元格区域拖动小刷子直到结束位置（见图 5-70），释放鼠标即可引用条件格式，如图 5-71 所示。

专家点拨

利用格式刷引用条件格式具有操作方便快捷的优点，除了引用了条件格式外，包括边框、填充、文字格式、数字格式等一起都被引用了。

编号	名称	数量	颜色
FY010	风衣	8	绿色
KZ002	裤子	6	蓝色
SY003	短上衣	8	褐色
DD004	打底裤	2	黑色
DQ005	短裙	0	黄色
DK006	短裤	0	黑色
LY007	连衣裙	1	白色
YS008	夹克衫	4	红色

图 5-70

编号	名称	数量	颜色
FY010	风衣	8	绿色
KZ002	裤子	6	蓝色
SY003	短上衣	8	褐色
DD004	打底裤	2	黑色
DQ005	短裙	0	黄色
DK006	短裤	0	黑色
LY007	连衣裙	1	白色
YS008	夹克衫	4	红色

图 5-71

5.2　数据的排序筛选

技巧 18　双关键字排序

通过对数据进行排序，可以直观地看到数据的大小排序情况。如果数据存在多级分类的情况，还可以通过设置双关键字，实现当第一个关键字相同时再按第二个关键字进行排序。如图 5-72 所示的表格为排序前，如图 5-73 所示为通过"产品"和"第 1 季度"双关键字排序后的效果，即先将相同产品排列到一起，再对它们第 1 季度的金额大小进行排序。

产品	客户	第1季度	第2季度	第3季度
绿色羊肉	长远	¥120.30	¥349.00	¥528.00
绿色羊肉	乘胜	¥293.50	¥848.00	¥694.00
牦牛肉	多普力	¥284.00	¥473.00	¥920.00
牦牛肉	吉利	¥384.00	¥184.00	¥325.00
恒都牛肉	昌辉	¥522.00	¥383.00	¥568.00
恒都牛肉	长润发	¥233.00	¥428.00	¥1,382.00
牦牛肉	长远	¥352.00	¥237.00	¥693.00
牦牛肉	乘胜	¥163.00	¥347.00	¥435.00
盖羊肉	长远	¥89.60	¥238.00	¥976.00
盖羊肉	吉利	¥459.00	¥632.00	¥328.00
恒都牛肉	多普力	¥384.00	¥729.00	¥548.00
绿色羊肉	多普力	¥231.00	¥593.00	¥569.00
牦牛肉	长润发	¥473.00	¥843.00	¥329.00
牦牛肉	吉利	¥694.00	¥983.00	¥2,024.00

图 5-72

产品	客户	第1季度	第2季度	第3季度
盖羊肉	长远	¥89.60	¥238.00	¥976.00
盖羊肉	吉利	¥459.00	¥632.00	¥328.00
恒都牛肉	长润发	¥233.00	¥428.00	¥1,382.00
恒都牛肉	多普力	¥384.00	¥729.00	¥548.00
恒都牛肉	昌辉	¥522.00	¥383.00	¥568.00
绿色羊肉	长远	¥120.30	¥349.00	¥528.00
绿色羊肉	多普力	¥231.00	¥593.00	¥569.00
绿色羊肉	乘胜	¥293.50	¥848.00	¥694.00
牦牛肉	乘胜	¥163.00	¥347.00	¥435.00
牦牛肉	多普力	¥284.00	¥473.00	¥920.00
牦牛肉	长远	¥352.00	¥237.00	¥693.00
牦牛肉	吉利	¥384.00	¥184.00	¥325.00
牦牛肉	长润发	¥473.00	¥843.00	¥329.00
牦牛肉	吉利	¥694.00	¥983.00	¥2,024.00

图 5-73

❶选择数据区域的任意单元格，在"数据"→"排序和筛选"选项组中单击 （排序）按钮，打开"排序"对话框。

❷在"主要关键字"下拉列表框中选择"产品"，在"次序"下拉列表框中选择"升序"选项，如图 5-74 所示。

❸单击"添加条件"按钮，添加次要关键字。在"次要关键字"下拉列表框中选择"第 1 季度"，在"次序"下拉列表框中选择"升序"选项，如图 5-75 所示。

图 5-74

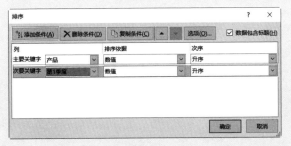

图 5-75

❹ 单击"确定"按钮，即可实现"产品"和"第 1 季度"双关键字排序。

技巧 19　设置按行排序

按行排序在日常工作中用到的比较少，但是有时也会遇到。如图 5-76 所示是一个二维表格，现在想将数据表按日期顺序重新排列，此时则需要按行进行排序。

◢	A	B	C	D	E	F	G
1		10月3日	11月9日	6月9日	8月8日	11月11日	12月3日
2	上海	113	110	110	114	109	120
3	南京	100	190	106	345	99	509
4	合肥	98	34	95	222	123	109
5	杭州	55	55	65	443	87	44

图 5-76

❶ 选择数据区域的任意单元格，在"数据"→"排序和筛选"选项组中单击 （排序）按钮，打开"排序"对话框。

❷ 单击"选项"按钮（见图 5-77），打开"排序选项"对话框。在对话框中选中"按行排序"单选按钮，如图 5-78 所示。

图 5-77   图 5-78

❸ 单击"确定"按钮，返回"排序"对话框，单击"主要关键字"下拉按钮，可看到行标，这里选择按"行 1"排序，设置"次序"为"升序"，如图 5-79 所示。

图 5-79

❹ 单击"确定"按钮，即可实现按行（即按"日期"排序）排序，效果如图 5-80 所示。

	A	B	C	D	E	F	G
1		6月9日	8月8日	10月3日	11月9日	11月11日	12月3日
2	上海	110	114	113	110	109	120
3	南京	106	345	100	190	99	
4	合肥	95	222	98	34	123	109
5	杭州	65	443	55	55	87	44

按行排序

图 5-80

技巧 20 对同时包含字母和数字的文本进行排序

如图 5-81 所示的表格，A 列中既有字母也有数字。现在想通过排序实现先按数字排序，再按字母排序，即达到如图 5-82 所示的排序效果。

	A	B	C	D
1	编号	名称	数量	颜色
2	F010	风衣	5	黄色
3	K002	裤子	6	黑色
4	1008	短上衣	4	蓝色
5	D004	打底裤	5	绿色
6	113	短裙	6	黑色
7	1006	短裤	3	紫色
8	L012	连衣裙	7	白色
9	Y009	夹克衫	3	黑色
10	N001	哈伦裤	4	黑色
11	A005	裤裙	5	绿色
12	Z007	棒球衫	6	彩色
13	1014	短袖T恤	7	驼色

图 5-81

	A	B	C	D
1	编号	名称	数量	颜色
2	113	短裙	6	黑色
3	1006	短裤	3	紫色
4	1008	短上衣	4	蓝色
5	1014	短袖T恤	7	驼色
6	A005	裤裙	5	绿色
7	D004	打底裤	5	绿色
8	F010	风衣	5	黄色
9	K002	裤子	6	黑色
10	L012	连衣裙	7	白色
11	N001	哈伦裤	4	黑色
12	Y009	夹克衫	3	黑色
13	Z007	棒球衫	6	彩色

图 5-82

❶ 选择数据区域的任意单元格,在"数据"→"排序和筛选"选项组中单击 按钮,打开"排序"对话框。

❷ 在"主要关键字"下拉列表中选择"编号"选项,设置"次序"为"升序",如图 5-83 所示。

❸ 单击"选项"按钮,打开"排序选项"对话框,选中"字母排序"单选按钮,如图 5-84 所示。

❹ 依次单击"确定"按钮,即可将"编号"列先按照数字的升序排列,再按照字母的升序排列。

图 5-83   图 5-84

技巧 21 自定义排序规则

在 Excel 中可以按照自定义规则对数据表进行排序。如图 5-85 所示为员工登记表,现在需要按学历从高到低排序(即按"博士 - 硕士 - 本科 - 大专"的顺序排列),如图 5-86 所示。

❶ 选择数据区域的任意单元格,在"数据"→"排序和筛选"选项组中单击 按钮,打开"排序"对话框。

员工编号	名称	性别	学历
CL001	何许诺	男	本科
CL002	艾羽	男	硕士
CL003	章晔	女	本科
CL004	钟文	男	本科
CL005	郑立媛	女	大专
CL006	李烨	男	博士
CL007	张文硕	男	大专
CL008	朱安婷	女	本科
CL009	何丽	女	硕士
CL010	周韵	女	硕士
CL011	张超	男	大专
CL012	赵晓波	女	本科

图 5-85

员工编号	名称	性别	学历
CL006	李烨	男	博士
CL002	艾羽	男	硕士
CL009	何丽	女	硕士
CL010	周韵	女	硕士
CL001	何许诺	男	本科
CL003	章晔	女	本科
CL004	钟文	男	本科
CL008	朱安婷	女	本科
CL012	赵晓波	女	本科
CL005	郑立媛	女	大专
CL007	张文硕	男	大专
CL011	张超	男	大专

图 5-86

❷ 在"主要关键字"下拉列表中选择"学历",在"次序"下拉列表中选择"自定义系列"(见图 5-87),弹出"自定义序列"对话框。

图 5-87

❸ 在"输入序列"列表框中输入自定义序列,并单击"添加"按钮添加到自定义序列,如图 5-88 所示。

图 5-88

❹ 依次单击"确定"按钮,即可实现如图 5-86 所示的排序效果。

技巧22 筛选出大于指定值的数据

在销售数据表中一般会包含很多条记录，如果只想查看单笔销售金额大于5000元的记录，可以直接将这些记录筛选出来。

❶ 在"数据"→"排序和筛选"选项组中单击"筛选"按钮，添加自动筛选。

❷ 单击"金额"列列标识右侧的下拉按钮，在下拉菜单中将光标依次指向"数字筛选"→"大于"（见图5-89），打开"自定义自动筛选方式"对话框。

图 5-89

❸ 在打开的对话框中设置条件为"大于"→"5000"，如图5-90所示。

❹ 单击"确定"按钮，即可筛选出满足条件的记录，如图5-91所示。

图 5-90   图 5-91

📢 专家点拨

在"数字筛选"的下拉菜单中，可以看到还有"等于""小于""介于"等项目，其操作方法与"大于"相同，在相应的对话框中设置参照值，即可筛选出所需要的数据。

技巧23 筛选出成绩表中大于平均分的记录

表格中统计了学生的成绩，本列要求将成绩大于平均分的记录都筛选出来。具体操作如下。

❶ 在"数据"→"排序和筛选"选项组中单击"筛选"按钮，添加自动筛选。

❷ 单击"分数"列列标识右侧的下拉按钮，在下拉菜单中将光标依次指向"数字筛选"→"高于平均值"（见图 5-92），单击即可完成筛选，结果如图 5-93 所示。

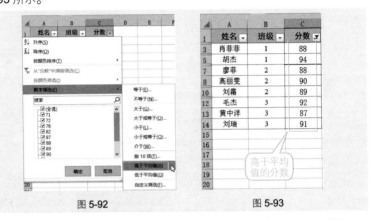

图 5-92   图 5-93

技巧 24　筛选出成绩表中排名前 5 位的记录

表格中统计了学生的成绩，本例要求快速将排名在前 5 位的记录都筛选出来。

❶ 在"数据"→"排序和筛选"选项组中单击"筛选"按钮，添加自动筛选。

❷ 单击"分数"列列标识右侧的下拉按钮，在下拉菜单中将光标依次指向"数字筛选"→"前 10 项"（见图 5-94），打开"自动筛选前 10 个"对话框。

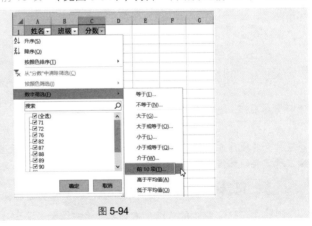

图 5-94

③ 设置"最大"为"5"项，如图 5-95 所示。

④ 单击"确定"按钮即可完成筛选，结果如图 5-96 所示。

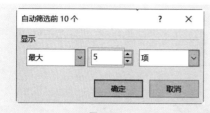

图 5-95　　　　　　　　　图 5-96

技巧 25　筛选出各科成绩都大于等于 90 分的记录

表格中统计了学生各门科目的成绩，要求将各科成绩都大于等于 90 分的记录筛选出来。

① 在空白处设置条件并包括各项列标识，如图 5-97 所示。F1:H2 单元格区域为设置的筛选条件。

② 在"数据"→"排序和筛选"选项组中单击"高级"按钮，打开"高级筛选"对话框。

③ 在"列表区域"文本框中设置参与筛选的单元格区域（可以单击右侧的 按钮在工作表中选择）；在"条件区域"文本框中设置条件单元格区域；选中"将筛选结果复制到其他位置"单选按钮，在"复制到"文本框中设置要将筛选后的数据放置的起始位置，如图 5-98 所示。

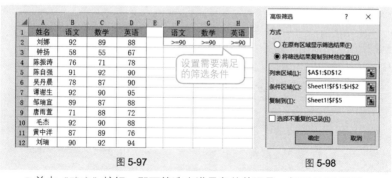

图 5-97　　　　　　　　　图 5-98

④ 单击"确定"按钮，即可筛选出满足条件的记录，如图 5-99 所示。

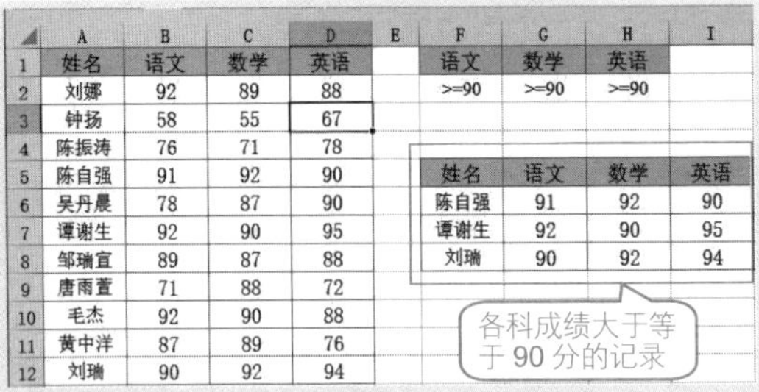

	A	B	C	D	E	F	G	H	I
1	姓名	语文	数学	英语		语文	数学	英语	
2	刘娜	92	89	88		>=90	>=90	>=90	
3	钟扬	58	55	67					
4	陈振涛	76	71	78					
5	陈自强	91	92	90		姓名	语文	数学	英语
6	吴丹晨	78	87	90		陈自强	91	92	90
7	谭谢生	92	90	95		谭谢生	92	90	95
8	邹瑞宜	89	87	88		刘瑞	90	92	94
9	唐雨萱	71	88	72					
10	毛杰	92	90	88					
11	黄中洋	87	89	76					
12	刘瑞	90	92	94					

图 5-99

应用扩展

通过本方法筛选出的结果可以直接复制到别处使用，也可以将筛选后的结果显示到别的工作表中（在“复制到”文本框中设置）。

如果不选中“将筛选结果复制到其他位置”单选按钮，则“复制到”文本框为灰色不可操作状态，且筛选出的结果将直接覆盖原数据区域。

技巧 26　筛选出至少一科成绩大于等于 90 分的记录

表格中统计了学生各门科目的成绩，要求将至少一科成绩大于等于 90 分的记录都筛选出来。

❶ 在空白处设置条件并包括各项列标识，如图 5-100 所示。F1:H4 单元格区域为设置的条件。

❷ 在“数据”→“排序和筛选”选项组中单击“高级”按钮，打开“高级筛选”对话框。

❸ 在“列表区域”文本框中设置参与筛选的单元格区域（可以单击右侧的按钮在工作表中选择）；在“条件区域”文本框中设置条件单元格区域；选中“将筛选结果复制到其他位置”单选按钮，再在“复制到”文本框中设置要将筛选后的数据放置的起始位置，如图 5-101 所示。

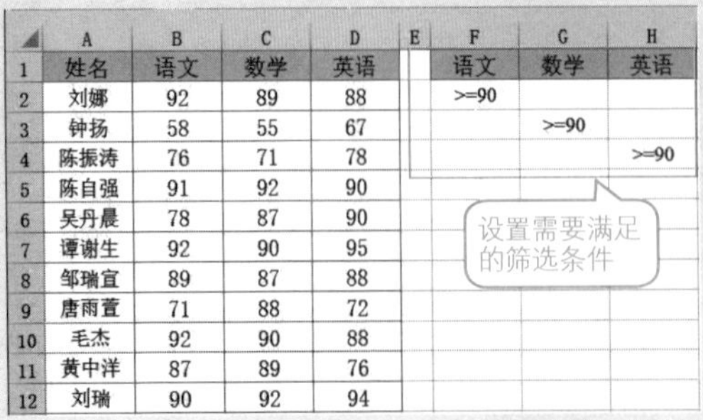

	A	B	C	D	E	F	G	H
1	姓名	语文	数学	英语		语文	数学	英语
2	刘娜	92	89	88		>=90		
3	钟扬	58	55	67			>=90	
4	陈振涛	76	71	78				>=90
5	陈自强	91	92	90				
6	吴丹晨	78	87	90				
7	谭谢生	92	90	95				
8	邹瑞宜	89	87	88				
9	唐雨萱	71	88	72				
10	毛杰	92	90	88				
11	黄中洋	87	89	76				
12	刘瑞	90	92	94				

图 5-100

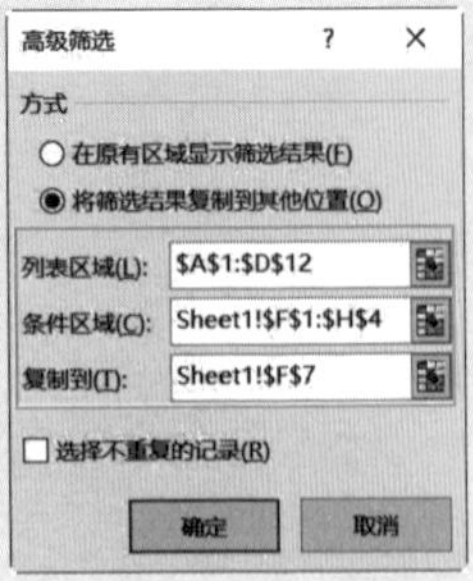

图 5-101

❹ 单击"确定"按钮，即可筛选出满足条件的记录，如图 5-102 所示。

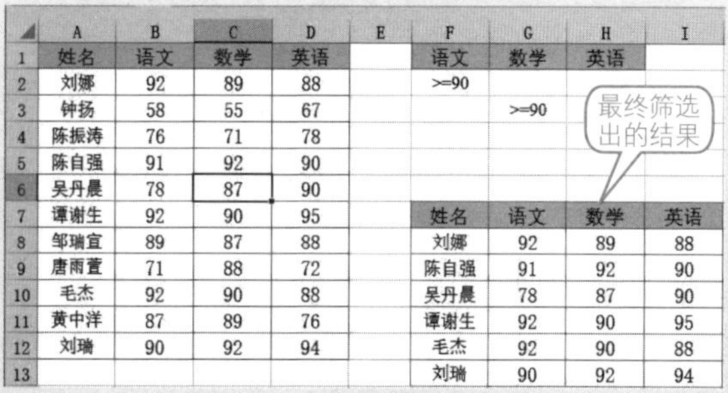

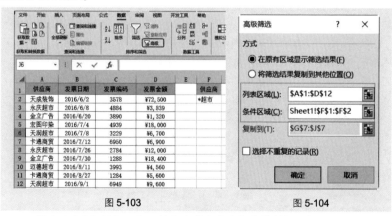

图 5-102

技巧 27 高级筛选条件区域中使用通配符

模糊筛选是指利用通配符进行同一类型数据的筛选，使用通配符可以快速筛选出一列中满足条件的一类数据。通配符"*"表示一串字符（任意字符），"?"表示一个字符。例如，下面要筛选出"供应商"名称中有"超市"文字的所有记录。

❶ 在 F1:F2 单元格区域设置条件，在"数据"→"排序和筛选"选项组中单击"高级"按钮（见图 5-103），打开"高级筛选"对话框。

❷ 在"列表区域"选择筛选的范围，在"条件区域"选择设置的条件区域，如图 5-104 所示。

图 5-103   图 5-104

❸ 单击"确定"按钮，即可筛选出供应商为超市的数据，如图 5-105 所示。

	A	B	C	D
1	供应商	发票日期	发票编码	发票金额
3	永庆超市	2016/6/8	4884	¥3,839
5	天润超市	2016/7/8	3229	¥6,700
8	永庆超市	2016/7/26	2784	¥12,000
10	迈德超市	2016/8/11	3993	¥4,560
12	天润超市	2016/9/1	6949	¥9,600

最终筛选出的结果

图 5-105

技巧 28　筛选出不重复的记录

　　巧妙利用筛选功能，可以将表中的重复记录删除。如图 5-106 所示的表格中，第 3 行与第 10 行重复、第 7 行与第 12 行重复，要求将重复记录删除。

	A	B	C	D	E	F
1	物品名称	型号规格	采购数量	采购单价		
2	绘图仪	NC_LI02	1	360		
3	电子白板	150*80	1	68		
4	办公椅	45*30	2	450		
5	色带	80分	5	60		
6	碳带	60分	5	40		
7	一体机	EKLV	1	1850		
8	剪纸刀	EJ9	4	18		
9	测量器	WQT	1	85		
10	电子白板	150*80	1	68		
11	插座	8孔	2	32		
12	一体机	EKLV	1	1850		
13	存储柜	E_T	1	70		
14	办公用纸	A4	6	45		

图 5-106

　　❶ 在"数据"→"排序和筛选"选项组中单击"高级"按钮，打开"高级筛选"对话框。

　　❷ 在"列表区域"文本框中设置参与筛选的单元格区域，"条件区域"文本框中不设置，选中"选择不重复的记录"复选框，如图 5-107 所示。

　　❸ 单击"确定"按钮，即可将重复的记录删除，如图 5-108 所示。

图 5-107

	A	B	C	D
1	物品名称	型号规格	采购数量	采购单价
2	绘图仪	NC_LI02	1	360
3	电子白板	150*80	1	68
4	办公椅	45*30	2	450
5	色带	80分	5	60
6	碳带	60分	5	40
7	一体机	EKLV	1	1850
8	剪纸刀	EJ9	4	18
9	测量器	WQT	1	85
11	插座	8孔	2	32
13	存储柜	E_T	1	70
14	办公用纸	A4	6	45
15				
16				

删除重复记录后的表格

图 5-108

技巧 29 筛选出指定时间区域的记录

表格数据如图 5-109 所示（A 列数据既包含日期又包含时间），现在需要将时间在"8:00:00~10:00:00"的记录都筛选出来，即得到如图 5-110 所示的数据。

	A	B
1	时间	数量
2	2021/6/1 8:22	88
3	2021/6/1 8:45	67
4	2021/6/1 9:20	78
5	2021/6/1 10:10	90
6	2021/6/1 12:20	90
7	2021/6/1 13:09	95
8	2021/6/2 8:00	88
9	2021/6/2 8:25	72
10	2021/6/2 9:06	88
11	2021/6/2 9:45	76
12	2021/6/2 12:22	94
13	2021/6/2 14:42	35
14	2021/6/3 8:15	76
15	2021/6/3 8:18	65
16	2021/6/3 9:05	87
17	2021/6/3 10:21	65
18	2021/6/3 11:55	88

图 5-109

	A	B
1	时间	数量
2	2021/6/1 8:22	88
3	2021/6/1 8:45	67
4	2021/6/1 9:20	78
5	2021/6/2 8:00	88
6	2021/6/2 8:25	72
7	2021/6/2 9:06	88
8	2021/6/2 9:45	76
9	2021/6/3 8:15	76
10	2021/6/3 8:18	65
11	2021/	87
12		
13		
14		
15		

指定时间区域内筛选出的数量记录

图 5-110

❶ 为保留 A 列中的原数据，首先在 A 列与 B 列中间插入两列，将 A 列数据复制到新插入的 B 列中，新插入的 C 列用于存放分列后的数据。

❷ 选中 B 列数据，在"数据"→"数据工具"选项组中单击"分列"按钮，打开"文本分列向导 - 第 1 步，共 3 步"对话框，选中"分隔符号"单选按钮，如图 5-111 所示。

图 5-111

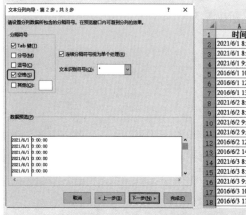

③ 单击"下一步"按钮，选中"空格"复选框，如图 5-112 所示。

④ 单击"完成"按钮，时间即被分列到 C 列中，如图 5-113 所示。

图 5-112

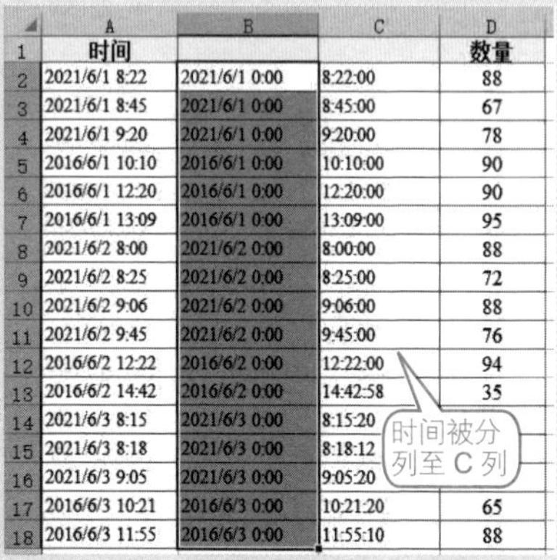

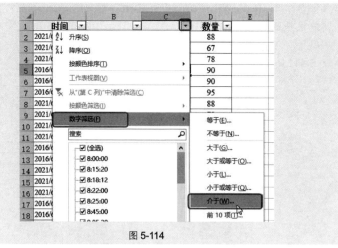

图 5-113

⑤ 在"数据"→"排序和筛选"选项组中单击"筛选"按钮，添加自动筛选。单击 C 列列标识右侧的下拉按钮，在下拉菜单中将光标依次指向"数字筛选"→"介于"（见图 5-114），打开"自定义自动筛选方式"对话框。

图 5-114

⑥ 在打开的对话框中设置第 1 个条件为"大于或等于"→"8:00:00"，选中"与"单选按钮，设置第 2 个条件为"小于或等于"→"10:00:00"，如图 5-115 所示。

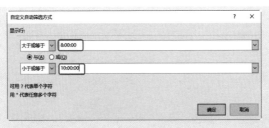

图 5-115

❼ 单击"确定"按钮，即可筛选出满足条件的记录，如图 5-116 所示。

	A	B	C	D
1	时间			数量
2	2021/6/1 8:22	2021/6/1 0:00	8:22:00	
3	2021/6/1 8:45	2021/6/1 0:00	8:45:00	
4	2021/6/1 9:20	2021/6/1 0:00	9:20:00	
8	2021/6/2 8:00	2021/6/2 0:00	8:00:00	
9	2021/6/2 8:25	2021/6/2 0:00	8:25:00	
10	2021/6/2 9:06	2021/6/2 0:00	9:06:00	88
11	2021/6/2 9:45	2021/6/2 0:00	9:45:00	76
14	2021/6/3 8:15	2021/6/3 0:00	8:15:20	76
15	2021/6/3 8:18	2021/6/3 0:00	8:18:12	65
16	2021/6/3 9:05	2021/6/3 0:00	9:05:20	87

指定时间区域内筛选出的数量记录

图 5-116

❽ 将 B 列和 C 列的辅助列删除，即可得到如图 5-110 所示的效果。

技巧 30   模糊筛选出同一类型的数据

表格数据如图 5-117 所示（B 列数据既有学校名称又有班级名称），现在要求将同一学校的记录都筛选出来，得到如图 5-118 所示的数据。

	A	B	C
1	姓名	班级	成绩
2	刘娜	桃州一小1(1)班	93
3	钟扬	桃州一小1(2)班	72
4	陈振涛	桃州二小1(1)班	87
5	陈自强	桃州二小1(2)班	90
6	吴丹晨	桃州一小1(1)班	60
7	谭谢生	桃州三小1(1)班	88
8	邹瑞宜	桃州三小1(2)班	99
9	刘璐璐	桃州一小1(2)班	82
10	黄永明	桃州三小1(1)班	65
11	简佳丽	桃州二小1(1)班	89
12	肖菲菲	桃州一小1(2)班	89
13	简佳丽	桃州三小1(2)班	77

图 5-117

	A	B	C
1	姓名	班级	成绩
2	刘娜	桃州一小1(1)班	93
3	钟扬	桃州一小1(2)班	72
6	吴丹晨	桃州一小1(1)班	60
12	肖菲菲	桃州一小1(2)班	89
14			
15			
16			
17			
18			
19			

桃州一小的学生成绩

图 5-118

❶ 在"数据"→"排序和筛选"选项组中单击"筛选"按钮添加自动筛选。

❷ 单击"班级"列列标识右侧的下拉按钮，在下拉菜单中将光标依次指向
"文本筛选"→"开头是"（见图 5-119），打开"自定义自动筛选方式"对话框。

③ 在打开的对话框中设置条件为"开头是"→"桃州一小"，如图 5-120 所示。

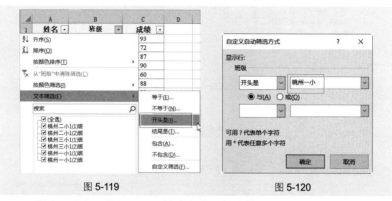

图 5-119　　　　　　　　　　图 5-120

④ 单击"确定"按钮，即可筛选出满足条件的记录，如图 5-118 所示。

技巧 31　使用搜索筛选器筛选数据

利用搜索筛选器筛选数据也是一种较为常用且快捷的方式，只要在搜索框中输入关键字，即可快速搜索筛选出包含此关键字的数据。如本例利用搜索筛选器筛选出"桃州三小"的学生成绩。

❶ 在"数据"→"排序和筛选"选项组中单击"筛选"按钮，添加自动筛选。

❷ 单击"班级"右侧的下拉按钮，在搜索文本框中输入所要筛选的关键字，如"桃州三小"，下面的筛选列表即会显示所有包含"桃州三小"的数据，如图 5-121 所示。

❸ 从搜索的结果中，即可轻易地查看所要筛选的数据。单击"确定"按钮，即可快速筛选出结果，如图 5-122 所示。

图 5-121　　　　　　　　　　图 5-122

技巧 32　使用搜索筛选器从筛选结果中二次排除

利用搜索筛选器可以实现筛选出某类结果，而使用如下技巧可以实现从筛选结果中再次排除某类数据。如本例中要求从"杂志名称"中筛选出包含"计算机"的记录，如图 5-123 所示；然后再排除"杂志名称"中包含"研究"的记录，如图 5-124 所示。

图 5-123　　　　　　　图 5-124

❶ 在"数据"→"排序和筛选"选项组中单击"筛选"按钮，添加自动筛选。

❷ 单击"杂志名称"字段右侧的下拉按钮，在搜索筛选器中输入"计算机"，即可只显示包含"计算机"的记录，如图 5-125 所示。

❸ 单击"确定"按钮得出一次筛选结果。再次单击"杂志名称"字段右侧的下拉按钮，在搜索筛选器中输入"研究"，取消选中列表中"选择所有搜索结果"复选框，选中"将当前所选内容添加到筛选器"复选框，如图 5-126 所示。

图 5-125

图 5-126

171

❹单击"确定"按钮，即可得到满足条件的筛选结果。

设置了数据筛选后，如果想还原原始数据表，可以取消设置的筛选条件。

❶单击设置了筛选的列标识右侧的下拉按钮，在打开的下拉菜单中选择"从'班级'中清除筛选"命令即可，如图 5-127 所示。

图 5-127

❷当数据表中多处使用了筛选，如果想要一次性完全清除，单击"数据"→"排序和筛选"选项组中的▼清除按钮即可。

❸如果运用了高级筛选，并且筛选的结果直接显示在原数据表上，也需要单击"数据"→"排序和筛选"选项组中的▼清除按钮来清除筛选。

5.3   数据的分类汇总

技巧 34   创建多种统计的分类汇总

当前表格如图 5-128 所示，要求统计出每个品牌商品的总销售数量与总销售金额。

❶选中"品牌"列任意单元格，在"数据"→"排序和筛选"选项组中单击钊按钮，将数据表按"品牌"字段排序，如图 5-129 所示。

❷在"数据"→"分级显示"选项组中选择"分类汇总"命令，打开"分类汇总"对话框。在"分类字段"下拉列表框中选择"品牌"选项，在"汇总方式"下拉列表框中选择"求和"选项，在"选定汇总项"列表框中选中"数量"和"销售金额"复选框，如图 5-130 所示。

❸单击"确定"按钮，执行分类汇总，结果如图 5-131 所示。

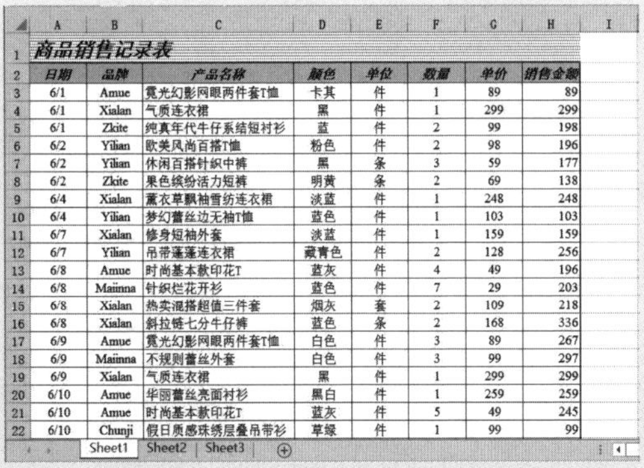

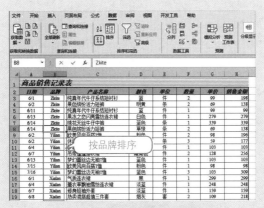

图 5-128

图 5-129

图 5-130

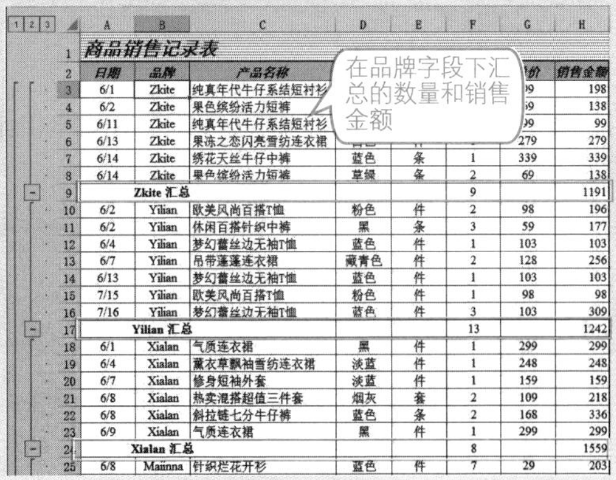

图 5-131

技巧35 创建多级分类汇总

多级分类汇总是指对多个字段进行分类并汇总的方式。如图 5-132 所示的表格中，“商品类别”列中显示不同类别的商品，“品牌”列中显示不同品牌的食品。本例要统计的结果是，首先按“商品类别”字段汇总不同商品的总销售额，在相同的类别下，再对不同品牌的商品进行销售总额的汇总，即得到如图 5-133 所示的统计结果。

	A	B	C	D
1	商品类别	品牌	数量	销售金额
2	蛋糕	好佳佳蛋糕	73	789.98
3	面包	美食园面包	78	789.70
4	面包	真美味面包	88	787.97
5	薯片	好时光薯片	69	878.98
6	蛋糕	好佳佳蛋糕	85	876.87
7	蛋糕	一家人蛋糕	57	447.07
8	面包	真美味面包	90	765.87
9	薯片	好时光薯片	95	899.89
10	薯片	麦香园薯片	87	667.76
11	蛋糕	好佳佳蛋糕	89	676.76
12	蛋糕	一家人蛋糕	56	789.46
13	面包	美食园面包	78	365.89
14	薯片	好时光薯片	80	876.87
15	薯片	麦香园薯片	90	987.06
16	蛋糕	一家人蛋糕	65	897.90
17	面包	美食园面包	97	978.08
18	面包	真美味面包	61	986.08
19	薯片	麦香园薯片	87	678.78

图 5-132

分级汇总结果

	A	B	C	D
1	商品类别	品牌	数量	销售金额
4		好佳佳蛋糕 汇总		1466.74
6		一家人蛋糕 汇总		789.46
7	蛋糕 汇总			2256.20
10		美食园面包 汇总		1155.59
12		真美味面包 汇总		787.97
13	面包 汇总			1943.56
16		好时光薯片 汇总		1755.85
18		麦香园薯片 汇总		987.06
19	薯片 汇总			2742.91
21		好佳佳蛋糕 汇总		876.87
24		一家人蛋糕 汇总		1344.97
25	蛋糕 汇总			2221.84
27		美食园面包 汇总		978.08
30		真美味面包 汇总		1751.95
31	面包 汇总			2730.03
33		好时光薯片 汇总		899.89
36		麦香园薯片 汇总		1346.54
37	薯片 汇总			2246.43
38	总计			14140.97

图 5-133

❶ 选中表格中任意一个单元格。在“数据”→“排序和筛选”选项组中单击“排序”按钮，打开“排序”对话框。

❷ 在“主要关键字”下拉列表框中选择“商品类别”，并选择右侧的“升序”选项；在“次要关键字”下拉列表框中选择“品牌”，并选择右侧的“升序”选项，如图 5-134 所示。

❸ 单击“确定”按钮，可以看到表格先按“商品类别”字段排序，当所属商品类别相同时再按“品牌”字段排序，如图 5-135 所示。

❹ 在“数据”→“分级显示”选项组中选择“分类汇总”命令，打开“分类汇总”对话框。在“分类字段”下拉列表框中选择“商品类别”选项，在“汇总方式”下拉列表框中选择“求和”选项，在“选定汇总项”列表框中选中“销售金额”复选框，如图 5-136 所示。

❺ 单击“确定”按钮，执行第一次汇总。

❻ 再次打开“分类汇总”对话框，在“分类字段”下拉列表框中选择“品牌”选项，在“汇总方式”下拉列表框中选择“求和”选项，在“选定汇总项”列表框中选中“销售金额”复选框。取消选中“替换当前分类汇总”复选框，如图 5-137 所示。

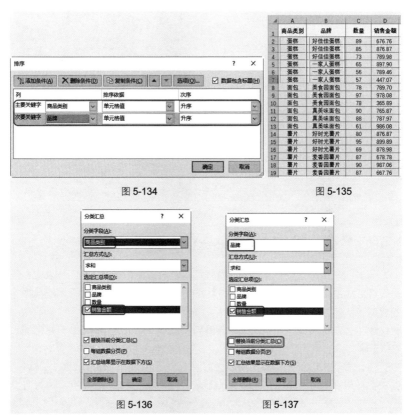

图 5-134   图 5-135

图 5-136   图 5-137

⑦ 单击"确定"按钮，即可得到统计结果。

技巧 36 　只显示分类汇总的结果

对数据清单进行分类汇总后，工作表左侧会出现分类汇总表的分级显示区，通过单击其中的按钮，可以控制分类汇总后数据的显示情况，即可以隐藏明细数据，直观查看分类汇总的结果。

例如，针对技巧 35 中的统计结果，单击 ② 按钮，统计结果如图 5-138 所示；单击 ③ 按钮，统计结果如图 5-139 所示。

应用扩展

左上角的按钮数量根据当前分类汇总的级别而定，级别越多则按钮越多。

另外，进行分类汇总后，其右侧有很多 □ 按钮，单击将隐藏对应的数据，且 □ 按钮变为 ⊡ 按钮。单击 ⊡ 按钮将再次展开数据。

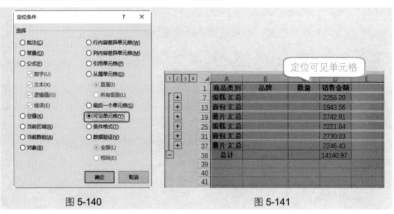

图 5-138

图 5-139

技巧 37　复制使用分类汇总的统计结果

有时候在使用分类汇总以后，希望能把汇总结果复制到其他工作表中，但是在将汇总项的数据列表进行复制并粘贴到其他工作表中时，发现明细数据也被复制了。如果只需复制汇总结果，可按如下方法操作。

❶ 单击工作表左上角的③按钮，得到汇总项。选择 A1:H44 单元格区域，按 F5 键，弹出"定位"对话框，单击"定位条件"按钮，打开"定位条件"对话框，选中"可见单元格"单选按钮，如图 5-140 所示。单击"确定"按钮，即可选择所有可见单元格，如图 5-141 所示。

图 5-140

图 5-141

❷ 按"Ctrl+C"快捷键，定位想复制到的目标位置，在"开始"→"剪贴板"选项组中单击"粘贴"下拉按钮，在下拉列表中单击"值"按钮（见图 5-142），即可实现将统计结果粘贴并转换为数值。

❸ 然后对表格数据重新整理，得到想要的统计结果，如图 5-143 所示。

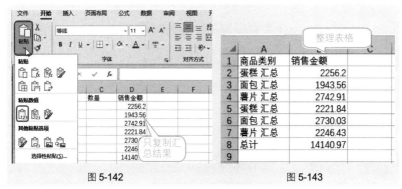

图 5-142

图 5-143

📣 **专家点拨**

在选择复制到的起始位置时，一般需要选择复制到另一张工作表中，并且为保持复制区域与粘贴区域的大小相同，必须选择 A 列中的任意单元格，否则会弹出错误提示信息。我们可以在将汇总结果成功转换为数值之后，再移动到其他想使用的位置即可。

技巧 38　取消分类汇总

如果想取消分类汇总，可以按如下方法操作。

❶ 选中创建了分类汇总后的数据清单中的任意一个单元格。

❷ 在 "数据" → "分级显示" 选项组中选择 "分类汇总" 命令，打开 "分类汇总" 对话框。

❸ 单击 "全部删除" 按钮（见图 5-144），即可取消分类汇总。

图 5-144

第6章 数据的透视统计与分析

6.1 数据透视表的创建

技巧1 快速创建数据透视表

利用数据透视表分析数据，首先需要利用数据源创建数据透视表，再根据需要添加字段进行分析。

❶ 选择表格任意单元格区域，在"插入"→"表格"选项组中单击"数据透视表"按钮（见图6-1），打开"创建数据透视表"对话框。

❷ 若没有特殊要求，保持默认设置，如图6-2所示。

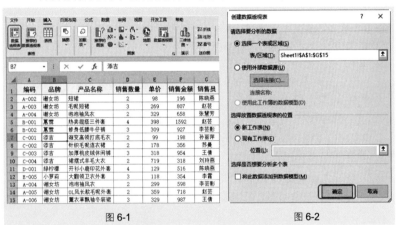

图6-1   图6-2

❸ 单击"确定"按钮，即可在新工作表中创建数据透视表，如图6-3所示。

❹ 这时可以设置字段获取相应的统计结果。在"数据透视表字段"列表中，在"品牌"字段上单击鼠标右键，在弹出的快捷菜单中选择"添加到行标签"命令，如图6-4所示；再在"销售金额"字段上单击鼠标右键，在弹出的快捷菜单中选择"添加到值"命令，如图6-5所示。即可统计各品牌服装的销售金额，如图6-6所示。

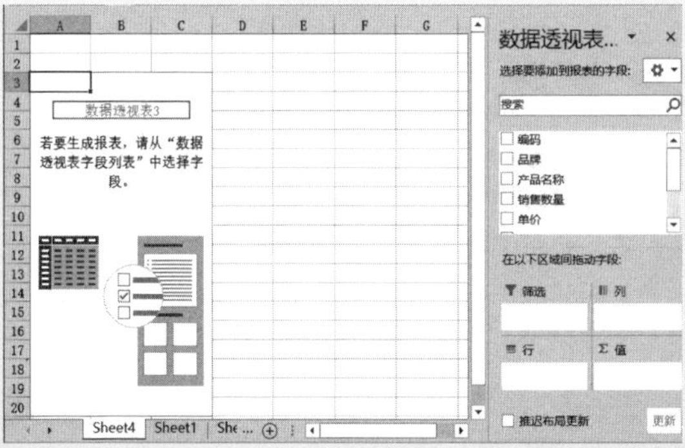

图 6-3

图 6-4   图 6-5

图 6-6

应用扩展

　　在添加字段时，也可以采用拖动的方式来添加，即在"数据透视表字段"

列表中选中目标字段，按住鼠标左键拖至目标区域中释放鼠标。

　　数据透视表的强大功能体现在字段的设置上，不同的字段组合可以获取不同统计结果，因此可以根据需要随时调整字段。

　　❶ 如图 6-7 所示的数据透视表，设置"日期"为行标签字段，"店铺"为列标签字段，"销售金额"为值字段，可以快速统计出不同的日期中，各店铺的销售金额。

图 6-7

　　❷ 如果现在需要统计出不同日期中各销售员的销售金额。首先在"数据透视表字段"列表中取消选中"店铺"复选框，然后将"销售员"字段拖动至行标签区域，即可看到统计结果如图 6-8 所示。

图 6-8

　　❸ 如果现在需查看不同的销售员销售各品牌的数量和销售金额总和。按照上面的添加方法，取消选中"日期"复选框，将"销售员"和"品牌"添加到行标签区域，将"销售数量"和"销售金额"添加到值标签区域，如图 6-9 所示。

图 6-9

✎ 应用扩展

数据透视表中的标签框内可以显示多个字段，当将多个字段添加到同一标签框中之后，它们的前后顺序决定了透视表的显示效果。字段默认的顺序为添加时的顺序，如觉得字段顺序不合理，可以进行调整。

在数据透视表字段列表中，单击行标签框中的"销售员"，在下拉菜单中选择"上移"命令，即可将"销售员"字段上移一层，统计结果也会相应地发生变化。

技巧3 用表格中部分数据建立数据透视表

建立数据透视表时，并非一定要使用整张工作表中的数据来建立，也可以根据统计目的只选择部分数据来创建。本例中，只选择"学校"列的数据来创建数据透视表，并通过该字段统计各学校参加此次竞赛的人数。

❶ 选中"学校"列单元格区域，在"插入"→"表格"选项组中单击"数据透视表"按钮（见图6-10），打开"创建数据透视表"对话框。

❷ 在"表/区域"文本框中显示了选中的单元格区域，如图6-11所示。

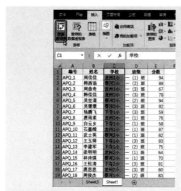

图 6-10

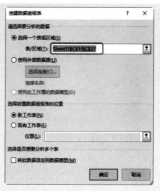

图 6-11

❸ 创建数据透视表后，将"学校"字段分别拖动至"行"标签区域与"值"标签区域，可以得到相应的统计结果，如图 6-12 所示。

图 6-12

技巧 4　重新更改数据透视表的数据源

在创建了数据透视表后，如果需要重新更改数据源，则不需要重新建立数据透视表，直接在当前数据透视表中重新更改数据源即可。

❶ 选中当前数据透视表任意单元格，切换到"数据透视表分析"菜单下，单击"更改数据源"按钮，在弹出的下拉菜单中选择"更改数据源"命令（见图 6-13），打开"更改数据透视表数据源"对话框，如图 6-14 所示。

图 6-13

❷ 单击"表/区域"右侧的▦按钮，回到工作表中重新选择数据源即可。

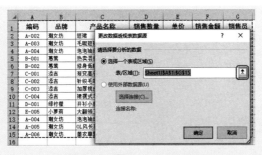

图 6-14

技巧5 创建能随数据源自动更新的数据透视表

在日常工作中，除了使用固定的数据创建数据透视表进行分析外，很多情况下数据源表格是实时变化的，比如销售数据表需要不断地添加新的销售记录数据。这样在创建数据透视表后，如果想得到最新的统计结果，每次都要手动重设数据透视表的数据源，非常麻烦。遇到这种情况就可以按如下方法创建动态数据透视表。

下面以如图 6-15 所示的数据表介绍创建动态数据透视表的步骤。

	A	B	C	D	E	F
1	日期	产品名称	品牌	销售量	单价	销售金额
2	2021/3/1	低领烫金毛衣	曼茵	2	108	216
3	2021/3/1	毛昵短裙	曼茵	1	269	269
4	2021/3/1	泡泡风衣	路一漫	1	329	329
5	2021/3/1	热卖混搭超值三件套	伊美人	1	398	398
6	2021/3/1	修身低腰牛仔裤	曼茵	1	309	309
7	2021/3/2	海变高density打底毛衣	路一漫	2	99	198
8	2021/3/2	甜美V领针织毛呢连衣裙	路一漫	1	178	356
9	2021/3/2	加厚桃皮绒休闲裤	伊美人	1	318	318
10	2021/3/3	镇毛毛裙摆式羊毛大衣	衣衣布舍	1	719	719
11	2021/3/3	开衫小碎印花外套	衣衣布舍	1	129	129
12	2021/3/3	大翻领卫衣外套	路一漫	1	118	118
13	2021/3/3	泡泡风衣	曼茵	2	299	598
14	2021/3/3	OL风长款毛昵外套	路一漫	1	359	359
15	2021/3/4	薰衣草飘袖冬装裙	伊美人	1	329	329
16	2021/3/4	修身荷花袖外套	衣衣布舍	1	258	258
17	2021/3/4	韩版V领修身中长款毛	衣衣布舍	2	159	318
18	2021/3/4	泡泡袖风衣	衣衣布舍	1	299	299
19	2021/3/4	OL风长款毛昵外套	路一漫	1	359	359
20	2021/3/4	薰衣草飘袖冬装裙	路一漫	1	329	329

图 6-15

❶ 选中数据表中任意单元格，切换至 "插入" → "表格" 选项组中，单击 "表格" 按钮，打开 "创建表" 对话框。

❷ 对话框中 "表数据的来源" 默认自动显示为当前数据表单元格区域，如图 6-16 所示。单击 "确定" 按钮完成表的创建，默认名称为 "表 1"。

❸ 切换至 "插入" → "表格" 选项组中，单击 "数据透视表" 按钮，打开 "创建数据透视表" 对话框，在 "表 / 区域" 文本框中输入 "表 1"，如图 6-17 所示。

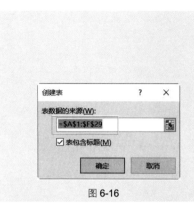 

图 6-16　　　　　　　　　　　　图 6-17

④ 单击"确定"按钮，即可创建一张空白的动态数据透视表。添加相应字段达到统计目的，如图 6-18 所示。

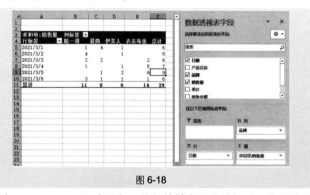

图 6-18

⑤ 当向"销售统计表"中添加一些新的销售记录数据时，表区域会自动扩展。只需要刷新数据透视表可即时更新统计结果。

技巧 6　添加切片器，实现筛选统计

在建立数据透视表之后，添加切片器可以实现动态筛选，即通过筛选让数据透视表只统计想要的结果。而且可以随时更换在切片器中的设置，从而让统计结果与其保持一致，所以能达到动态筛选的结果

❶ 选中数据透视表中的任意单元格，切换到"数据透视表分析"选项卡，在"筛选"选项组中单击"插入切片器"按钮，打开"插入切片器"对话框，如图 6-19 所示。

❷ 在"插入切片器"对话框中，选中要为其创建切片器的数据透视表字段的复选框，单击"确定"按钮，即可创建切片器，如图 6-20 所示。

图 6-19

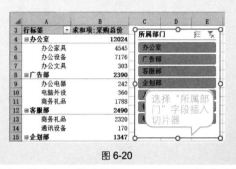

图 6-20

❸ 在切片器中，单击需要筛选的项目，即可显示筛选后的统计结果，如图 6-21 所示。

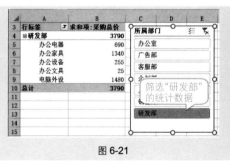

图 6-21

❹ 要同时筛选出多个项目，可以按住 "Ctrl" 键不放依次单击选中即可。如图 6-22 所示显示了多个筛选结果。

📋 应用扩展

在 "插入切片器" 对话框中，可以通过选中前面的复选框同时添加多个切片器。通过对多个切片器中项目的选择，可以实现 "与" 条件筛选，即同时满足两个或多个条件。

行标签	求和项:采购总价
⊟广告部	2390
办公电器	242
电脑外设	360
商务礼品	1788
⊟销售部	14128
办公家具	970
电脑外设	380
数码设备	12700
通讯设备	78
总计	16518

所属部门
办公室
广告部
客服部
企划部
人事部
销售部
研发部

筛选"广告部"和"销售部"统计数据

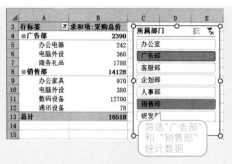

图 6-22

技巧 7 查看某一汇总项的明细数据

数据透视表的统计结果是对多项数据汇总的结果，因此建立数据透视表后，双击汇总项中的任意单元格，可以新建一张工作表显示出相应的明细数据。

例如，针对本例的数据透视表，选中 B4 单元格（见图 6-23），双击即可新建一张工作表，显示的是"品牌"为"Amue"的销售记录，如图 6-24 所示。

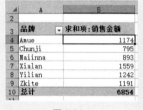

品牌	求和项:销售金额
Amue	1174
Chunji	795
Maiinna	893
Xialan	1559
Yilian	1242
Zkite	1191
总计	6854

图 6-23

日期	品牌	产品名称	颜色	单位	数量	单价	销售金额
2021/6/1	Amue	霓光幻影网	卡其	件	1	89	89
2021/6/11	Amue	花园派对绣花	白色	件	2	59	118
2021/6/10	Amue	时尚基本款	蓝灰	件	5	49	245
2021/6/10	Amue	华丽蕾丝亮	黑白	件	1	259	259
2021/6/9	Amue	霓光幻影网	白色	件	3	89	267
2021/6/8	Amue	时尚基本款	蓝灰	件	4	49	196

Sheet6 Sheet4 Sheet1

图 6-24

如果设置了双标签，还可以查看同时满足两个条件的明细数据。例如，针对本例的数据透视表，选中 C6 单元格（见图 6-25），双击鼠标建立的是同时满足"日期"为"1 月"且"项目"为"差旅费"的明细数据表，如图 6-26 所示。

月	项目	求和项:金额
⊟1月	办公用品	1382
	餐饮费	9968.5
	差旅费	5963
	福利	800
	会务费	4800
	交通费	1450
	通讯费	900
1月 汇总		25263.5
⊟2月	办公用品	200
	餐饮费	2350
	差旅费	3800
	福利	500
	会务费	380
	交通费	1675
	通讯费	500
2月 汇总		9405
总计		34668.5

图 6-25

编号	日期	项目	金额
010	2020/1/30	差旅费	1500
008	2020/1/20	差旅费	863
003	2020/1/11	差旅费	800
005	2020/1/12	差旅费	2800

图 6-26

技巧8 数据源变动时刷新数据透视表

如图 6-27 所示插入的数据透视表，现在需要改变"添吉"品牌的销售数量，在不重新插入数据透视表前提下，数据透视表中的数据也同时更新，这就需要刷新数据透视表。

	品牌	产品名称	销售数量	单价	销售金额		行标签	求和项:销售数量
1	品牌	产品名称	销售数量	单价	销售金额		行标签	求和项:销售数量
2	小萝莉	大翻领卫衣外套	3	118	354		潮女坊	14
3	添吉	暗变高领打底毛衣	2	99	198		蕙鸾	7
4	添吉	针织毛呢连衣裙	2	178	356		绿柠檬	4
5	添吉	加厚桃皮绒休闲裤	3	318	954		添吉	9
6	添吉	裙摆式羊毛大衣	2	719	318		小萝莉	3
7	绿柠檬	开衫小鹿印花外套	4	129	516		总计	37
8	蕙鸾	热卖搭据三件套	4	398	1592			
9	蕙鸾	修身低腰牛仔裤	3	309	927			
10	潮女坊	短裙	2	98	196			
11	潮女坊	毛呢短裙	3	269	807			
12	潮女坊	泡泡袖风衣	2	329	658			
13	潮女坊	泡泡袖风衣	2	299	598			
14	潮女坊	OL风长款毛呢外套	2	359	718			
15	潮女坊	蕾丝草飘袖冬装裙	3	329	987			

图 6-27

❶ 如图 6-28 所示，表格中"添吉"的销售数量发生了改变，而数据透视表中的求和项却没有同步更新。

	品牌	产品名称	销售数量	单价	销售金额		行标签	求和项:销售数量
1	品牌	产品名称	销售数量	单价	销售金额		行标签	求和项:销售数量
2	小萝莉	大翻领卫衣外套	3	118	354		潮女坊	14
3	添吉	暗变高领打底毛衣	5	99	495		蕙鸾	7
4	添吉	针织毛呢连衣裙	4	178	712		绿柠檬	4
5	添吉	加厚桃皮绒休闲裤	6	318	1908		添吉	9
6	添吉	裙摆式羊毛大衣	2	719	318		小萝莉	3
7	绿柠檬	开衫小鹿印花外套	4	129	516		总计	37
8	蕙鸾	热卖搭据三件套	4	398	1592			
9	蕙鸾	修身低腰牛仔裤	3	309	927			
10	潮女坊	短裙	2	98	196			
11	潮女坊	毛呢短裙	3	269	807			
12	潮女坊	泡泡袖风衣	2	329	658			
13	潮女坊	泡泡袖风衣	2	299	598			
14	潮女坊	OL风长款毛呢外套	2	359	718			
15	潮女坊	蕾衣草飘袖冬装裙	3	329	987			

图 6-28

❷ 在数据透视表上单击鼠标右键，在弹出的快捷菜单中选择"刷新"命令（见图 6-29），即可实现同步更新，如图 6-30 所示。

图 6-29

图 6-30

技巧 9 在统计表的各分级之间添加空白行

如图 6-31 所示的统计结果中，为了使各规格型号的分级之间清晰明朗，可以在各个分级下面添加空白行来进行间隔，得到如图 6-32 所示的效果，具体操作如下。

图 6-31

图 6-32

选择数据透视表任意单元格，在"设计"→"布局"选项组中单击"空行"下拉按钮，选择"在每个项目后插入空行"命令（见图 6-33），即可在每个分级之间添加空白行。

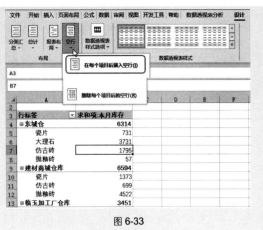

图 6-33

高效随身查——Excel 2021 必学的高效办公 应用技巧（视频教学版）

技巧 10　设置数据透视表以表格形式显示

数据透视表默认使用的是以压缩形式显示的布局，如果当前数据透视表设置了双行标签，字段名称则会被折叠显示，不便于数据查看，如图 6-34 所示。这时则可以设置让其显示为表格形式或大纲形式。

图 6-34

❶ 选中数据透视表行字段的任意单元格，在"设计"→"布局"选项组中单击"报表布局"下拉按钮，展开下拉菜单，如图 6-35 所示。

❷ 选择"以表格形式显示"命令，效果如图 6-36 所示；选择"以大纲形式显示"命令，效果如图 6-37 所示。

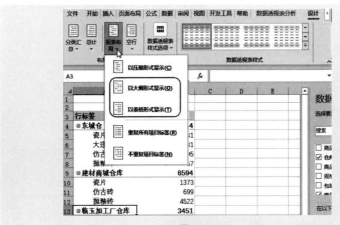

图 6-35

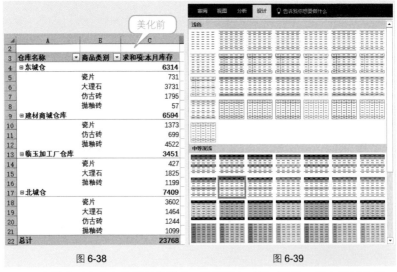

图 6-36　　　　　　　　　图 6-37

技巧 11　套用数据透视表样式，一键美化数据透视表

Excel 程序中内置了很多种数据透视表样式，通过套用数据透视表样式可以达到快速美化的目的。如图 6-38 所示为默认的数据透视表，现在通过如下设置快速美化。

❶ 选中数据透视表任意单元格，在 "设计" → "数据透视表样式" 选项组中单击 "其他" 按钮，展开下拉列表，如图 6-39 所示。

图 6-38　　　　　　　　　图 6-39

❷ 在样式列表中查询需要的样式，鼠标指向时即时预览，单击即可应用。

如图 6-40、图 6-41 所示均为应用样式后的效果。

	A	B	C
3	仓库名称 ▼	商品类别 ▼	求和项:本月库存
4	⊟东城仓		6314
5		瓷片	731
6		大理石	3731
7		仿古砖	1795
8		抛釉砖	57
9	⊟建材商城仓库		6594
10		瓷片	1373
11		仿古砖	699
12		抛釉砖	4522
13	⊟临玉加工厂仓库		3451
14		瓷片	427
15		大理石	1825
16		抛釉砖	1199
17	⊟北城仓		7409
18		瓷片	3602
19		大理石	1464
20		仿古砖	1244
21		抛釉砖	1099
22	总计		23768

图 6-40

	A	B	C
3	仓库名称 ▼	商品类别 ▼	求和项:本月库存
4	⊟东城仓		6314
5		瓷片	731
6		大理石	3731
7		仿古砖	1795
8		抛釉砖	57
9	⊟建材商城仓库		6594
10		瓷片	1373
11		仿古砖	699
12		抛釉砖	4522
13	⊟临玉加工厂仓库		3451
14		瓷片	427
15		大理石	1825
16		抛釉砖	1199
17	⊟北城仓		7409
18		瓷片	3602
19		大理石	1464
20		仿古砖	1244
21		抛釉砖	1099
22	总计		23768

图 6-41

技巧 12　将数据透视表转换为普通报表

数据透视表是一种统计报表,对于这种统计结果很多时候都需要复制到其他的地方使用。因此在得到统计结果后可以将其转换为普通表格,方便使用。

❶ 选中整张数据透视表,按 "Ctrl+C" 快捷键复制,如图 6-42 所示。

❷ 在当前工作表或新工作表中选中一个空白单元格,在"开始"→"剪贴板"选项组中单击"粘贴"下拉按钮,打开下拉菜单,单击 （值和源格式）按钮（ 见图 6-43 ）,即可将数据透视表转换为普通表格,如图 6-44 所示。

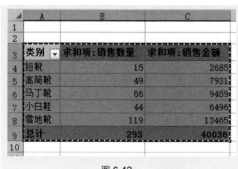

图 6-42

图 6-43

❸ 把透视表统计结果转换为普通表格的数据后,表格可以重新进行整理与设计,得到如图 6-45 所示的统计报表。然后可以复制到任意需要的位置上去使用。

	A	B	C	D
1				
2	类别	求和项：销	求和项：销售金额	
3	短靴	15	2685	
4	高筒靴	49	7931	
5	马丁靴	66	9459	
6	小白鞋	44	6496	
7	雪地靴	119	13465	
8	总计	293	40036	
9				

转换为普通表格的形式

图 6-44

	A	B	C
1	月统计报表		
2	类别	销售数量	销售金额
3	短靴	15	2685
4	高筒靴	49	7931
5	马丁靴	66	9459
6	小白鞋	44	6496
7	雪地靴	119	13465
8	总计	293	40036

图 6-45

6.3 数据透视表的汇总方式与值的显示方式

技巧 13 更改数据透视表默认的汇总方式

在数据透视表和数据透视图中，汇总方式包括求和、平均值、计数、最大值等多种。默认的汇总方式一般为求和或计数，当默认的汇总方式不能满足统计要求时，则需要重新更改汇总方式。

本例中原先将各个班级的成绩进行了求和汇总（见图 6-46），这种数据统计结果没有任何意义。这时需要将“求和”更改为“计数”汇总方式，从而统计出各个班级中有多少人在前 30 名中（见图 6-47）。

F	G
所属班级	求和项:总分
高三（1）班	6115
高三（2）班	4735
高三（3）班	1512
高三（4）班	2018
高三（5）班	3228
总计	17608

图 6-46

F	G
所属班级	入围人数
高三（1）班	10
高三（2）班	8
高三（3）班	3
高三（4）班	4
高三（5）班	5
总计	30

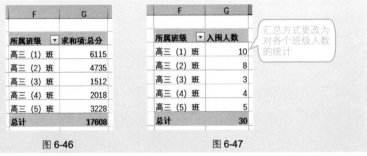

汇总方式更改为对各个班级人数的统计

图 6-47

❶ 打开数据透视表，选中汇总项中的任意单元格，单击鼠标右键，在弹出的快捷菜单中选择“值字段设置”命令，如图 6-48 所示。

❷ 打开“值字段设置”对话框，单击“值汇总方式”选项卡，在列表框中可以选择汇总方式，这里选择“计数”，自定义名称为“入围人数”，如图 6-49 所示。

❸ 设置完成后，单击“确定”按钮，即可汇总出各个班级入围前 30 名的人数。

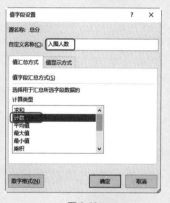

年级前30名成绩统计表

成绩排名	姓名	所属班级	总分
1	彭丽丽	高三 (1) 班	799
2	苏海涛	高三 (2) 班	789
3	张文轩	高三 (2) 班	766
4	杨增	高三 (5) 班	711
5	郑立娜	高三 (1) 班	701
6	王保国	高三 (1) 班	700
7	钟武	高三 (1) 班	699
8	胡子强	高三 (3) 班	687
9	苏曼	高三 (2) 班	665
10	侯淑媛	高三 (3) 班	611
11	郑燕娜	高三 (5) 班	610
12	罗婷	高三 (5) 班	609
13	王倩	高三 (3) 班	608
14	韩要荣	高三 (1) 班	600
15	梅香嘉	高三 (4) 班	577
16	朱安祥	高三 (4) 班	566
17	杨和平	高三 (2) 班	545

图 6-48

图 6-49

应用扩展

除此之外还可以根据需要更改为其他汇总方式，如选择"最大值"则可以统计出各个班级的最高分，如图 6-50 所示。

所属班级	最高分
高三 (1) 班	799
高三 (2) 班	789
高三 (3) 班	532
高三 (4) 班	566
高三 (5) 班	711
总计	799

图 6-50

技巧 14 同时使用多种汇总方式

当添加字段为值字段时，并非只能使用一种汇总方式，而是可以对同一字段使用多种方式进行汇总。例如，本例中要求同时统计出各个班级的平均分、最高分、最低分。源数据表如图 6-51 所示，要求达到统计结果如图 6-52 所示，即能直观地查看各个班级的平均分、最高分、最低分，这也是我们在进行成绩统计时经常使用的一种报表。

	A	B	C
1	班级	姓名	分数
2	1班	江梅子	73
3	1班	蒋思悦	73
4	1班	徐斌	67
5	1班	周志芳	67
6	1班	崔丽	68
7	1班	崔雪莉	68
8	1班	冷艳艳	69
9	1班	夏成宇	69
10	1班	陈苒欣	74
11	1班	陈美诗	74
12	1班	何海洋	92
13	1班	何佳佳	92
14	1班	章含之	97
15	1班	陈梦雪	97
16	2班	张文娜	89
17	2班	张文远	89
18	2班	张鸿博	75
19	2班	张越塔	75
20	2班	侯燕芝	66

图 6-51

	A	B	C	D
1				
2				
3	班级	平均分	最高分	最低分
4	1班	77.14	97	67
5	2班	82.00	89	66
6	3班	82.80	90	74
7	4班	78.00	82	75
8	5班	83.64	97	66
9	总计	81.16	97	66

图 6-52

❶ 创建数据透视表后，在“数据透视表字段”任务窗格中，连续 3 次将“分数”字段拖入“值”标签区域。数据透视表中将新增 3 个字段，“求和项：分数”“求和项：分数 2”和“求和项：分数 3”，如图 6-53 所示。

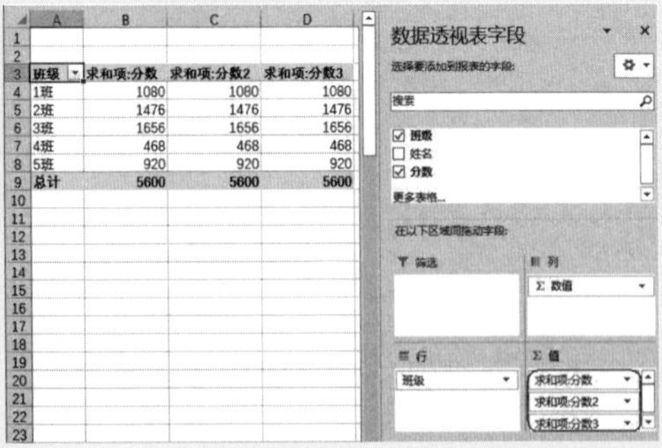

图 6-53

❷ 在第一个“求和项：分数”字段上单击鼠标右键，在弹出的快捷菜单中

依次选择"值汇总依据"→"平均值"命令，如图 6-54 所示，即可将"求和项:分数"字段的汇总方式更改为求平均值。

❸ 在"求和项:分数 2"字段上单击鼠标右键，在弹出的快捷菜单中依次选择"值汇总依据"→"最大值"命令，如图 6-55 所示，即可将"求和项:分数 2"字段的汇总方式更改为求最大值。

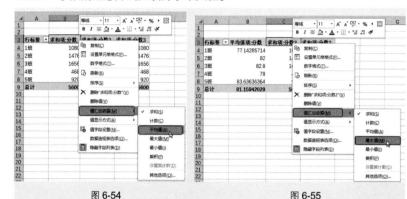

图 6-54　　　　　　　　　　　　　　图 6-55

❹ 重复上面的步骤，将"求和项:分数 3"字段的汇总方式设置为"最小值"，如图 6-56 所示。

班级 ▼	平均值项:分数	最大值项:分数2	最小值项:分数3
1班	77.14285714	97	67
2班	82	89	66
3班	82.8	90	74
4班	78	82	75
5班	83.63636364	97	66
总计	81.15942029	97	66

图 6-56

❺ 选中"平均值项:分数"字段名称，在编辑栏中重新定义字段的名称为"平均分"，如图 6-57 所示。

B3		× ✓ ƒx	平均分

班级 ▼	平均分	最大值项:分数2	最小值项:分数3
1班	77.14285714	97	67
2班	82	89	66
3班	82.8	90	74
4班	78	82	75
5班	83.63636364	97	66
总计	81.15942029	97	66

图 6-57

⑥ 按相同的方法依次将 "最大值项：分数 2" 字段和 "最小值项：分数 3" 字段重命名为 "最高分" 和 "最低分" 即可。

技巧 15　更改统计项为占总和的百分比

如图 6-58 所示为默认建立的数据透视表，统计了各个品牌商品的销售金额。现在要求统计各品牌商品销售金额占总销售金额的百分比，即达到如图 6-59 所示统计结果。

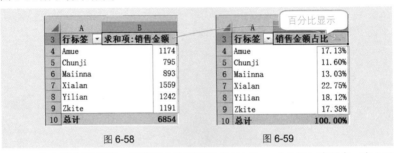

图 6-58　　　　　　　图 6-59

❶ 选中数据透视表，切换到 "数据透视表工具" → "分析" 选项卡，在 "活动字段" 选项组中单击 字段设置 按钮，打开 "值字段设置" 对话框。选择 "值显示方式" 选项卡，在 "值显示方式" 下拉列表框中选择 "列汇总的百分比" 选项，如图 6-60 所示。

图 6-60

❷ 单击 "确定" 按钮，即可将汇总值更改为百分比的显示方式，分别将列标识更改为 "品牌名称" 和 "销售金额占比"，即可达到如图 6-59 所示的效果。

📋 应用扩展

当设置了数据透视表中的行标签、列标签、值等字段后，数据透视表中的字段名称一般都会显示为"行标签""列标签""求和项:*"等字样。此时如果重新对字段或项进行重命名，则更能表达表格主题。

选中需要更改名称的字段或项，直接在公式编辑栏中输入文字更改即可；也可以打开"值字段设置"对话框，在"自定义名称"文本框中进行更改。

技巧 16　显示父行汇总的百分比

如果设置了双行标签，可以设置值的显示方式为父行汇总的百分比。在此显示方式下可以看到每一个父级下的各个类别各占的百分比。如图 6-61 所示的数据透视表为默认统计结果，通过设置"父行汇总的百分比"的显示方式可以直观看到在每个月份中每一种支出项目所占的百分比情况，如图 6-62 所示。

日期	项目	求和项:金额
⊟1月		12963
	差旅费	863
	办公用品	650
	餐饮费	5400
	福利	1500
	会务费	2200
	交通费	1450
	通讯费	900
⊟2月		9405
	差旅费	3800
	办公用品	200
	餐饮费	2350
	福利	500
	会务费	380
	交通费	1675
	通讯费	500
⊟3月		12300.5
	差旅费	2800
	办公用品	732
	餐饮费	4568.5
	福利	800
	会务费	2600
	交通费	800

图 6-61

日期	项目	求和项:金额
⊟1月		37.39%
	差旅费	6.66%
	办公用品	5.01%
	餐饮费	41.66%
	福利	11.57%
	会务费	16.97%
	交通费	11.19%
	通讯费	6.94%
⊟2月		27.13%
	差旅费	40.40%
	办公用品	2.13%
	餐饮费	24.99%
	福利	5.32%
	会务费	4.04%
	交通费	17.81%
	通讯费	5.32%
⊟3月		35.48%
	差旅费	22.76%
	办公用品	5.95%
	餐饮费	37.14%
	福利	6.50%
	会务费	21.14%
	交通费	6.50%

图 6-62

❶ 选中列字段下的任意单元格，单击鼠标右键，在弹出的快捷菜单中依次选择"值显示方式"→"父行汇总的百分比"命令，如图 6-63 所示。

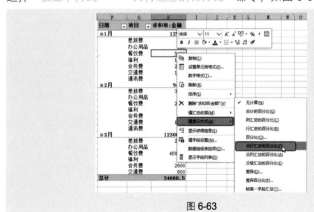

图 6-63

❷ 按上述操作完成设置后，即可看到每个月份中各个不同的支出项目各占的百分比，同时也显示出一季度中各个月份支出额占总支出额的百分比。

技巧 17　显示行汇总的百分比

在有列标签的数据透视表中，可以设置值的显示方式为行汇总的百分比。在此显示方式下横向观察报表，可以看到各个项所占百分比情况。如图 6-64 所示的数据透视表为默认统计结果，需要查看每个系列产品在各个店铺中的销售额占总销售额的百分比情况。

求和项:销售金额	店铺			
系列	鼓楼店	步行街专卖	长江路专卖	总计
水能量系列	1160	3644	4226	9030
水嫩精纯系列	4194	1485	4283	9962
气韵焕白系列	2808	5548	384	8740
佳洁日化	800		1120	1920
总计	8962	10677	10013	29652

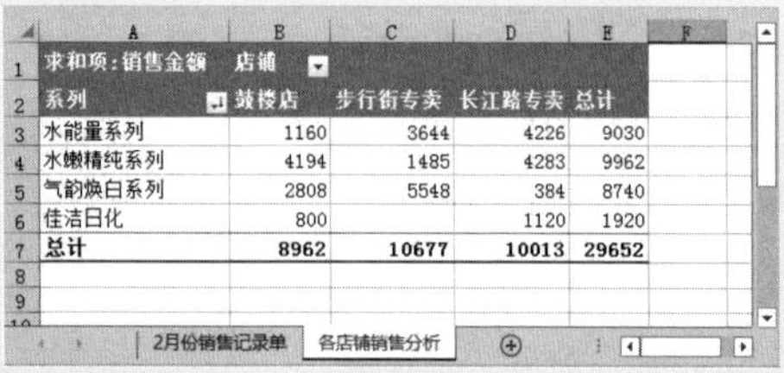

图 6-64

❶ 选中列字段下的任意单元格，单击鼠标右键，在弹出的快捷菜单中依次选择“值显示方式”→“行汇总的百分比”命令，如图 6-65 所示。

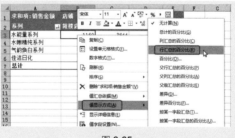

图 6-65

❷ 按上述操作完成设置后，即可看到各系列在不同商场的销售占比。例如，“水能量系列”产品鼓楼店占 12.85%，步行街专卖店占 40.35%，长江路专卖店占 46.80%，如图 6-66 所示。

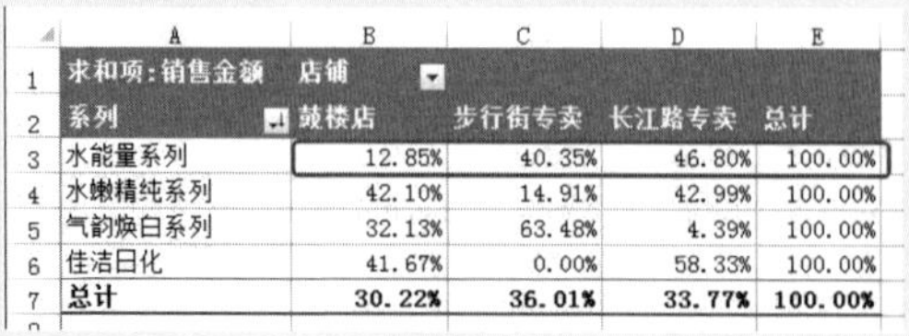

求和项:销售金额	店铺			
系列	鼓楼店	步行街专卖	长江路专卖	总计
水能量系列	12.85%	40.35%	46.80%	100.00%
水嫩精纯系列	42.10%	14.91%	42.99%	100.00%
气韵焕白系列	32.13%	63.48%	4.39%	100.00%
佳洁日化	41.67%	0.00%	58.33%	100.00%
总计	30.22%	36.01%	33.77%	100.00%

图 6-66

6.4　统计结果分组与自定义公式

技巧 18　统计成绩表中指定分数区间的人数

　　如图 6-67 所示的左侧表格，显示的是各个班级学生考试总分，E 列与 F 列为新建立的数据透视表，其中显示了各个分数对应的人数，可见默认的统计结果非常分散，并不直观。而通过分组设置则可以统计出指定分数区间的人数，即达到如图 6-68 所示的效果。

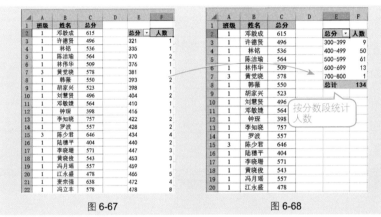

图 6-67　　　　　　　　　　　　　　　图 6-68

　　❶ 选中数据透视表"总分"列任意单元格，切换到"数据透视表分析"选项卡，在"组合"选项组中单击"分组选择"按钮（见图 6-69），打开"组合"对话框。

　　❷ 设置"起始于""终止于"以及"步长"，如图 6-70 所示。

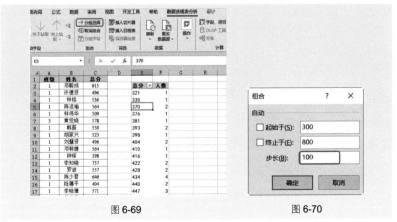

图 6-69　　　　　　　　　　　　　　　图 6-70

第**6**章　数据的透视统计与分析

❸ 单击"确定"按钮，即可看到数据透视表达到如图 6-68 所示的统计效果。

📖 应用扩展

通过更改字段的值显示方式还可以统计出指定分数区间人数的占比情况。

选中数据透视表，选中值字段下的任意单元格，单击鼠标右键，在弹出的快捷菜单中依次选择"值显示方式"→"总计的百分比"命令（见图 6-71），即可统计出各分数段人数占总人数的百分比，如图 6-72 所示。

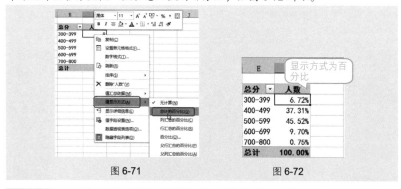

图 6-71   图 6-72

技巧 19 按小时统计点击量

当前的报表中按时间统计了各个时间点的点击量，这样数据非常繁多，达不到统计的目的，如图 6-73 所示。下面通过分组可以统计出每小时的点击量总计数。

❶ 打开数据透视表，选中时间字段下的任意单元格，在"数据透视表分析"→"组合"组中单击"分组选择"按钮，如图 6-74 所示。

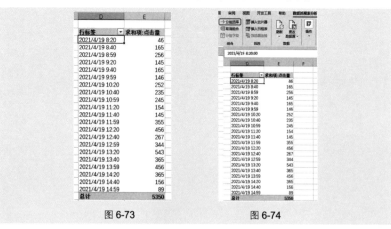

图 6-73   图 6-74

❷打开"组合"对话框，在"步长"列表框中取消选中默认的"月"，选中"小时"，完成分组条件的设置，如图 6-75 所示。

❸单击"确定"按钮，此时可以看到数据透视表显示每小时的点击量，如图 6-76 所示。

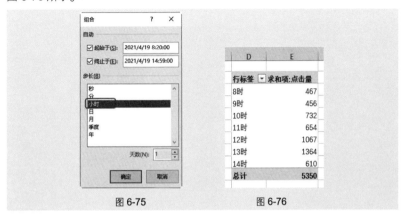

图 6-75   图 6-76

❹选中点击量字段下的任意单元格，在"数据→排序和筛选"选项组中单击"降序"按钮即可对点击量按从大到小排序，如图 6-77 所示。

图 6-77

技巧 20   日期数据的分组

如果数据表中使用的是标准的日期数据，当数据涉及多个月份时，添加日期字段时会自动按月分组。如图 6-78 所示，当添加"日期"字段到行标签区域后，"月"字段是自动生成的。

图 6-78

❶ 如果这时不需要按日统计，只需要按月统计，可以在行标签区域中将"日期"字段拖出，如图 6-79 所示。

❷ 可以单击月份前面的 ⊞ 按钮，查看"费用类别"统计的明细数据，如图 6-80 所示。

图 6-79

图 6-80

技巧 21　建立季度统计报表

对于日期数据，当我们添加字段后，一般都会自动按月汇总形成月统计报表，如图 6-81 所示，根据月报表则可以快速生成季度报表。

图 6-81

● 针对如图 6-82 所示的月统计报表，选中行标签下的任意单元格，在"数据透视表分析"选项卡的"组合"选项组中单击"分组选择"按钮（见图 6-82），打开"组合"对话框，在"步长"列表框中选择"季度"，如图 6-83 所示。

图 6-82   图 6-83

② 单击"确定"按钮，即可建立季度统计报表，如图 6-84 所示。

行标签 ▼	求和项:金额
第一季	16200
第二季	11295
第三季	13820
第四季	17900
总计	59215

图 6-84

在本例中的数据透视表中统计了各个村对于山林征用的补贴金额，如图 6-85 所示。由于一个乡镇下面包含多个村，现在要求以乡镇为单位统计出总补贴金额，即得到如图 6-86 所示的统计结果。

图 6-85　　　　　　　　　　　图 6-86

● 在数据透视表中选中所有"百元镇"的数据，在"数据透视表分析"→"组合"选项组中单击"分组选择"按钮，如图 6-87 所示。此时数据透视表中增加了一个"数据组 1"的分组，如图 6-88 所示。

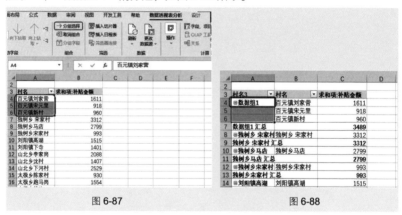

图 6-87　　　　　　　　　　　图 6-88

🗨 专家点拨

在建立了数据透视表后，默认文本是被排序了的，若出现未排列到一起，可以选中"村名"字段下任意单元格，手动执行一次排序命令。

❷选中"数据组 1"名称，在编辑栏中将该名称重命名为"百元镇"，如图 6-89 所示。

图 6-89

❸在数据透视表中选中所有"独树乡"的数据，在"数据透视表分析"→"组合"选项组中单击"分组选择"按钮，如图 6-90 所示。此时数据透视表中增加了一个"数据组 2"的分组。选中"数据组 2"名称，在编辑栏中将该名称重命名为"独树乡"，如图 6-91 所示。

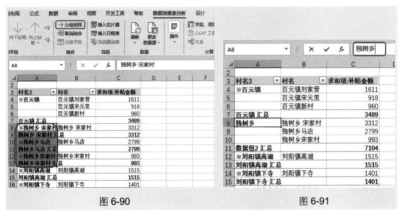

图 6-90   图 6-91

❹重复相同的步骤根据不同的乡镇名称共建立了 6 个分组，如图 6-92 所示。

❺在"数据透视表字段"任务窗格中取消选中"村名"复选框，得到如图 6-93 所示的统计结果。

🔈 **专家点拨**

取消原来的字段是为隐藏分组之前的明细数据，从而让分组后的数据能更加清楚明了地显示。

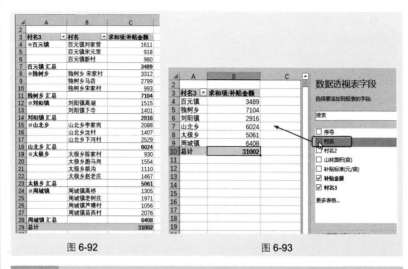

图 6-92　　　　　　　　　　　图 6-93

技巧 23　对考核成绩按分数段给予等级

当前数据透视表如图 6-94 所示，要求按成绩划分等级，即不同的分数段给予不同的等级。具体要求为："200～160"为"优秀"、"159～120"为"良好"、"119～90"为"合格"、"89 及以下"为"补考"，即达到如图 6-95 所示的效果。

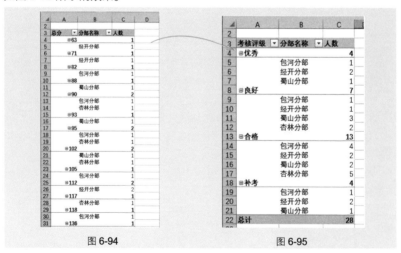

图 6-94　　　　　　　　　　　图 6-95

由于此例要求的各个分数区间具有不确定性，因此无法直接使用自动分组，此时需要使用手动分组功能来达到这一效果。

❶ 选中"总分"字段下面任意单元格，在"数据"→"排序和筛选"选项组中单击"降序"按钮，让总分从大到小排序，如图 6-96 所示。

❷ 在"总分"字段下面选中 200～160 的所有项，在"数据透视表分析"→"组合"选项组中单击"分组选择"按钮，如图 6-97 所示。

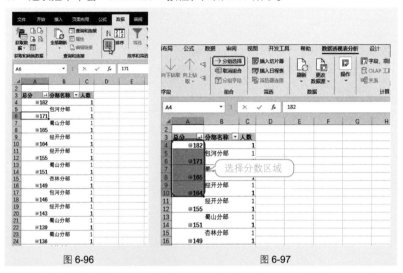

图 6-96　　　　　　　　　　图 6-97

❸ 创建一个名为"数据组 1"的分组，如图 6-98 所示。在编辑栏中将该分组名称重命名为"优秀"，如图 6-99 所示。

图 6-98　　　　　　　　　　图 6-99

❹ 在"总分"字段下面选中 159～120 的所有项，在"数据透视表分析"→"组合"选项组中单击"分组选择"按钮，如图 6-100 所示。

❺ 创建一个名为"数据组 2"的分组，然后在编辑栏中将该分组名称重命名为"良好"。按相同的方法依次根据分数区间建立分组，建立好的分组如图 6-101 所示。

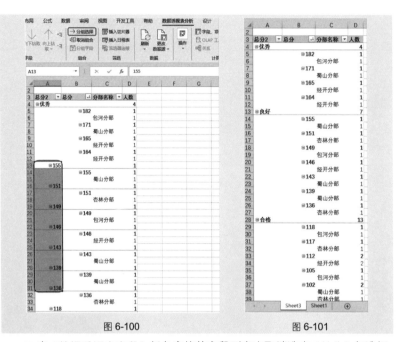

图 6-100

图 6-101

⑥ 在 "数据透视表字段" 任务窗格的字段列表中取消选中 "总分" 复选框，隐藏明细数据后，得到的统计表如图 6-102 所示。

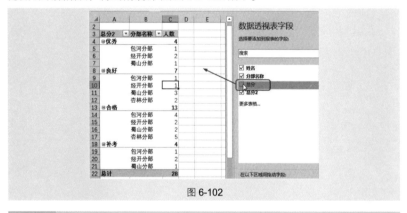

图 6-102

技巧 24　自定义公式求解各销售员奖金

如图 6-103 所示的数据透视表中，统计出了各销售员的销售金额，现在要求根据销售金额计算各销售员所获取的提成额。此时可以创建一个用于计算销售提成的字段。

图 6-103

❶ 选中数据透视表，在"设计"→"计算"选项组中依次选择"值、项目和集"→"计算字段"命令，打开"插入计算字段"对话框，如图 6-104 所示。

❷ 在"名称"下拉列表框中输入名称（如"销售提成"），在"公式"文本框中输入公式"=IF(销售金额 <=5000, 销售金额 *0.1, 销售金额 *0.15)"，表示如果销售金额小于等于 5000 元，提成率为 10%，反之为 15%，如图 6-105 所示。

图 6-104

图 6-105

❸ 单击"添加"按钮，然后单击"确定"按钮回到工作表中，可以看到所建立的"销售提成"计算字段被自动添加到数据透视表中，统计结果如图 6-106 所示（根据销售金额自动计算销售提成）。

行标签 ▼	求和项:销售金额	求和项:销售提成
唐雨雯	6912. 5	1036. 875
吴爱君	5641. 5	846. 225
肖雅云	5562	834. 3
徐丽	4735	473. 5
叶伊琳	3230	323
总计	26081	3912. 15

图 6-106

209

所创建的计算字段显示在"数据透视表字段"列表中，如果不想使用这项统计，可以取消选中其前面的复选框，或者直接将其从下面的"数值"下拉列表框中拖出即可。

建立的计算字段通常显示在"数据透视表字段"列表中，也可以不让它显示在数据透视表中，但是却无法将其从"数据透视表字段"列表中删除。如果想删除建立的计算字段，则打开"插入计算字段"对话框，在"名称"下拉列表框中输入要删除的计算字段的名称，然后单击"删除"按钮，即可将该计算字段删除。

技巧25 自定义公式根据销售额确定次年底薪

如图 6-107 所示的数据透视表中统计了每位销售员全年的销售额，要求根据今年的销售额确定次年的月底薪。具体要求为：

- 销售额小于等于 500,000 元时，月底薪为 5,000。
- 销售额在 500,000~800,000 元时，月底薪为 8,000。
- 销售额在 800,000~1,000,000 元时，月底薪为 10,000。
- 销售额大于 1,000,000 元时，月底薪为 15,000。

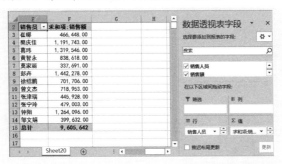

图 6-107

❶ 选中数据透视表，在"数据透视表分析"→"计算"选项组中依次选择"值、项目和集"→"计算字段"命令，打开"插入计算字段"对话框。

❷ 在"名称"下拉列表框中输入名称（如"次年底薪"），在"公式"文本框中输入公式"=IF(销售额 <=500000,5000,IF(销售额 <800000,8000,IF(销售额 <1000000,10000,15000)))"，如图 6-108 所示。

❸ 单击"添加"按钮，然后单击"确定"按钮回到工作表中，可以看到所建立的"次年底薪"计算字段被自动添加到数据透视表中，统计结果如图 6-109 所示（根据每位销售员的销售额自动显示底薪金额）。

	E	F	G
2	销售员 ▾	求和项:销售额	求和项:次年底薪
3	崔娜	466,448.00	5,000.00
4	樊庆佳	1,191,743.00	15,000.00
5	葛玮	1,319,546.00	15,000.00
6	黄智永	838,618.00	10,000.00
7	莫家丽	337,691.00	5,000.00
8	彭卉	1,442,278.00	15,000.00
9	徐绍鹏	701,706.00	8,000.00
10	曾文杰	718,953.00	8,000.00
11	张津瑞	445,928.00	5,000.00
12	张宁玲	479,003.00	5,000.00
13	钟阳	1,264,096.00	15,000.00
14	邹文娟	399,632.00	5,000.00
15	总计	9,605,642	15,000

图 6-108　　　　　　　　　　　　　图 6-109

📢 **专家点拨**

计算字段是利用数据透视表中已有的字段来建立公式，需要根据分析目的来设计公式，同时也有可能使用到相关的函数。

技巧 26　自定义公式计算商品销售的毛利

如图 6-110 所示的数据透视表中统计了各商品的销售数量、进货平均价与销售平均价。通过插入计算字段可以直观地显示出各个商品的毛利。

❶ 单击数据透视表中的任意单元格，在"数据透视表分析"→"计算"选项组中单击"字段、项目和集"按钮，在下拉菜单中选择"计算字段"命令。

❷ 弹出"插入计算字段"对话框，在"名称"文本框中输入"毛利"，在"公式"文本框中输入"=数量*（销售价−进货价）"，如图 6-111 所示。

	A	B	C	D
3	行标签 ▾	求和项:数量	平均值项:进货价	平均值项:销售价
4	包菜	2412	0.98	1.5
5	冬瓜	2411	1.1	1.9
6	花菜	1931	1.24	2.1
7	黄瓜	3957	1.98	2.5
8	茭白	2412	2.76	3.7
9	韭菜	1603	2.38	3.1
10	萝卜	10331	0.45	1.2
11	毛豆	2407	3.19	5.8
12	茄子	4512	1.16	2.7
13	生姜	3069	4.58	7.6
14	蒜黄	5968	1.97	2.6
15	土豆	4814	1.73	3.75
16	西葫芦	3984	2.57	3.9
17	西兰花	2533	2.54	3.89
18	香菜	3784	3.05	3.98
19	紫甘蓝	3402.6	2.97	4.12
20	总计	59530.6	2.234711538	3.502884615

图 6-110

图 6-111

❸ 单击"添加"按钮，然后单击"确定"按钮回到工作表中，可以看到所建立的"毛利"计算字段被自动添加到数据透视表中，统计结果如图 6-112 所示。

行标签	求和项:数量	平均值项:进货价	平均值项:销货价	求和项:毛利
包菜	2412	0.98	1.5	6271.2
冬瓜	2411	1.1	1.9	9644
花菜	1931	1.24	2.1	8303.3
黄瓜	3957	1.98	2.5	14403.48
茭白	2412	2.76	3.7	11336.4
韭菜	1603	2.38	3.1	3462.48
萝卜	10331	0.45	1.2	38741.25
毛豆	2407	3.19	5.8	25129.08
茄子	4512	1.16	2.7	55587.84
生姜	3069	4.58	7.6	83415.42
蒜黄	5968	1.97	2.6	45118.08
土豆	4814	1.73	3.75	77794.24
西葫芦	3984	2.57	3.9	42389.76
西兰花	2533	2.54	3.89	20517.3
香菜	3784	3.05	3.98	28152.96
紫甘蓝	3402.6	2.97	4.12	23477.94
总计	59530.6	2.234711538	3.502884615	7851490.834

图 6-112

6.5 统计结果的图表展示

技巧 27　创建数据透视图直观反应数据

使用 Excel 数据透视图可以将数据透视表中的统计结果转化为图表样式，从而更便于数据查看、比较。数据透视图有很多类型，用户可根据当前数据的实际情况来选择。如图 6-113 所示的数据透视表，为其添加数据透视图比较每个员工的销售金额。

行标签	求和项:销售金额	
庞雨雯	6912.5	
吴爱君	5641.5	
肖雅云	5562	
徐丽	4735	
叶伊琳	3230	
总计	26081	

图 6-113

❶选择数据透视表任意单元格，在"数据透视表分析"→"工具"选项组中单击"数据透视图"按钮，打开"插入图表"对话框。

❷在对话框中选择合适的图表，根据数据情况，这里可选择"簇状柱形图"，如图 6-114 所示。

❸单击"确定"按钮，即可在当前工作表中添加柱形图，如图 6-115 所示。

❹完善并美化数据透视图，最终效果如图 6-116 所示。

📠 **应用扩展**

刚创建的数据透视图没有标题、数据标签等，是图表的原始状态，需要手动输入标题等。如果要美化数据透视图，则要选中目标对象，然后进入"数据透视图"→"格式"选项卡，在"形状样式"选项组中可设置选中对象的填充色、轮廓线条、形状效果等。

图 6-114

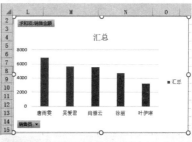

图 6-115

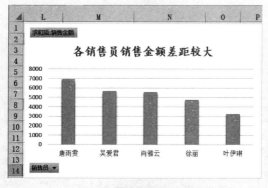

图 6-116

技巧 28　为数据透视图添加数据标签

数据标签是图表中系列或分类代表的数值，像饼图还可以添加百分比数据标签。将数据标签添加到图表中可以方便直观地查看数值，是编辑图表时的一项常用操作。例如下面为饼图添加数据标签。

❶ 选中数据透视图，单击图形右上角的 **+** 按钮，在展开的"图表元素"菜单中，将光标指向"数据标签"，单击右向箭头弹出子菜单，然后选择要将数据标签添加到的位置，如图 6-117 所示。

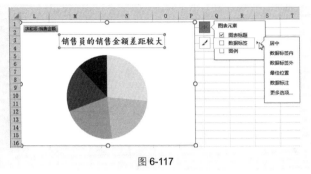

图 6-117

② 如选择"数据标注"选项，即可将分类名称和销售金额所占的百分比标注在图形上，如图 6-118 所示。

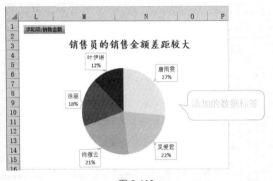

图 6-118

📑✐ **应用扩展**

在"数据标签"子菜单中，有"更多选项"命令，单击后可展开"设置数据标签格式"框，可设置更多的数据标签选项。

技巧 29 套用样式快速美化数据透视图

默认的数据透视图格式较为单调，如果想实现对图表的快速美化，可以使用程序内置的图表样式实现快速美化。

① 选择图表，在"设计"→"图表样式"选项组中单击▽按钮，在展开的菜单中选择套用的样式，如图 6-119 所示。

② 如套用"样式 5"，应用后效果如图 6-120 所示。

③ 再在"设计"→"图表样式"选项组中单击"更改颜色"按钮，在展开的菜单中选择合适的颜色，如图 6-121 所示。

高效随身查——Excel 2021 必学的高效办公 应用技巧（视频教学版）

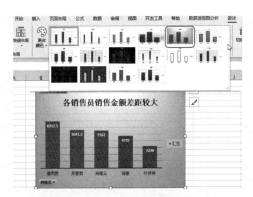

图 6-119

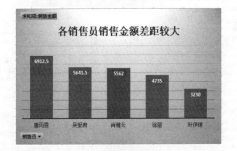

图 6-120

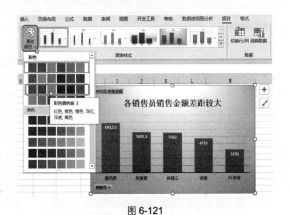

图 6-121

🔊 **专家点拨**

套用图表样式时会自动取消之前为图表所做的格式设置，如字体、线条样式等，因此建议在美化图表时先套用样式，然后再对需要修改的部分进行补充设计。

技巧 30　在数据透视图中筛选查看部分数据

通过在图表中筛选，可以快速轻松地在数据透视图中查找和使用数据子集，从而让图表如同动态效果一样，绘制出自己需要的统计结果。

① 选择数据透视图，单击"销售渠道"下拉按钮，可以选择只想查看的选项，如图 6-122 所示。

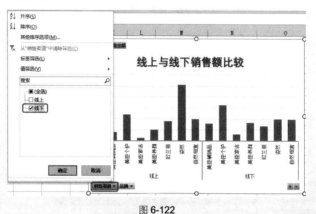

图 6-122

② 单击"确定"按钮，即可让图表只绘制筛选后的数据，如图 6-123 所示。

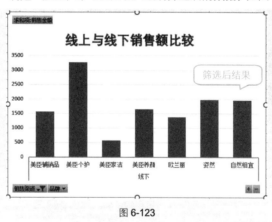

图 6-123

③ 单击"品牌"下拉按钮，也可以对品牌进行筛选，如图 6-124 所示。

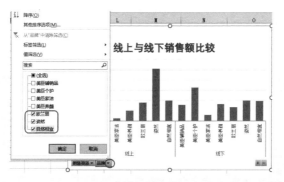

图 6-124

❹ 单击"确定"按钮，即可让图表只绘制筛选后的数据，如图 6-125 所示。

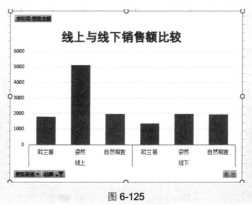

图 6-125

应用扩展

如果需要清除筛选，则重新单击筛选按钮，在展开的菜单中选择"从'**'中清除筛选"命令即可。

第 7 章　图表编辑

7.1　新建图表

技巧 1　表达成分关系的图表

　　表达成分关系最典型的图表就是使用饼图，也是大家日常工作中使用较多的一种图表类型。饼图用扇面的形式表达出局部占总体的比例关系，它只能绘制出一个系列。

　　建立饼图并没有太大难度，但是在安排图表的数据源有一点需要注意，就是建议对数据进行排序。因为人的眼睛习惯于顺时针方向进行观察，因此应该将最重要的部分紧靠 12 点钟的位置，并且使用强烈的颜色达到突出显示，还可以将此部分与其他部分分离开。

　　例如，如图 7-1 所示的饼图对最大的扇面使用了分离式的强调（但注意不要整体使用爆炸型图表）。

　　例如，如图 7-2 所示的饼图对最小的扇面使用了色调的强调。

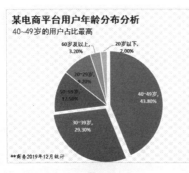

图 7-1

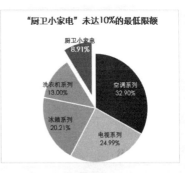

图 7-2

技巧 2　创建直方图显示数据统计结果

　　直方图是分析数据分布比重和分布频率的利器。在 Excel 2016 之前的版本里没有直方图，但是擅长数据分析的大师们运用各种技巧也能做出来。那么在 Excel 2016 之后的版本中要做直方图表就比较容易了。如图 7-3 所示的直方图展示了所有销售员的年销售业绩主要分布在什么区间。

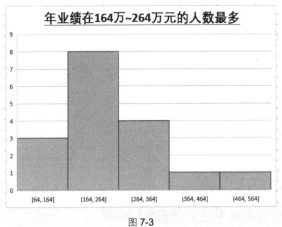

图 7-3

❶ 选中数据源，在"插入"→"图表"选项组中单击"插入统计图表"按钮，在下拉菜单中选择所需的直方图类型，如图 7-4 所示。

❷ 单击即可插入默认的直方图，如图 7-5 所示。要想让直方图达到自己的分析目的，还需要对图表进行属性设置。

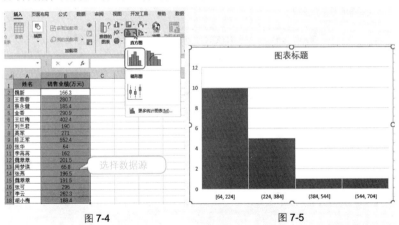

图 7-4   图 7-5

❸ 双击直方图的横轴区域，在右侧弹出"设置坐标轴格式"任务窗格。单击"坐标轴选项"按钮，在"箱"中的"箱宽度"文本框中输入"100.0"，可以看到工作表中的直方图每个箱体以当前数据源中的最小值为起始值，然后按"100.0"为区间来显示，如图 7-6 所示。

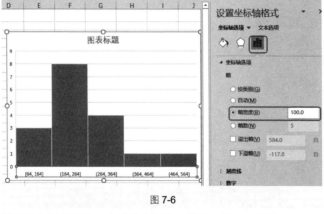

图 7-6

❹ 最后输入图表标题，完善美化图表，效果如图 7-3 所示。

技巧 3　创建瀑布图展示数据累计情况

　　瀑布图就是看起来像瀑布，图如其名，它是柱形图的变形，悬空的柱子代表数值的增减，通常用于表达两个数值之间的增减演变过程。例如，本例中如图 7-7 所示的图表通过建立瀑布图分析 "90 后青年为什么月薪过万还是买不起房"，通过图表可以看到收入金额及支出明细展示，同时可以看到剩余金额与月房贷的比较情况。

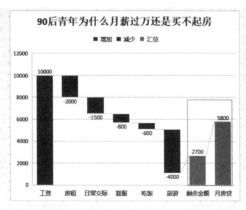

图 7-7

　　❶ 选中数据源，在 "插入" → "图表" 选项组中单击 "插入瀑布图或股价图" 按钮，在下拉菜单中选择 "瀑布图" （见图 7-5），即可插入瀑布图，如图 7-9 所示。

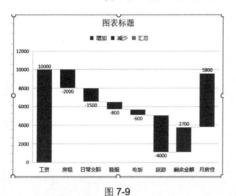

图 7-8

图 7-9

❷ 先后两次单击"剩余金额"柱子使其被选中，在柱子上右击，在弹出的快捷菜单中选择"设置为汇总"命令（见图 7-10），将"剩余金额"设置为汇总数据。

❸ 再用同样的方法将"月房贷"柱子设置为汇总，这时"剩余金额"和"月房贷"柱子都从水平轴底部开始绘制，方便数据的比较，如图 7-11 所示。

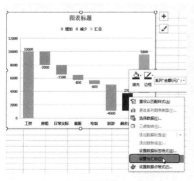

图 7-10

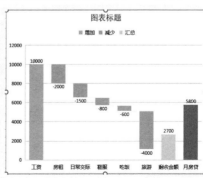

图 7-11

④ 输入图表标题，并完善美化图表，最后效果如图 7-7 所示。

📋 应用扩展

选中图表中的单个柱子称为选中单个数据点，其选中方法是：在柱子上单击一次选中的是整个数据系列，然后再在目标柱子上单击一次即可选中这个数据点。

在图表中准确选中目标数据很重要，选中目标对象后，后面的操作才会应用于此对象。

技巧 4 创建旭日图显示二级分类

Excel 2016 之后的版本中提供了一种图表类型，是专门用以展现数据二级分类的旭日图（二级分类是指在大的一级分类下，还有下级的分类）。当面对层次结构不同的数据源时，我们可以选择创建旭日图。旭日图与圆环图类似，它是同心圆环，最内层的圆表示层次结构的顶级，往外是下一级分类。如图 7-12 所示的图表即比较了各个月份的支出金额，同时也对 1 月份的支出金额进行了细分展示。

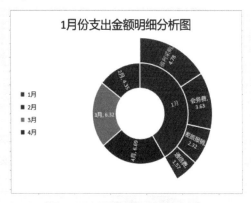

图 7-12

① 选中数据源，在 "插入" → "图表" 选项组中单击 "插入层次结构图表" 按钮，在下拉菜单中选择 "旭日图"（见图 7-13），即可插入旭日图，如图 7-14 所示。

② 输入图表标题，完善美化图表，最后效果如图 7-12 所示。

📢 专家点拨

图表是对数据源的图形化展示，因此要想实现这样的细分图表，那么在建立数据源时也要具备相应的格式。例如本例中数据源的显示格式可作参考。

高效随身查——Excel 2021 必学的高效办公 应用技巧（视频教学版）

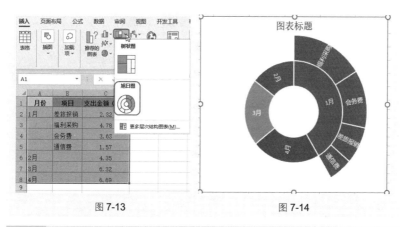

图 7-13   图 7-14

技巧 5   选择不连续数据源建立图表

建立图表的数据源并非一定要是连续的，为了达到不同的比较分析目的，可以根据需要选择数据表中的部分数据来创建图表。

如图 7-15 所示的数据表统计了多个店铺中各类别商品各季度的利润。要求建立图表只对各店铺中 "纯毛类" 商品的利润进行比较。

	A	B	C	D	E	F
1	（欧曼针织）**全年利润统计表**				单位：万元	
2	万达广场专卖	**1季度**	**2季度**	**3季度**	**4季度**	**合计**
3	万达广场专卖	5.56	1.69	2.45	6.35	16.05
4	混纺类	4.6	3.79	2.95	5.46	16.8
5	交织类	2.8	4.4	5.55	1.8	14.55
6	纯化纤类	3.52	4.56	5.55	2.43	16.0
7	合计	16.48	14.44	16.5	16.04	63.46
8						
9	长江路专卖	**1季度**	**2季度**	**3季度**	**4季度**	**合计**
10	长江路专卖	4.56	2.02	2.34	6.56	15.48
11	混纺类	3.89	2.34	2.01	4.23	12.47
12	交织类	2.32	3.8	4.32	2.09	12.53
13	合计	10.77	8.16	8.67	12.88	40.48
14						
15	百货大楼专卖	**1季度**	**2季度**	**3季度**	**4季度**	**合计**
16	百货大楼专卖	6.02	1.25	2.58	6.72	16.57
17	混纺类	4.23	3.15	3.67	4.6	15.65
18	交织类	2.98	4.4	4.89	2.8	15.07
19	合计	13.23	8.8	11.14	14.12	47.29

（图中批注）只对 "纯毛类" 商品进行比较

图 7-15

❶ 将 3 个 "纯毛类" 所在单元格名称重命名为各店铺名称，方便图表中为系列自动命名。选择 A2: E3、A10: E10、A16: E16 单元格区域（见图 7-16），在 "插入" → "图表" 选项组中单击 按钮，打开 "插入图表" 对话框。

❷ 在 "推荐的图表" 选项卡中选择合适的图表类型，这里选择 "簇状柱形图"，如图 7-17 所示。单击 "确定" 按钮，即可建立图表，如图 7-18 所示。

（欧曼针织）全年利润统计表				单位：万元	
万达广场专卖	1季度	2季度	3季度	4季度	合计
万达广场专卖	5.56	1.69	2.45	6.35	16.05
混纺类	4.6	3.79	2.95	5.46	16.8
交织类	2.8	4.4	5.55	1.8	14.55
纯化纤类	3.52	4.56	5.55	2.43	16.06
合计	16.48	14.44	16.5	16.04	63.46
长江路专卖	1季度	2季度	3季度	4季度	合计
长江路专卖	4.56	2.02	2.34	6.56	15.48
混纺类	3.89	2.34	2.01	4.23	12.47
交织类	2.32	3.8	4.32	2.09	12.53
合计	10.77	8.16	8.67	12.88	40.48
百货大楼专卖	1季度	2季度	3季度	4季度	合计
百货大楼专卖	6.02	1.25	2.58	6.72	16.57
混纺类	4.23	3.15	3.67	4.6	15.65
交织类	2.98	4.4	4.89	2.8	15.07
合计	13.23	8.8	11.14	14.12	47.29

图 7-16

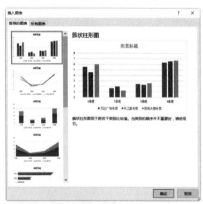

图 7-17

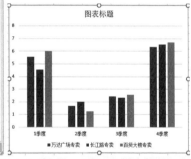

图 7-18

❸ 对图表进行完善美化，效果如图 7-19 所示。

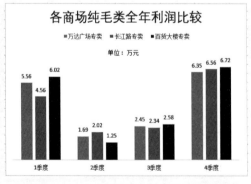

图 7-19

技巧6　用好推荐的图表

"推荐的图表"功能优点在于，它会根据表格的特点向用户推荐合适的图表，这给初学者使用图表带来了很大便利。

❶ 对于如图 7-20 所示的数据源，选中数据源后，在"插入"→"图表"选项组中单击"推荐的图表"按钮，打开"插入图表"对话框。

图 7-20

❷ 在"推荐的图表"选项卡中提供了几种适合此数据特点的图表，选择"排列图"，如图 7-21 所示。

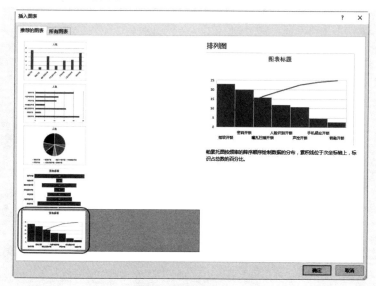

图 7-21

❸ 单击"确定"按钮，即可插入图表如图 7-22 所示。完善并美化图表，最终效果如图 7-23 所示。此图表类型可以将数据从大到小自动排列，非常适合对市场调查结果数据的展示。

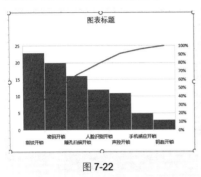

图 7-22　　　　　　　　　　　　图 7-23

技巧 7　快速创建复合型图表

复合型图表是指一张图表中混合使用两种不同的图表类型，如图 7-24 所示。复合型图表的一个关键点是要设置某个数据系列沿次坐标轴绘制，因为两种不同的图表类型经常表达的不是同一种数据类型，例如一个是销售额，一个是百分比，显然这两种数据是无法用同一坐标轴体现的。

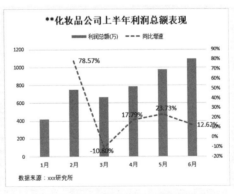

图 7-24

❶ 选中数据源，在"插入"→"图表"选项组中单击"插入组合图"按钮，在下拉菜单中可看到有 3 种组合图形样式，如图 7-25 所示。

❷ 这里选择"簇状柱形图 - 次坐标轴上的折线图"命令，插入后的默认图表如图 7-26 所示。可以看到分别由柱形图和折线图两种图形组合，并且折线图是显示百分比值的，是以次坐标轴绘制的。

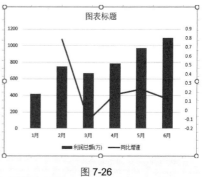

图 7-25 图 7-26

❸ 完善并美化图形，达到如图 7-24 所示的效果。

技巧 8 **在原图上更改图表的数据源**

创建图表后，如果想重新更改图表的数据源，不需要重新创建图表，只要在原图表上直接更改数据源即可。例如当前图表如图 7-27 所示，现在要求在图表中只对 1 月份和 3 月份的费用支出金额进行比较。

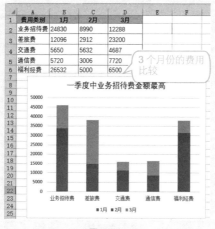

图 7-27

❶ 选中图表，切换到 "图表工具 - 设计" → "数据" 选项组中单击 "选择数据源" 按钮，打开 "选择数据源" 对话框，如图 7-28 示。

❷ 单击 "图表数据区域" 右侧的 按钮回到工作表中重新选择数据源，如图 7-29 所示（选择第一个区域后，按住 "Ctrl" 键不放，再选择第二个区域）。

227

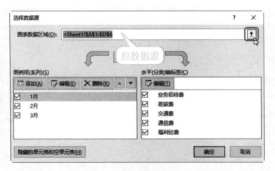

图 7-28

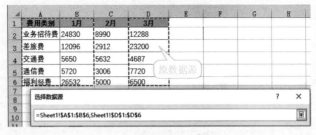

图 7-29

❸单击 按钮回到"选择数据源"对话框中，单击"确定"按钮，可以看到图表的数据源被更改，如图 7-30 所示。

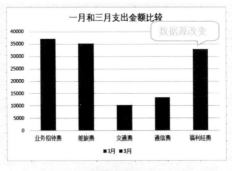

图 7-30

📊 **应用扩展**

如果图表的数据源是连续的，当选中图表时，数据源上将显示几种颜色的框线（有红色、蓝色和紫色 3 种颜色），系列显示为红框、分类显示为紫框、数据区域显示为蓝框。将鼠标指针指向蓝色边框的右下角，按住鼠标左键进行拖动重新选择数据区域（见图 7-31），被包含的数据则绘制图表，不包含的则不绘制。但要注意的是，如果要用不连续的数据源创建图表，则必须按本例中介绍的方法去修改。

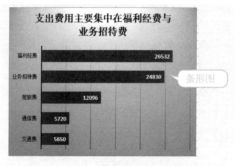

▲	A	B	C	D
1	费用类别	1月	2月	3月
2	业务招待费	24830	8990	12288
3	差旅费	12096	2912	23200
4	交通费	5650	5632	4687
5	通信费	5720	3006	7720
6	福利经费	26532	5000	6500
7				

图 7-31

技巧 9　在原图上更改图表的类型

如图 7-32 所示的条形图，可以直观比较数据大小，如果想展示数据占比情况，可以在图表中更改图表类型为饼图样式。更改图表类型，只是图形的类型改变了，其他格式设置保持不变，避免了重新设置图表格式的麻烦。

支出费用主要集中在福利经费与
业务招待费

福利经费　26532
业务招待费　24830 ←条形图
差旅费　12096
通信费　5720
交通费　5650

图 7-32

❶ 选中图表，切换到"图表工具 - 设计"→"类型"选项组中单击"更改图表类型"按钮，打开"更改图表类型"对话框。

❷ 在"所有图表"选项卡中，选中"饼图"，如图 7-33 所示。单击"确定"按钮，即可将条形图更改为饼图，其他格式保持不变，如图 7-34 所示。

专家点拨

在更改图表类型时，需注意选择的图表类型要适合当前数据源，避免新的图表类型不能完全表示出数据源中的数据。比如，如果当前图表为两个系列的条形图，当更改为饼图时则只能绘制出其中的一个系列，因为饼图的特性是就只能绘制一个系列。

图 7-33

图 7-34

技巧 10　用迷你图直观比较一行或一列数据

　　如果需要使用小图表来直观比较一行或一列中的数据，可以使用 Excel 中的迷你图来实现。迷你图是 Excel 中的一种将数据形象化呈现的图表制作工具，它以单元格为绘图区域，方便对数据的比较及变化趋势的查看。如图 7-35 所示，绘制了多个迷你图，直观比较各销售员的销售金额。

	A	B	C	D	E	F
1	各销售人员销售金额明细					
2		玛莎菲尔	赖美人	蔓茵	百妮	总计
3	苏曼	2200	1960	550	120	4830
4	梅香菱	1552	1820	920	840	5132
5	艾羽	300	650	2300	1352	4602
6	彭丽丽	1880	1000	450	1100	4430
7	李霞	1500	320	1460	2000	528
8	图表					迷你图

图 7-35

　　❶ 选中要在其中绘制迷你图的单元格，在"插入"→"迷你图"选项组中选择一种迷你图类型，如"柱形"，如图 7-36 所示，打开"创建迷你图"对话框。

　　❷ 在"数据范围"文本框中输入或从表格中选择需要引用的数据区域，如 B3:B7 单元格区域，在"位置范围"文本框中将自动显示为之前所选中的用于绘制图表的单元格（如果之前未选择，也可以直接输入），如图 7-37 所示。

　　❸ 单击"确定"按钮，即可在 B8 单元格中创建一个柱形迷你图，如图 7-38 所示。按相同方法可在其他单元格中创建迷你图。

📢 专家点拨

　　迷你图有"柱形""折线""盈亏"3 种，可根据需要选择不同的类型，创建的方法都是一样的。

图 7-36　　　　　　　　　　　　　　　図 7-37

	玛莎菲尔	姬美人	曼茵	百妮	总计
各销售人员销售金额明细					
苏曼	2200	1960	550	120	4830
梅香菱	1552	1820	920	840	5132
艾羽	300	650	2300	1352	4602
彭丽丽	1880	1000	450	1100	4430
李霞	1500	320	1460	2000	5280
图表					

图 7-38

技巧 11　按实际需要更改系列的名称

　　系列的名称会根据所选择的数据源自动生成，如果自动生成的系列名称不能清晰地标注图表中的系列，则需要修改系列的名称。如图 7-39 所示，图表系列名称相同（实际是两个商场的"纯毛类"商品），用户无法分辨，此时则需要重新更改系列的名称。

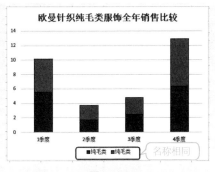

图 7-39

231

❶ 选中图表，在"图表设计"→"数据"选项组中单击"选择数据源"按钮，打开"选择数据源"对话框（可以看到当前两个系列的名称相同），如图 7-40 所示。

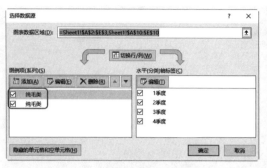

图 7-40

❷ 选中系列，单击"编辑"按钮，打开"编辑数据系列"对话框，在"系列名称"文本框中输入系列的名称，如图 7-41 所示。

❸ 设置完成后，依次单击"确定"按钮，在图表中即可看到系列名称做了相应的更改。按同样的方法更改另一系列的名称，让图表的表达效果更加直观，如图 7-42 所示。

图 7-41

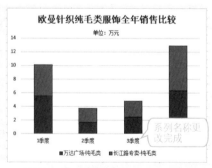

图 7-42

7.2 图表优化编辑

技巧 12 **重设刻度的最大值、最小值**

在选择数据源建立图表时，程序会根据当前数据自动计算刻度的最大值、最小值及刻度单位，一般情况下不需要去更改。但有时为了改善图表的表达效果，可以重新更改坐标轴的刻度。如图 7-43 所示的折线图，因为整体数据只在 50000 至 60000 之间变化，这时我们看到数据的变动趋势在这个默认图表中展现得非常不明显，这时调整坐标轴的刻度显得非常必要。

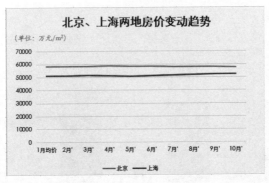

图 7-43

❶ 在垂直轴上双击鼠标，打开"设置坐标轴格式"右侧窗格。

❷ 单击"坐标轴选项"标签按钮，在"坐标轴选项"栏中将"最小值"更改为"50 000"，将"最大值"更改为"60 000"，刻度的单位也可以根据实际情况重新设置，如图 7-44 所示。由于刻度值的改变，我们可以比较清晰地看到两个系列呈现的变化趋势了，如图 7-45 所示。

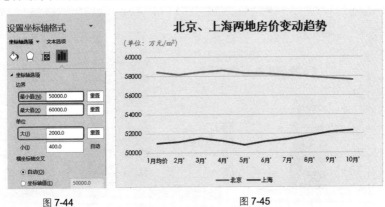

图 7-44

图 7-45

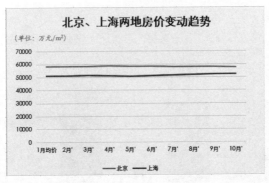
专家点拨

有一点值得注意，当对坐标轴的刻度进行更改后，等于对刻度的值进行了固定（默认是自动），如果后期要在这张图表上通过更改数据源创建新的图表，刻度值就不会自动根据数据源值而变化了。因此如果出现这种情况，应该根据需要再去重新设置刻度的值，或者在刻度设置框右侧单击"重置"按钮让刻度恢复到自动状态。

技巧 13　将垂直轴显示在图表正中位置

图表效果如图 7-46 所示，可以看到垂直轴显示在中间（默认显示在最左侧），达到一种左右分隔的图表效果。要实现这一效果，需要进行如下设置。

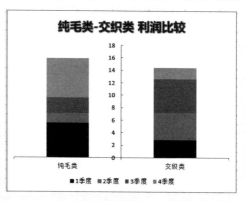

图 7-46

❶ 在水平坐标轴上单击鼠标右键，在弹出的快捷键菜单中选择"设置坐标轴格式"命令（见图 7-47），打开"设置坐标轴格式"任务窗格。

❷ 在"坐标轴选项"栏中，设置"纵坐标轴交叉"位置在"分类编号"的"2"位置上，如图 7-48 所示。

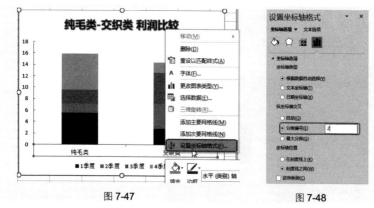

图 7-47　　　　　　　　　　　　图 7-48

❸ 关闭"设置坐标轴格式"任务窗格，可以看到图表的数值轴显示在图表的正中位置。

专家点拨

对于纵坐标轴交叉位置的设置，需要参考当前图表的分类数，不同图表的分类数并不相同。分类数为水平轴上显示的分段的标志，这是根据当前图表数据自动生成的。

应用扩展

通过设置"纵坐标轴交叉"位置，还可以让垂直轴显示在图表的最右侧。方法为：在"设置坐标轴格式"任务窗格中，在"纵坐标轴交叉"栏中选中"最大分类"单选按钮。

技巧 14 快速添加数据标签

添加数据标签是一项简单但使用频繁的操作，可以根据图表的设计效果选择数据标签的显示位置。

❶ 选择图表，单击图表右侧的 ✚ 按钮，在展开的菜单中将鼠标指针指向"数据标签"选项，在子菜单中根据需要选择数据标签的显示位置，如图 7-49 所示。

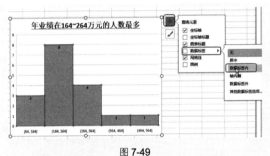

图 7-49

❷ 单击后即可应用于图表中，如图 7-50 所示。

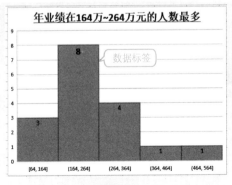

图 7-50

因为饼图是显示部分占总体比例的图表，因此除了显示值标签外，还可以为其添加百分比数据标签。如果同时还能显示出类别名称标签，则图表中即使不显示图例，也可以直观展示图表的表达效果。

❶ 选择图表，单击图表右侧的 ✚ 按钮，在展开的菜单中将光标指向"数据标签"选项，单击右向箭头，在展开的下拉菜单中选择"更多选项"命令（见图 7-51），打开"设置数据标签格式"任务窗格。

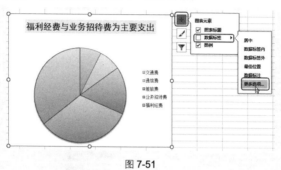

图 7-51

❷ 在"标签选项"栏中，选中"类别名称"和"百分比"复选框（见图 7-52），此时图表的每个扇面上会显示出类别名称及各项支出占总支出额的百分比，如图 7-53 所示。

图 7-52

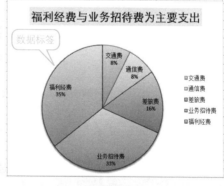

图 7-53

应用扩展

默认百分比不包含小数，如需设置百分比小数，可通过下面的方法设置。展开"数字"标签，单击"类别"下拉按钮，在下拉菜单中选择"百分比"，然后在"小数位数"文本框中输入小数位数，如"2"，即可设置百分比小数，如图 7-54 所示。

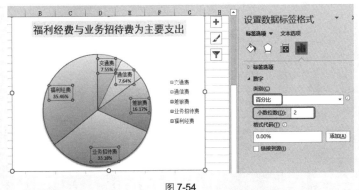

图 7-54

技巧 16　在图表中显示最大数据与最小数据

如图 7-55 所示，要求在图表中显示出最高毛利率与最低毛利率，即最大数据与最小数据。

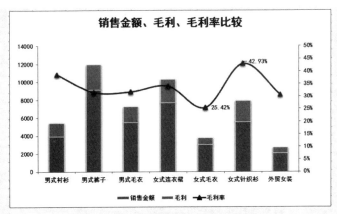

图 7-55

❶ 选中"毛利率"数据系列（此时所有数据点均是选中状态），然后再在该系列的最大数据点上单击一次鼠标，此时选中的是最大数据点。

❷ 单击右上角的 ➕ 按钮，在展开的菜单中选中"数据标签"复选框，如图 7-56 所示。

❸ 按相同的方法选中最小数据点，然后添加数据标签。

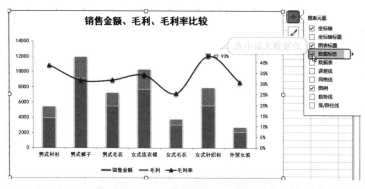

图 7-56

📢 **专家点拨**

添加数据标签的操作方法都是相同的，要想突出显示特殊的数据标记，关键是要准确选中数据点，然后再按相同方法添加即可。

技巧 17　调整图表中各分类间的默认距离

所谓分类间距是指图表中各个分类间的距离大小。如图 7-57 所示的柱形图中，一种费用就是一个分类，一个分类中包含两个柱子。这个分类间距可以按实际需要自定义设置。

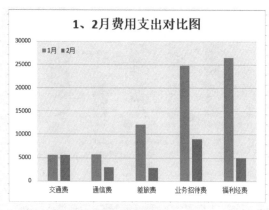

图 7-57

❶ 在数据系列上双击鼠标，弹出"设置数据系列格式"任务窗格。

❷ 在"间隙宽度"编辑框中输入间距值（见图 7-58），按"Enter"键即可调整间距，效果如图 7-59 所示。

高效随身查——
Excel 2021 必学的高效办公 应用技巧（视频教学版）

图 7-58

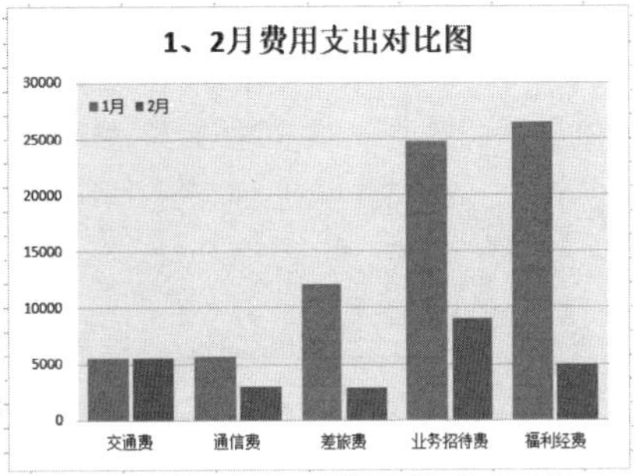

图 7-59

应用扩展

同时也可以对系列的重叠程度进行设置,如果设置"系列重叠"的值为正值,则可以让柱子半重叠显示(如果设置为 100% 则完全重叠),如图 7-60 所示。

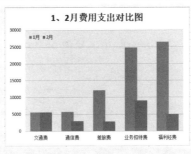

图 7-60

技巧 18 图表存在负值系列时,要将图表的数据标签移到图外

如果图表中有负值,负数的形状会挡住标签,如图 7-61 所示。通过设置将图表的数据标签移到图外,就会避免这种情况。

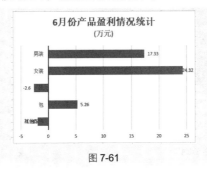

图 7-61

❶ 在垂直轴上双击鼠标，弹出"设置坐标轴格式"任务窗格。

❷ 展开"标签"栏，在"标签位置"设置框中单击右侧下拉按钮，选择"低"，如图 7-62 所示。按"Enter"键即可将数据标签移到图外，如图 7-63 所示。

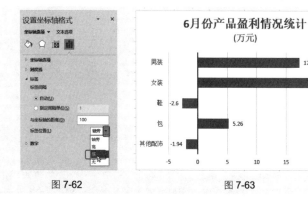

图 7-62   图 7-63

技巧 19　将饼图中特定扇面分离出来以突出显示

建立饼图后，对于特定的扇面（如占比最小的扇面），可以将其分离出来以突出显示。

方法 1：命令法

❶ 在饼图扇面上单击，选中所有扇面，然后再在需要分离的扇面上单击一次鼠标选中单个扇面。单击鼠标右键，在弹出的快捷菜单中选择"设置数据点格式"命令（见图 7-64），打开"设置数据点格式"任务窗格。

❷ 拖动"点分离"设置项中的滑块，如图 7-65 所示。关闭"设置数据点格式"任务窗格，可以看到选中的扇面被分离出来，如图 7-66 所示。

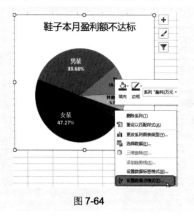

图 7-64

图 7-65

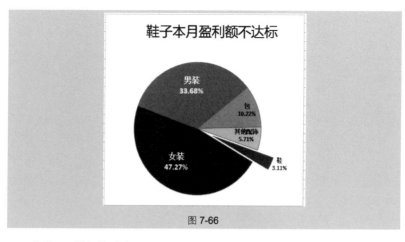

图 7-66

方法 2：鼠标拖动法

选中需要分离的扇面，即单个数据点，按住鼠标左键向外拖动，即可分离出选中的扇面。

技巧 20　绘制平均线

在建立柱形图时，可以通过添加辅助数据的办法在柱形图上添加平均线，从而更加直观地观察各柱子高度是否达到平均水平。

❶ 首先在 C 列单元格建立辅助列"平均值"，然后选择 C2:C7 单元格区域，在编辑栏中输入公式"=AVERAGE($B$2:$B$7)"，按"Ctrl+Enter"快捷键，即可算出平均值（是一组相同的值），如图 7-67 所示。

C2	▾ ⋮ ✕ ✓ fx	=AVERAGE($B$2:$B$7)			
▲	A	B	C	D	E	F
1	销售员	销售额	平均值			
2	周梦琪	2460	3650			
3	张燕	1200	3650			
4	魏翠翠	3560	3650			
5	张可	2300	3650			
6	李云	5780	3650			
7	胡小梅	6600	3650			

图 7-67

❷ 选中 A1:C7 单元格区域，在"插入"→"图表"选项组中单击"插入组合图"按钮，在下拉菜单中选择"簇状柱形图 - 折线图"命令（见图 7-68），即可插入组合图。

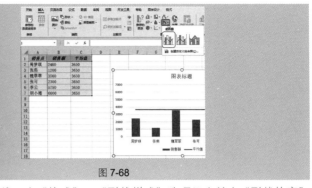

图 7-68

❸ 选择平均线，在"格式"→"形状样式"选项组中单击"形状轮廓"按钮，在下拉菜单中将光标指向"虚线"命令，在子菜单中选择虚线样式，如图 7-69 所示。平均线的轮廓样式、颜色等都可在这里设置。

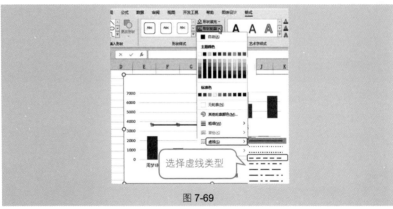

图 7-69

❹ 完善美化图表，效果如图 7-70 所示。即可清晰地看到哪些员工超过了平均值，哪些员工没有。

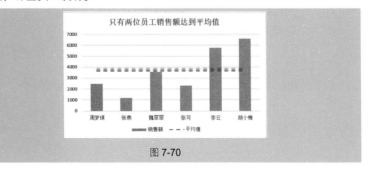

图 7-70

7.3 图表美化及输出

技巧 21 套用样式极速美化

创建图表后，可以直接套用系统默认的图表样式进行一键美化。Excel 2016 版本后，在图表样式方面进行了很大的改善，它在色彩及图表布局方面都给出了较多的方案，这给初学者提供了较大的便利。

❶ 如图 7-71 所示为创建的默认图表样式及布局。选中图表，单击右侧的 ✍ 按钮，在子菜单中显示出可以套用的样式。

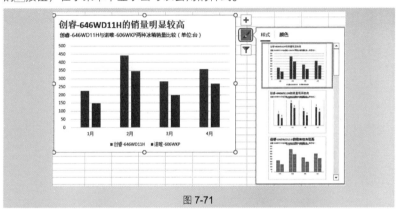

图 7-71

❷ 如图 7-72、图 7-73 所示为一键套用的两种不同的样式。

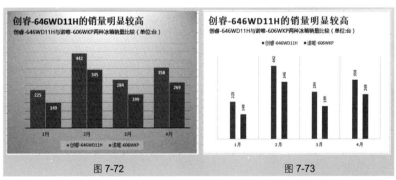

图 7-72   图 7-73

❸ 针对不同的图表类型，程序给出的样式会有所不同，如图 7-74 所示为折线图及其样式。

❹ 如图 7-75 所示为套用其中一种样式的结果。

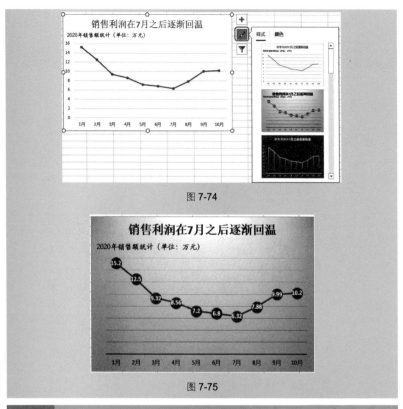

图 7-74

图 7-75

技巧 22 　只保留必要元素

创建默认图表后，为了达到满意的效果，往往会多次进行对象的显示或隐藏设置。对于隐藏图表中的对象，可以直接利用删除的办法；而如果要重新显示出某个对象，我们则需要知道应该从哪里去开启。

如图 7-76 所示为默认图表所包含的对象，如图 7-77 所示的图表则是删除了垂直轴和水平轴网格线，然后又添加了主要垂直轴网格线和值标签。

❶选中图表，然后鼠标指针指向垂直轴，单击即可选中（见图 7-78），按"Delete"键即可删除。接着鼠标指针指向水平轴网格线，按"Delete"键删除。如图 7-79 所示为删除两个对象后的图表效果。

❷如果要为图表添加对象，则选中图表，单击右上角的 按钮（一张图表包含的所有对象都在这个菜单中）。选中"数据标签"复选框，可以看到图表中添加了数据标签，如图 7-80 所示。（所有对象前都有一个复选框，需要显示出来则选中，不需要显示时则取消选中。）

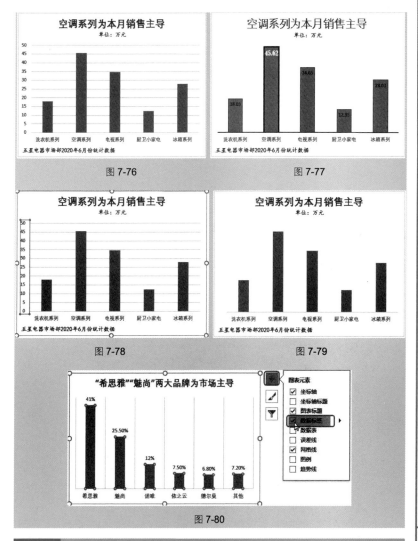

图 7-76

图 7-77

图 7-78

图 7-79

图 7-80

技巧 23 为图表对象填色

图表中对象的填充效果可以重新设置,可以统一改变一个系列的填充效果,也可以对单个特殊的对象设置填充,以达到增强表达效果的目的。

建立图表后,系列都有默认的颜色,如果对默认颜色不满意,则可以重新设置改。

❶ 在系列上单击选中,在"格式"→"形状样式"选项组中单击"形状填充"

按钮，在打开的列表中重新选择填充颜色，如图 **7-81** 所示。

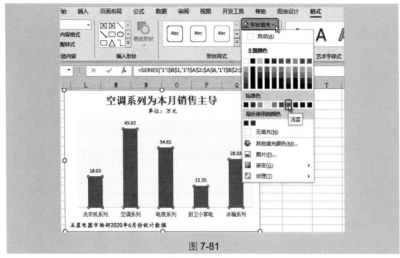

图 7-81

❷ 图表中对象不仅仅只有数据系列，还有标题、数据标签、图表区、绘图区等，它们都可以设置填充色。例如选中图表区，在"形状填充"按钮的列表中选择填充颜色，可以达到如图 **7-82** 所示的效果。

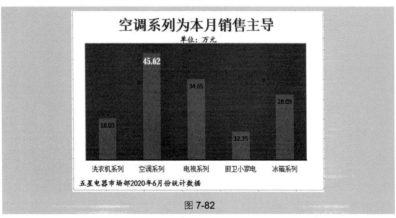

图 7-82

技巧 24 为图表对象添加边框线条

边框线条的设置与填充颜色设置一样都属于图表的美化设置，在设置前要先准确选中对象。例如在本例中，想为最大的数据点设置加粗的框线显示。

❶ 在图表的系列上单击一次，接着再在最高的柱子上单击一次即可实现单

独选中。

❷ 在"格式"→"形状样式"选项组中单击"形状轮廓"按钮,先选择需要的边框颜色,接着鼠标指针指向"粗细",将粗细值增大至"2.25 磅",如图 7-83 所示。

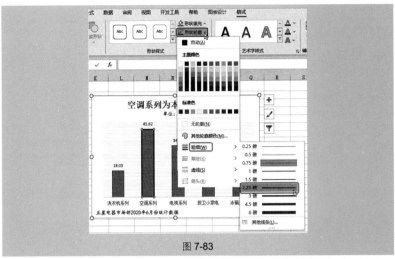

图 7-83

❸ 重新设置边框后可以看到其显示如图 7-84 所示。(这里还单独选中了这个对象的数据标签,并进行了放大和改变字体颜色的处理。)

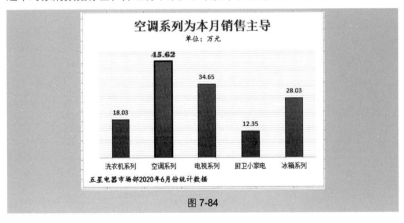

图 7-84

应用扩展

在"形状轮廓"下拉菜单中还有"虚线"命令,在其子菜单中有很多虚线样式,用户可根据需要设置虚实线及虚线的样式。

专业的图表往往会为图表添加副标题，其应用的必要性在于：可以对数据来源进行说明或是对图表表达的观点进行补充，弥补主标题的不足。将这些细节信息表达得更加全面，更能提升图表的专业性及信息的可靠度。对于副标题或脚注信息是使用手绘文本框的方式来添加。另外，还可以在图表中添加一些图形或其他标释文字。如图 7-85 所示的图表是一个要素完整的图表。

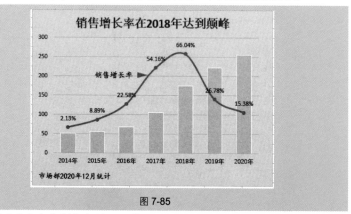

图 7-85

❶ 首先将鼠标指针指向绘图区的左下角，按住鼠标左键向右上位置拖动缩小绘图区（见图 7-86），从而为绘制文本框预留出位置。

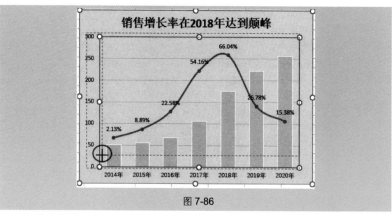

图 7-86

❷ 选中图表，在"插入"→"文本"选项组中单击"文本框"按钮，选择"绘制横排文本框"命令（见图 7-87），然后在图表左下角位置绘制文本框，如图 7-88 所示。

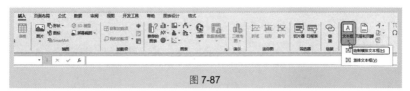

图 7-87

❸ 释放光标即可定位在文本框中，输入脚注文字，如图 7-89 所示。

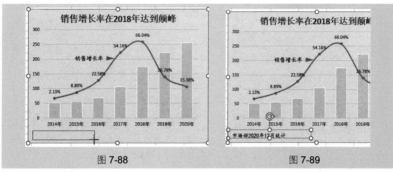

图 7-88   图 7-89

❹ 选中图表，在"插入"→"插图"选项组中单击"形状"按钮，在打开的列表中单击"等腰三角形"按钮（见图 7-90），在图表中绘制图形，如图 7-91 所示。

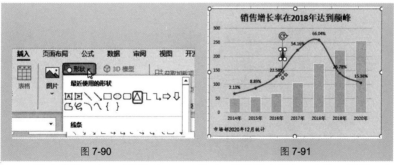

图 7-90   图 7-91

❺ 选中图形，在"形状格式"→"排列"选项组中单击"旋转"按钮，在打开的列表中选择"向右旋转 90°"命令，如图 7-92 所示。接着在图形旁添加文本框，并输入标释文字，如图 7-93 所示。

技巧 26　将建立的图表转换为图片

当图表建立完成后，可以将图表转换为图片并提取出来。提取后的图片可以保存于计算机中，当需要使用时，像普通图片一样插入 PPT 报告、Word 文档、公司网站等使用即可。

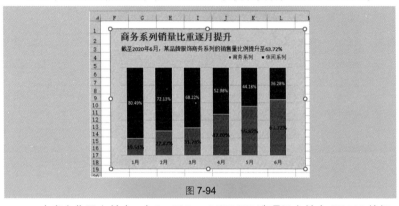

图 7-92 　　　　　　　　　　　　　　　图 7-93

❶ 选中建立完成的图表，按"Ctrl+C"快捷键复制，如图 **7-94** 所示。

图 7-94

❷ 在空白位置上单击，在"开始"→"剪贴板"选项组中单击"粘贴"按钮，然后再单击"图片"按钮（见图 **7-95**），即可将图表粘贴为图片形式。

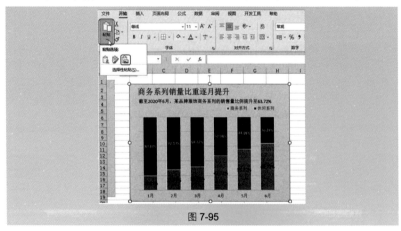

图 7-95

❸ 选中转换后的图片，按 "Ctrl+C" 快捷键复制，将其粘贴到截图软件中，或者粘贴到系统的画图工具软件中（见图 7-96）都可以。在保存图片时还可以选择自己需要的格式，如图 7-97 所示。

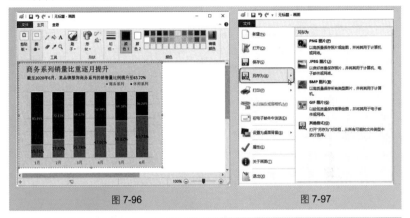

图 7-96   图 7-97

技巧 27   保护图表不被随意更改

图表编辑完成后，如果不希望他人对图表进行编辑操作，可以按如下方法来对图表进行保护。

❶ 选择包含需要保护图表的工作表，在"审阅"→"保护"选项组中单击"保护工作表"按钮（见图 7-98），打开"保护工作表"对话框。

❷ 设置保护密码，在"允许此工作表的所有用户进行"列表框中选中除"编辑对象"之外的所有复选框，如图 7-99 所示。

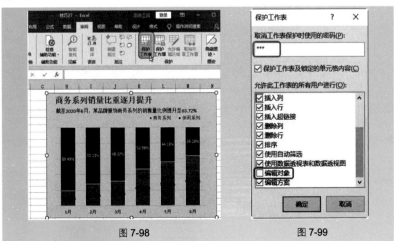

图 7-98   图 7-99

❸ 单击"确定"按钮，提示输入确认密码。输入后单击"确定"按钮即可完成对图表的保护设置。此时图表为不可编辑状态。

技巧 28 将 Excel 图表应用于 Word 分析报告

图表也是增强报告说服力的有效工具，因此在撰写报告时很多时候都会使用到图表，一方面增强数据说服力，另一方面还能丰富版面效果。因此也经常将建立好的 Excel 图表引用到 Word 文本分析报告中。

❶ 在 Excel 工作表中选中图表，按"Ctrl+C"快捷键进行复制，如图 7-100 所示。

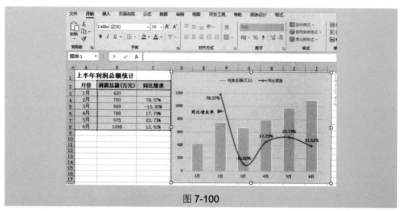

图 7-100

❷ 打开 Word 文档，定位要将图表放置的位置，在"开始"→"剪贴板"选项组中单击"粘贴"按钮，单击"保留源格式和链接数据"按钮（见图 7-101），将图表粘贴到 Word 文档中。

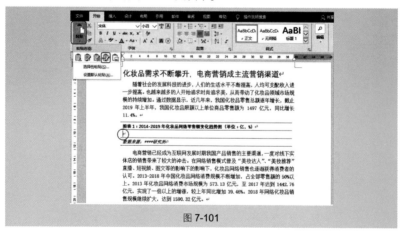

图 7-101

❸粘贴后，可以看到应用于 Word 文档中的图表效果，如图 **7-102** 所示。

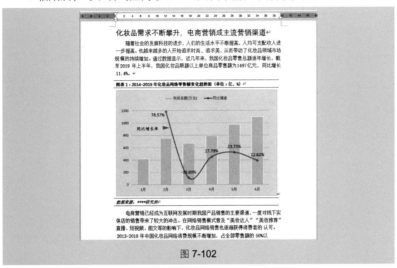

图 7-102

技巧 29　将 Excel 图表应用于 PowerPoint 演示文稿

　　如同上面介绍的一样，PPT 分析报告中图表也很常用。当然 PPT 本身也具有建立图表的功能，但是如果 Excel 中已经创建了图表，那么复制来使用也是很方便的。

　　❶在 Excel 工作表中选中建立完成后的图表，按下"Ctrl+C"快捷键进行复制，如图 **7-103** 所示。

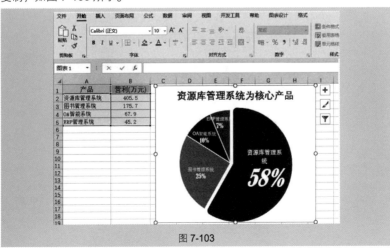

图 7-103

❷ 打开 PowerPoint 演示文稿，将光标定位在目标位置上，按"Ctrl+V"快捷键粘贴，如图 7-104 所示。

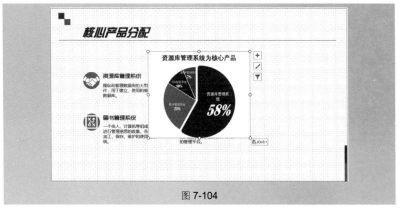

图 7-104

❸ 将图表移动到合适的位置。同时为了让图表与幻灯片能更好地融合，可以将图表的边框与图表区的填充色取消。选中图表，在"格式"→"形状样式"选项组中单击"形状填充"按钮，在展开的下拉列表中选择"无填充"命令，如图 7-105 所示。接着再单击"形状轮廓"按钮，在展开的下拉列表中选择"无轮廓"命令，如图 7-106 所示。

图 7-105

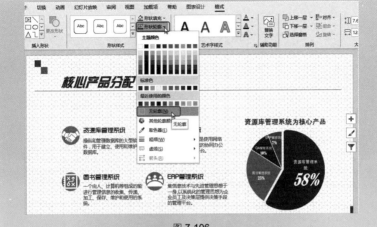

图 7-106

第8章 数据的计算与统计函数

8.1 数据求和及按条件求和运算

技巧 1 用"自动求和"按钮快速求和

Office 2021 版 Excel "自动求和"功能按钮下包含了几个常用的函数项，如求和、平均值、计数、最大值以及最小值等，利用它们可以快速地完成求和、求平均值等操作。

❶选中目标单元格，在"公式"→"函数库"选项组中单击"自动求和"按钮，在下拉菜单中选择"求和"命令，如图 8-1 所示。

图 8-1

❷此时用鼠标拖动选取参与运算的单元格区域，如图 8-2 所示。

❸按"Enter"键，即可得出计算结果，如图 8-3 所示。

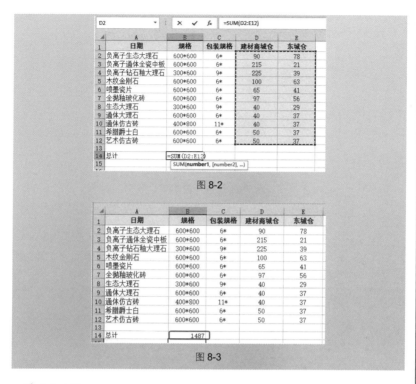

图 8-2

图 8-3

🔊 专家点拨

上面的例子以"求和"函数为例，除此之外，在"自动求和"按钮的下拉列表中还有"平均值""计数""最大值""最小值"等函数，操作方法都是类似的。

在选择函数后，一般根据当前选择单元格左右的数据默认参与运算的单元格区域，如果默认的区域不正确，可以利用鼠标重新在数据区域中拖曳选取即可。

技巧 2 根据销售数量与单价计算总销售额

如图 8-4 所示表格中统计了各产品的销售数量与单价。现在要求用公式计算出所有产品的总销售金额。

选中 B8 单元格，在编辑栏中输入公式：

`=SUM(B2:B6*C2:C6)`

按"Shift+Ctrl+Enter"组合键得出结果，如图 8-5 所示。

	A	B	C
1	产品名称	销售数量	单价
2	登山鞋	22	225
3	攀岩鞋	16	168
4	沙滩鞋	26	216
5	溯溪鞋	18	186
6	徒步鞋	19	199

图 8-4

B8 {=SUM(B2:B6*C2:C6)}

	A	B	C	D	E
1	产品名称	销售数量	单价		
2	登山鞋	22	225		
3	攀岩鞋	16	168		
4	沙滩鞋	26	216		
5	溯溪鞋	18	186		
6	徒步鞋	19	199		
7					
8	总销售金额	20383			

公式返回结果

图 8-5

函数说明

SUM 函数是求和函数，它用于对给定单元格区域中的数据求和。

专家点拨

SUM 函数是一个求和函数，它一般用于对给定的数据求和。本技巧中运算的是数组公式，实现的效果是先分别将 B 列与 C 列的数据求乘积，然后再对得到的一组数据进行求和。

技巧 3　按经办人计算销售金额

如图 8-6 所示表格中按经办人统计了各产品的销售金额。现在要求统计出各经办人的总销售金额，即得到 G2:G4 单元格区域的数据。

	A	B	C	D	E	F	G
1	序号	品名	经办人	销售金额		经办人	总销售金额
2	1	天之蓝	杨佳丽	4950		杨佳丽	16437
3	2	迎驾之星	张瑞煊	2688		张瑞煊	8336
4	3	五粮春	杨佳丽	5616		唐小军	8600
5	4	新开元	唐小军	3348			
6	5	润原液	杨佳丽	3781			
7	6	四开国缘	张瑞煊	2358			
8	7	新品兰十	唐小军	3122			
9	8	今世缘兰	张瑞煊	3290			
10	9	珠江金小麦	杨佳丽	2090			
11	10	张裕赤霞珠	唐小军	2130			

批量结果

图 8-6

❶ 选中 G2 单元格，在编辑栏中输入公式：

```
=SUMIF($C$2:$C$11,F2,$D$2:$D$11)
```

按“Enter”键，得出第一位经办人的总销售金额，如图 8-7 所示。

❷ 选中 G2 单元格，拖动右下角的填充柄至 G4 单元格，即可批量得出其他经办人的总销售金额，如图 8-6 所示。

函数说明

SUMIF 函数用于按照指定条件对若干单元格、区域或引用求和。

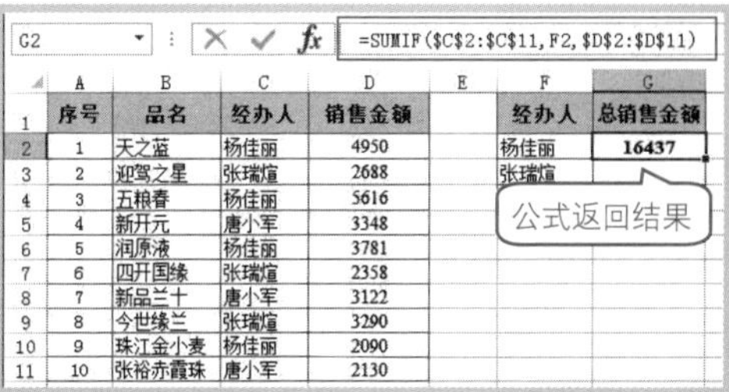

	A	B	C	D	E	F	G
1	序号	品名	经办人	销售金额		经办人	总销售金额
2	1	天之蓝	杨佳丽	4950		杨佳丽	16437
3	2	迎驾之星	张瑞煊	2688		张瑞煊	
4	3	五粮春	杨佳丽	5616			
5	4	新开元	唐小军	3348			
6	5	润原液	杨佳丽	3781			
7	6	四开国缘	张瑞煊	2358			
8	7	新品兰十	唐小军	3122			
9	8	今世缘兰	张瑞煊	3290			
10	9	珠江金小麦	杨佳丽	2090			
11	10	张裕赤霞珠	唐小军	2130			

图 8-7

公式解析

=SUMIF($C$2:$C$11,F2,$D$2:$D$11)

① ② ③

① 用于条件判断的单元格区域。

② 用于求和的单元格区域。

③ 在①单元格区域中寻找与 F2 单元格相同数据的记录，将找到的对应在②单元格区域中的值求和。

专家点拨

F2:F4 单元格区域的数据需要被公式引用，因此必须事先建立好，确保正确。因为公式需要向下复制，因此注意条件判断的区域以及求和的区域都需要使用绝对引用的方式。

技巧 4　统计各部门工资总额

如图 8-8 所示表格中统计了各员工的工资（分属于不同的部门）。现在要求统计出各个部门的工资总额，即得到 F2:F5 单元格区域的数据。

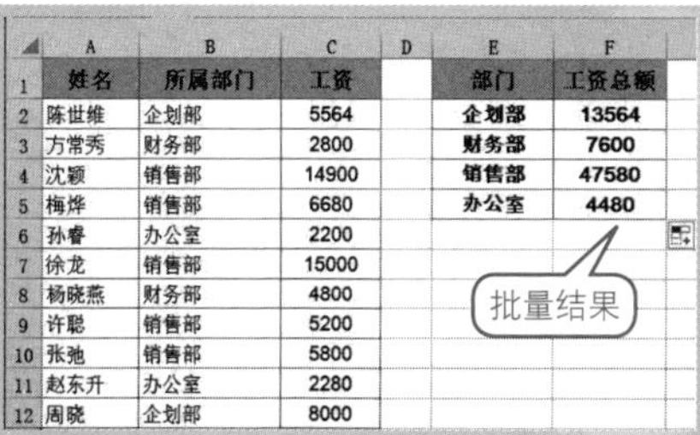

	A	B	C	D	E	F
1	姓名	所属部门	工资		部门	工资总额
2	陈世维	企划部	5564		企划部	13564
3	方常秀	财务部	2800		财务部	7600
4	沈颖	销售部	14900		销售部	47580
5	梅烨	销售部	6680		办公室	4480
6	孙睿	办公室	2200			
7	徐龙	销售部	15000			
8	杨晓燕	财务部	4800			
9	许聪	销售部	5200			
10	张弛	销售部	5800			
11	赵东升	办公室	2280			
12	周晓	企划部	8000			

图 8-8

❶ 选中 F2 单元格，在编辑栏中输入公式：

```
=SUMIF($B$2:$B$12,E2,$C$2:$C$12)
```

按“Enter”键，得出“企划部”的工资总额，如图 8-9 所示。

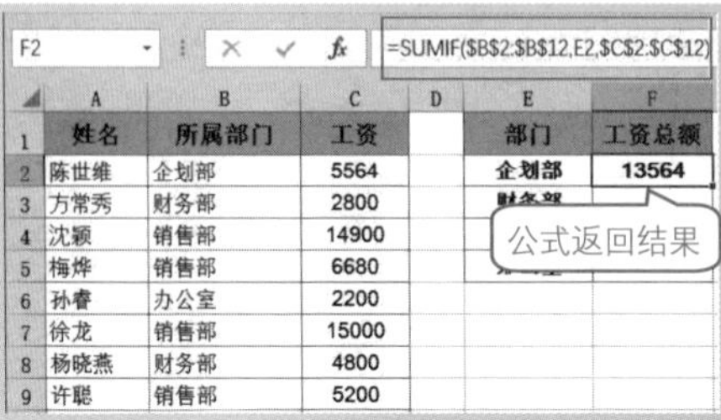

F2 | =SUMIF($B$2:$B$12,E2,$C$2:$C$12)

	A	B	C	D	E	F
1	姓名	所属部门	工资		部门	工资总额
2	陈世维	企划部	5564		企划部	13564
3	方常秀	财务部	2800			
4	沈颖	销售部	14900			
5	梅烨	销售部	6680			
6	孙睿	办公室	2200			
7	徐龙	销售部	15000			
8	杨晓燕	财务部	4800			
9	许聪	销售部	5200			

图 8-9

❷ 选中 F2 单元格，拖动右下角的填充柄向下复制公式，即可得出其他部门的工资总额，如图 8-8 所示。

公式解析

=SUMIF($B$2:$B$12,E2,$C$2:$C$12)

① 用于条件判断的单元格区域。

② 用于求和的单元格区域。

③ 在①单元格区域中寻找与 E2 单元格相同数据的记录，将找到的对应在②单元格区域中的值求和。

技巧 5　计算本月下旬的销售额总计值

本例表格中按日期统计了销售记录，现在要求统计出 12 月下旬销售金额总计值。可以通过使用 SUMIF 函数设置公式来实现。

选中 E2 单元格，在编辑栏中输入公式：

```
=SUMIF(A2:A15,">2020-12-20",C2:C15)
```

按 “Enter” 键，即可计算出 12 月下旬的销售金额总计值，如图 8-10 所示。

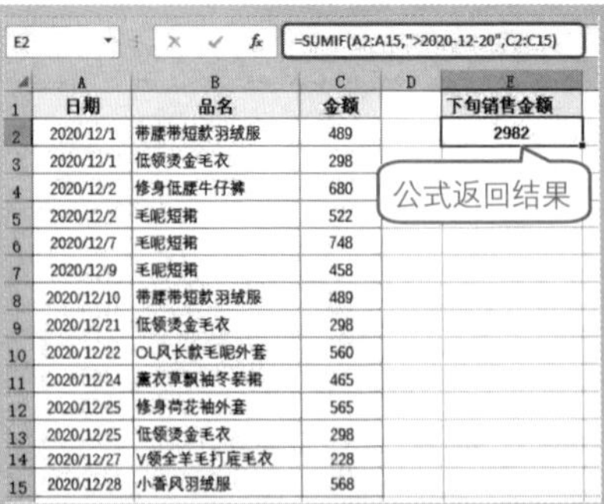

E2 | =SUMIF(A2:A15,">2020-12-20",C2:C15)

	A	B	C	D	E
1	日期	品名	金额		下旬销售金额
2	2020/12/1	带腰带短款羽绒服	489		2982
3	2020/12/1	低领烫金毛衣	298		
4	2020/12/2	修身低腰牛仔裤	680		
5	2020/12/2	毛呢短裙	522		
6	2020/12/7	毛呢短裙	748		
7	2020/12/9	毛呢短裙	458		
8	2020/12/10	带腰带短款羽绒服	489		
9	2020/12/21	低领烫金毛衣	298		
10	2020/12/22	OL风长款毛呢外套	560		
11	2020/12/24	薰衣草飘袖冬装裙	465		
12	2020/12/25	修身荷花袖外套	565		
13	2020/12/25	低领烫金毛衣	298		
14	2020/12/27	V领全羊毛打底毛衣	228		
15	2020/12/28	小香风羽绒服	568		

图 8-10

公式解析

=SUMIF(A2:A15,">2020-12-20",C2:C15)

①用于条件判断的单元格区域。

②用于求和的单元格区域。

③在①单元格区域中寻找大于"2020-12-20"的记录，将找到的对应在②单元格区域中的值求和。

技巧6 应用通配符对某一类数据求和

本例表格中统计了各服装类别（包括男女服装）的销售金额，现在要求统计出女装的合计金额。设计此公式需要在条件判断时应用通配符。

选中 E2 单元格，在编辑栏中输入公式：

```
=SUMIF(B2:B13,"*女",C2:C13)
```

按"Enter"键得出结果，如图 8-11 所示。

E2	▼	：	×	✓	fx	=SUMIF(B2:B13,"*女",C2:C13)
	A	B	C	D	E
1	序号	名称	金额		女装合计金额
2	1	泡泡袖长袖T恤 女	1061		9828
3	2	男装新款体恤 男	1169		
4	3	新款纯棉男士短袖T恤 男	1080	公式返回结果
5	4	修身简约V领体上衣 女	1299	
6	5	日韩版打底衫T恤 男	1388	
7	6	大码修身V领字母长袖T恤 女	1180	
8	7	韩版拼接假两件包臀打底裤 女	1180	
9	8	加厚抓绒韩版卫裤 男	1176	
10	9	韩版条纹圆领长袖T恤修身 女	1849	
11	10	卡通创意个性恤 男	1280	
12	11	女长袖冬豹纹泡泡袖T恤 女	1560	
13	12	韩版抓收脚休闲长裤 女	1699	

图 8-11

公式解析

=SUMIF(B2:B13,"*女",C2:C13)

用于条件判断的为 B2:B13 单元格区域，在这一区域中找到所有以"女"结尾的记录，将所有找到的记录对应在 C2:C13 单元格区域中的值进行求和。

技巧7 只计算某两种产品的合计金额

本例表格中统计了各种产品的销售金额，现在要求只计算某两种产品的合计金额。可以使用 SUM 函数建立公式来实现。

选中 E2 单元格，在编辑栏中输入公式：

```
=SUM((B2:B11={"菜粕","豆粕"})*C2:C11)
```

按"Shift+Ctrl+Enter"组合键得出结果，如图 8-12 所示。

图 8-12

高效随身查——Excel 2021 必学的高效办公 应用技巧（视频教学版）

📝 公式解析

=SUM((B2:B11={" 菜粕 "," 豆粕 "})*C2:C11)

① 依次判断 B2:B11 单元格区域中的值是否等于"菜粕"或"豆粕"，如果是两者中的任意一个都返回 TRUE，否则返回 FALSE。
② 将①步结果中为 TRUE 的对应在 C2:C11 单元格区域中的值求和。

技巧 8　统计指定仓库指定商品的总销售件数

在下面的范例中，要按不同的仓库统计某种商品的总销售件数。要同时判断两个条件进行求和，需要使用 SUMIFS 函数实现。

❶ 选中 H2 单元格，在编辑栏中输入公式：

=SUMIFS($E$2:$E$26,$C$2:$C$26,G2,$D$2:$D$26,$H$1)

按"Enter"键得到"西城仓""瓷片"的总销售件数，如图 8-13 所示。

图 8-13

❷ 选中 H2 单元格，拖动右下角的填充柄至 H4 单元格，即可批量得出其他仓库中"瓷片"产品的总销售件数。如图 8-14 所示编辑栏中显示的是 H3 单元格的公式。

	A	B	C	D	E	F		G	H
	H3	▼	× ✓ fx	=SUMIFS($E$2:$E$26,$C$2:$C$26,G3,$D$2:$D$26,$H$1)					
1	出单日期	商品编码	仓库名称	商品类别	销售件数			仓库	瓷片
2	2021/4/8	WJ3606B	建材商城仓库	瓷片	35			西城仓	2751
3	2021/4/8	WJ3608B	建材商城仓库	瓷片	900			建材商城仓库	2015
4	2021/4/3	WJ3608C	东城仓	瓷片	550			东城仓	1411
5	2021/4/4	WJ3610C	东城仓	瓷片	170				
6	2021/4/2	WJ8868	建材商城仓库	大理石	90				
7	2021/4/2	WJ8869	东城仓	大理石	230				
8	2021/4/8	WJ8870	西城仓	大理石	600				
9	2021/4/7	WJ8871	东城仓	大理石	636				

图 8-14

函数说明

SUMIFS 函数用于对某一区域内满足多重条件的单元格进行求和。

公式解析

=SUMIFS($E$2:$E$26,$C$2:$C$26,G2,$D$2:$D$26,$H$1)
            ①   ②   ③

① 在 C2:C26 单元格区域中寻找所有与 G2 单元格中相同名称的仓库。
② 在 D2:D26 单元格区域中寻找所有与 H1 单元格中相同的产品名称。
③ 同时满足①步与②步时，将对应在 E2:E26 单元格区域上的值求和。

专家点拨

由于建立的公式需要向下填充完成其他批量运算。所以这个公式要注意对单元格的引用，不能变动的区域一定要使用"绝对引用"方式，如用于求和的区域和条件判断的区域。而需要变动的引用一定要使用"相对引用"方式，如 G 列中对不同仓库的引用。

技巧9　多条件统计某一类数据总和

本例表格中按不同店面统计了多种商品的销售金额，现在要求计算出 1 店面中男装的总销售金额。

选中 C15 单元格，在编辑栏中输入公式：

```
=SUMIFS(C2:C13,A2:A13,"=1",B2:B13,"*男")
```

按"Enter"键，计算出 1 店面男装的总销售金额，如图 8-15 所示。

	A	B	C	D	E	F
	店面	品牌	金额			
1						
2	1	泡泡袖长袖T恤 女	1061			
3	1	男装新款体恤 男	1169			
4	2	新版纯棉男士短袖T恤 男	1080			
5	1	修身简约V领T恤上衣 女	1299			
6	3	日韩版打底衫T恤 男	1388			
7	1	大码修身V领字母长袖T恤 男	1180			
8	3	韩版拼接假两件包臀打底裤 女	1180			
9	3	加厚抓绒韩版卫裤 男	1176			
10	3	韩版条纹圆领长袖T恤修身 女	1849			
11	1	卡通创意个性T恤 男	1280			
12	1	V领商务针织马夹 男			公式返回结果	
13	2	韩版抓收脚休闲长裤 女	16			
14						
15		1店面男装金额合计	5185			

C15 fx =SUMIFS(C2:C13,A2:A13,"=1",B2:B13,"*男")

图 8-15

📝 公式解析

=SUMIFS(C2:C13,A2:A13,"=1",B2:B13,"* 男 ")
　　　　　　　①　　　　　②
　　　　　　　　　　③

① 在 A2:A13 单元格区域中寻找所有 "=1" 的记录。
② 在 B2:B13 单元格区域中寻找所有以 "男" 结尾的记录。
③ 同时满足①步与②步时，将对应在 C2:C13 单元格区域上的值求和。

技巧 10　按月汇总出库数量

本例表格中按日期统计了 4 月份和 5 月份的出库数量，现在要求将 4 月和 5 月的总出库量分别统计出来。

❶ 选中 G2 单元格，在编辑栏中输入公式：

`=SUMIFS(D2:D20,A2:A20,">=21-4-1",A2:A20,"<=21-4-30")`

按 "Enter" 键得出 4 月总出库量，如图 8-16 所示。

	A	B	C	D	E	F	G	H	I
1	日期	商品编号	规格	出货数量		月份	出库量		
2	2020/4/5	ZG63012A	300*600	856		4月	6664		
3	2021/4/8	ZG63012B	300*600	460		5月			
4	2021/4/19	ZG63013B	300*600	1015					
5	2021/4/18	ZG63013C	300*600	930		公式返回结果			
6	2021/5/22	ZG63015A	300*600	1044					
7	2021/5/2	ZG63016A	300*600	550					
8	2021/5/8	ZG63016B	300*600	846					
9	2021/4/7	ZG63016C	300*600	902					
10	2021/5/6	ZG6605	600*600	525					
11	2021/4/5	ZG6606	600*600	285					
12	2021/5/4	ZG6607	600*600	453					
13	2021/4/4	ZG6608	600*600	910					
14	2021/5/3	ZGR80001	800*800	806					
15	2021/4/15	ZGR80001	800*800	1030					
16	2021/5/14	ZGR80002	800*800	988					
17	2021/5/13	ZGR80005	800*800	980					
18	2021/4/12	ZGR80008	800*800	500					
19	2021/5/11	ZGR80008	800*800	965					
20	2021/4/10	ZGR80012	800*800	632					

G2 fx =SUMIFS(D2:D20,A2:A20,">=21-4-1",A2:A20,"<=21-4-30")

图 8-16

❷ 选中 G3 单元格，在编辑栏中输入公式：

```
=SUMIFS(D2:D20,A2:A20,">=21-5-1",A2:A20,"<=21-5-31")
```

按"Enter"键得出 5 月总出库量，如图 8-17 所示。

G3		× ✓ fx	=SUMIFS(D2:D20,A2:A20,">=21-5-1",A2:A20,"<=21-5-31")					
	A	B	C	D	E	F	G	H	I
1	日期	商品编号	规格	出货数量		月份	出库量		
2	2020/4/5	ZG63012A	300*600	856		4月	6664		
3	2021/4/8	ZG63012B	300*600	460		5月	7157		
4	2021/4/19	ZG63013B	300*600	1015					
5	2021/4/18	ZG63013C	300*600	930		公式返回结果			
6	2021/5/22	ZG63015A	300*600	1044					
7	2021/5/2	ZG63016A	300*600	550					
8	2021/5/8	ZG63016B	300*600	846					
9	2021/4/7	ZG63016C	300*600	902					
10	2021/5/6	ZG6605	600*600	525					
11	2021/4/5	ZG6606	600*600	285					
12	2021/5/4	ZG6607	600*600	453					
13	2021/4/4	ZG6608	600*600	910					
14	2021/5/3	ZGR80001	600*600	806					
15	2021/4/15	ZGR80001	800*600	1030					
16	2021/5/14	ZGR80002	800*600	988					
17	2021/5/13	ZGR80005	800*600	980					
18	2021/4/12	ZGR80008	600*600	500					
19	2021/5/11	ZGR80008	800*600	965					
20	2021/4/10	ZGR80012	800*600	632					

图 8-17

公式解析

=SUMIFS(D2:D20,A2:A20,">=21-4-1",A2:A20,"<=21-4-30")
　　　　　　　　　①　　　　　　　　　②
　　　　　　　　　　　　　③

① 在 A2:A20 单元格区域中寻找所有">=21-4-1"的记录。
② 在 A2:A20 单元格区域中寻找所有"<=21-4-30"的记录。
③ 同时满足①步与②步时，将对应在 D2:D20 单元格区域上的值求和。

技巧 11　统计单日销售金额合计值，并返回最大值

本例表格中按日期统计了销售记录（同一日期可能有多条销售记录）。现在要求统计出每日的销售金额合计值，并比较它们的大小，返回最大值。

选中 E2 单元格，在编辑栏中输入公式：

```
=MAX(SUMIF(A2:A17,A2:A17,C2:C17))
```

按"Shift+Ctrl+Enter"组合键得出结果，如图 8-18 所示。

函数说明

MAX 函数用于返回数据集中的最大数值。

| E2 | | | × | ✓ | fx | {=MAX(SUMIF(A2:A17,A2:A17,C2:C17))} |

▲	A	B	C	D	E
1	日期	商品	金额(元)		最大销售金额
2	2021/6/1	宝来扶手箱	1500		9795
3	2021/6/1	捷达扶手箱	867		
4	2021/6/2	捷达扶手箱	567		公式返回结果
5	2021/6/2	宝来嘉丽布座套	657		
6	2021/6/2	捷达地板	988		
7	2021/6/3	捷达亚麻脚垫	400		
8	2021/6/3	宝来亚麻脚垫	501.5		
9	2021/6/3	索尼喇叭6937	732		
10	2021/6/4	索尼喇叭S-60	2782		
11	2021/6/4	兰宝6寸套装喇叭	4876		
12	2021/6/4	灿晶800伸缩彩显	2137		
13	2021/6/5	灿晶遮阳板显示屏	930		
14	2021/6/5	索尼2500MP3	1309		
15	2021/6/5	阿尔派758内置VCD	1500		
16	2021/6/6	索尼喇叭S-60	2300		
17	2021/6/6	兰宝6寸套装喇叭	978		

图 8-18

📢 **专家点拨**

公式中"SUMIF(A2:A17,A2:A17,C2:C17)"这一部分是关键，它返回的是一个数组，就是每日的合计金额组成的数组。

📝 **公式解析**

=MAX(SUMIF(A2:A17,A2:A17,C2:C17))

① 统计出每日的销售金额合计值，因为是数组公式，所以结果为一组数据。
② 从①步结果的一组数据中返回最大值。

技巧 12　统计总金额时去除某个部门

本例表格中统计了员工的工资金额，包括员工的性别、所属部门等信息。现在统计总工资时要求去除某个部门。

❶ 在 C15:C16 单元格区域中设置条件，其中要包括列标识与要去除的那个部门的名称，并且写成"<>"这种形式。

❷ 选中 D16 单元格，在编辑栏中输入公式：

```
=DSUM(A1:D13,4,C15:C16)
```

按"Enter"键，即可计算去除"销售部"之外的所有的工资总额，如图 8-19 所示。

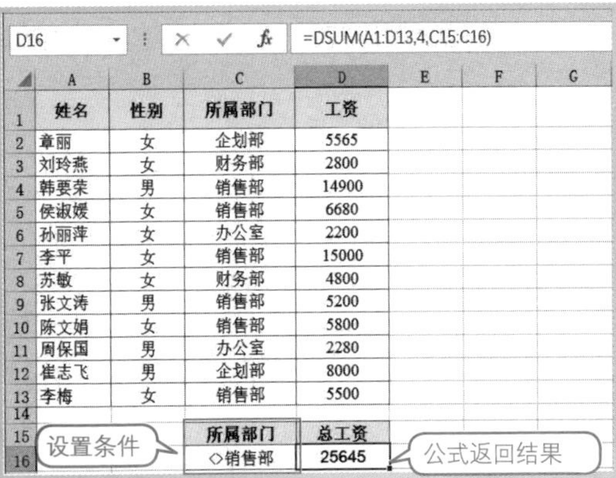

| D16 | ▼ | : | × | ✓ | *fx* | =DSUM(A1:D13,4,C15:C16) |

	A	B	C	D	E	F	G
1	姓名	性别	所属部门	工资			
2	章丽	女	企划部	5565			
3	刘玲燕	女	财务部	2800			
4	韩要荣	男	销售部	14900			
5	侯淑媛	女	销售部	6680			
6	孙丽萍	女	办公室	2200			
7	李平	女	销售部	15000			
8	苏敏	女	财务部	4800			
9	张文涛	男	销售部	5200			
10	陈文娟	女	销售部	5800			
11	周保国	男	办公室	2280			
12	崔志飞	男	企划部	8000			
13	李梅	女	销售部	5500			
14							
15	设置条件		所属部门	总工资			
16			◇销售部	25645	公式返回结果		

图 8-19

函数说明

DSUM 函数用于对列表或数据库中满足指定条件的记录字段（列）中的数字求和。

专家点拨

如果需要去除多个部门，关键在于条件的设置。只需要再增加一个与C15:C16 单元格区域类似的条件即可。

公式解析

=DSUM(A1:D13,4,C15:C16)
      ①   ②   ③

① 数据库列表。
② 条件区域。
③ 在①步指定的数据库中找到满足②步条件的记录，并对所有满足条件的对应在第 4 列上的值求和。

技巧 13　统计非工作日的总销售金额

本例表格中按日期（并且显示了日期对应的星期数）统计了销售金额。现在要求只统计出周六、日的总销售金额。

选中 E2 单元格，在编辑栏中输入公式：

```
=SUMPRODUCT((MOD(A2:A16,7)<2)*C2:C16)
```

按 "Enter" 键得出统计结果，如图 8-20 所示。

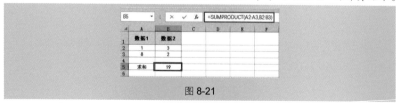

E2			× ✓ fx	=SUMPRODUCT((MOD(A2:A16,7)<2)*C2:C16)

	A	B	C	D	E
1	日期	星期	金额（元）		周六、日总销售金额
2	2021/4/4	星期日	31920		117330
3	2021/4/5	星期一	5992		
4	2021/4/5	星期一	6387		公式返回结果
5	2021/4/6	星期二	8358		
6	2021/4/7	星期二	13122		
7	2021/4/7	星期三	19630		
8	2021/4/8	星期四	12054		
9	2021/4/9	星期五	9234		
10	2021/4/10	星期六	21100		
11	2021/4/10	星期六	26530		
12	2021/4/11	星期日	10800		
13	2021/4/11	星期日	26980		
14	2021/4/12	星期一	16190		
15	2021/4/13	星期二	12236		
16	2021/4/14	星期三	7155		

图 8-20

函数说明

- SUMPRODUCT 函数用于在指定的几组数组中，将数组间对应的元素相乘，并返回乘积之和。
- MOD 函数属于数学函数类型，用于求两个数值相除后的余数，其结果的正负号与除数相同。

公式解析

=SUMPRODUCT((MOD(A2:A16,7)<2)*C2:C16)
　　　　　　　①　　　　　　　　　　　　②

① 判断 A2:A16 单元格区域中各单元格的日期序列号与 7 相除后的余数是否小于 2（因为星期六日期序列号与 7 相除的余数为 0，星期日日期序列号与 7 相除的余数为 1），小于 2 的返回 TRUE，不小于 2 的返回 FALSE，返回的是一个数组。

② 将①步的数组与 C2:C16 单元格区域中的各个值相乘，TURE 乘以数值返回数值本身，FALSE 乘以数值返回 0。然后再将数值的值进行求和，即为排除了工作日的数据进行了求和。

应用扩展

SUMPRODUCT 函数的基本用法如图 8-21 所示，图中的公式可以理解为 SUMPRODUCT 函数实际是进行 "A2*B2+A3*B3"，即 "1*3+8*2" 的计算结果。

B5			× ✓	=SUMPRODUCT(A2:A3,B2:B3)

	A	B	C	D	E	F
1	数据1	数据2				
2	1	3				
3	8	2				
4						
5	求和	19				
6						

图 8-21

技巧 14　对每日出库量累计求和

本例表格中 D 列按日期统计了 4 月份的出库量。现在要求统计与前日的累计出库量，得出 E 列数据，如图 8-22 所示。

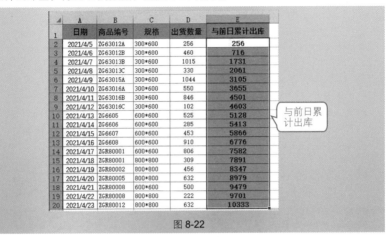

图 8-22

❶ 选中 E2 单元格，在编辑栏中输入公式：

`=SUM(OFFSET($D$2,0,0,ROW()-1))`

按 "Enter" 键得出统计结果，如图 8-23 所示。

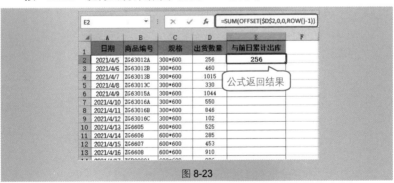

图 8-23

❷ 选中 E2 单元格，向下拖动右下角的填充柄复制公式，即可依次得出其他累计值，如图 8-22 所示。

 函数说明

● OFFSET 函数是根据以指定的引用为参照，通过偏移量来得到新的引用。其返回值为对某一单元格或单元格区域的引用。

● ROW 函数用于返回所选择的某一个单元格的行数。

📝 **公式解析**

=SUM(OFFSET($D$2,0,0,ROW()-1))

② 将当前行数减去 1，此返回值作为 OFFSET 函数的参数。E2 单元格中的公式 ROW() 返回"2"，E3 单元格中的公式 ROW() 返回"3"，E4 单元格中的公式 ROW() 返回"4"……

② 返回以 D2 单元格作为参照向下偏移①步返回值指定的共几行的单元格区域。E2 单元格中的公式，该步返回值为"$D$2"，E3 单元格中的公式，该步返回值为"$D$2:$D$3"，E4 单元格中的公式，该步返回值为"$D$2:$D$4"……

③ 对②步中返回的单元格区域中的值进行求和运算。

8.2 数据求平均值及按条件求平均值运算

技巧 15 **计算全年月平均支出金额**

本例表格统计了一年 12 个月的支出金额，现在要求计算出全年月平均支出金额。

选中 **D2** 单元格，在编辑栏中输入公式：

```
=AVERAGE(B2:B13)
```

按"Enter"键得出结果，如图 8-24 所示。

D2		× ✓ fx	=AVERAGE(B2:B13)			
▲	A	B	C	D	E	F	G
1	月份	支出金额		平均支出金额			
2	1月	366		420.67			
3	2月	380					
4	3月	420		公式返回结果			
5	4月	310					
6	5月	488					
7	6月	526					
8	7月	564					
9	8月	520					
10	9月	432					
11	10月	388					
12	11月	288					
13	12月	366					

图 8-24

 函数说明

AVERAGE 函数用于计算给定数据的平均值。

📝 公式解析

=AVERAGE(B2:B13)

计算 B2:B13 单元格区域中的数据的平均值。

技巧 16 计算各店平均利润（排除新店）

本例表格中统计了各个分店的利润金额，现在要求排除新店后计算平均利润。

选中 D2 单元格，在编辑栏中输入公式：

```
=AVERAGEIF(A2:A11,"<>*（新店）",B2:B11)
```

按 "Enter" 键得出结果，如图 8-25 所示。

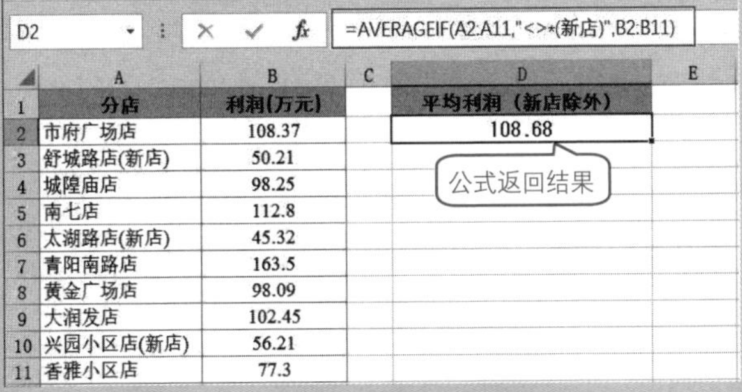

	A	B	C	D	E
				=AVERAGEIF(A2:A11,"<>*(新店)",B2:B11)	
1	分店	利润(万元)		平均利润（新店除外）	
2	市府广场店	108.37		108.68	
3	舒城路店(新店)	50.21			
4	城隍庙店	98.25		公式返回结果	
5	南七店	112.8			
6	太湖路店(新店)	45.32			
7	青阳南路店	163.5			
8	黄金广场店	98.09			
9	大润发店	102.45			
10	兴园小区店(新店)	56.21			
11	香雅小区店	77.3			

图 8-25

👨‍🏫 函数说明

AVERAGEIF 函数用于返回某个区域内满足给定条件的所有单元格的平均值。

📝 公式解析

=AVERAGEIF(A2:A11,"<>*（新店）",B2:B11)
　　　　　　　①　　　　　　　②

① 在 A2:A11 单元格区域中找到所有不是以 "（新店）" 结尾的记录。
② 满足①步条件时，将对应在 B2:B11 单元格区域上的值取出并求平均值。

技巧 17 统计各班级平均分数

如图 8-26 所示表格中统计了学生成绩（分属于不同的班级）。现在要求计算出各个班级的平均分数，即得到 F2:F4 单元格区域中的值。

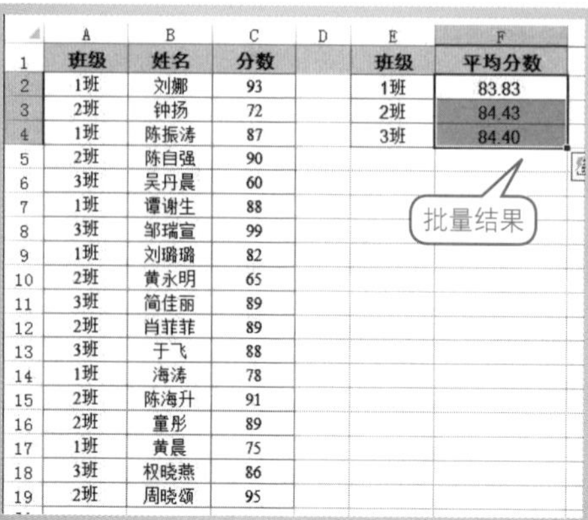

	A	B	C	D	E	F
1	班级	姓名	分数		班级	平均分数
2	1班	刘娜	93		1班	83.83
3	2班	钟扬	72		2班	84.43
4	1班	陈振涛	87		3班	84.40
5	2班	陈自强	90			
6	3班	吴丹晨	60			
7	1班	谭谢生	88			
8	3班	邹瑞宣	99			
9	1班	刘璐璐	82			
10	2班	黄永明	65			
11	3班	简佳丽	89			
12	2班	肖菲菲	89			
13	3班	于飞	88			
14	1班	海涛	78			
15	2班	陈海升	91			
16	2班	童彤	89			
17	1班	黄晨	75			
18	3班	权晓燕	86			
19	2班	周晓颂	95			

图 8-26

❶ 选中 **F2** 单元格，在编辑栏中输入公式：

```
=AVERAGEIF($A$2:$A$19,E2,$C$2:$C$19)
```

按“**Enter**”键得出“**1** 班”的平均分数，如图 **8-27** 所示。

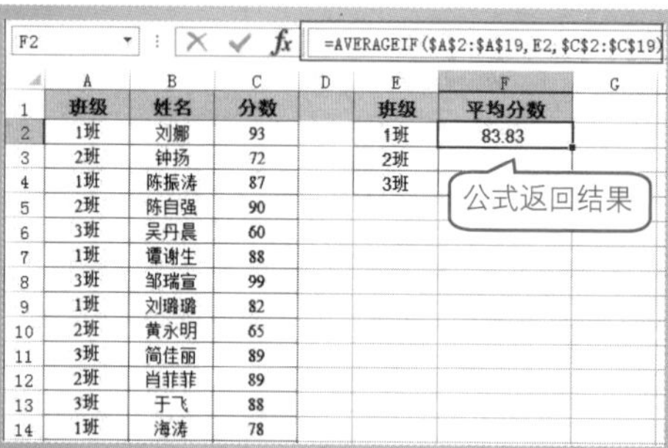

F2 =AVERAGEIF($A$2:$A$19,E2,$C$2:$C$19)

	A	B	C	D	E	F	G
1	班级	姓名	分数		班级	平均分数	
2	1班	刘娜	93		1班	83.83	
3	2班	钟扬	72		2班		
4	1班	陈振涛	87		3班		
5	2班	陈自强	90				
6	3班	吴丹晨	60				
7	1班	谭谢生	88				
8	3班	邹瑞宣	99				
9	1班	刘璐璐	82				
10	2班	黄永明	65				
11	3班	简佳丽	89				
12	2班	肖菲菲	89				
13	3班	于飞	88				
14	1班	海涛	78				

图 8-27

❷ 选中 **F2** 单元格，拖动右下角的填充柄至 **F4** 单元格中，即可快速计算出“**2** 班”与“**3** 班”的平均分数，如图 **8-26** 所示。

专家点拨

E2:E4 单元格区域的数据需要被公式引用，因此必须事先建立好，并确保正确。由于公式要向下复制，所以用于条件判断的区域与用于计算的区域一定要使用绝对引用。

公式解析

=AVERAGEIF($A$2:$A$19,E2,$C$2:$C$19)

① ②

① 在 A2:A19 单元格区域中找到所有与 E2 单元格中相同的记录。

② 满足①步条件时，将对应在 C2:C19 单元格区域上的值取出并求平均值。

技巧 18　在成绩表中忽略 0 值求平均分

如图 8-28 所示表格中统计了学生各门功课的成绩。现在要求计算各门功课的平均分（忽略 0 值），即得到第 10 行中的数据。

	A	B	C	D
1	姓名	语文	数学	英语
2	刘娜	78	64	59
3	陈振涛	60	84	85
4	陈自强	91	86	80
5	谭谢生	50	84	75
6	王家驹	78	58	80
7	段军鹏	46	55	0
8	简佳丽	32	0	60
9	肖菲菲	0	51	批量结果
10	平均分	62.1429	68.8571	73.1667

图 8-28

❶ 选中 B10 单元格，在编辑栏中输入公式：

`=AVERAGEIF(B2:B9,">0",B2:B9)`

按"Enter"键得出"语文"平均分（忽略 0 值），如图 8-29 所示。

B10		▼	⋮	×	✓	f_x	=AVERAGEIF(B2:B9,">0",B2:B9)

	A	B	C	D	E	F	G
1	姓名	语文	数学	英语			
2	刘娜	78	64	59			
3	陈振涛	60	84	85			
4	陈自强	91	86	80			
5	谭谢生	50	84	75			
6	王家驹	78	58	80			
7	段军鹏	46	55	0			
8	简佳丽	32	0	60			
9	肖菲菲	0	51				
10	平均分	62.14286	公式返回结果				

图 8-29

❷ 选中 B10 单元格，拖动右下角的填充柄向右复制公式，即可批量得出其他科目的平均分（忽略 0 值），如图 8-28 所示。

📖 公式解析

=AVERAGEIF(B2:B9,">0",B2:B9)

① 在 B2:B9 单元格区域中找到所有大于 0 的记录，即排除 0 值数据。

② 满足①步条件时，将 B2:B9 单元格区域中的值取出并求平均值。

本例表格中统计了参加某项考试的学生成绩，"班级"列中为全称。现在要求统计出"桃州一小"（有多个班）的平均分数。

选中 **E2** 单元格，在编辑栏中输入公式：

```
=AVERAGEIF(B2:B13," 桃州一小 *",C2:C13)
```

按 "Enter" 键得出 "桃州一小" 的平均分，如图 8-30 所示。

	A	B	C	D	E	F
	姓名	班级	成绩		桃州一小的平均分	
2	刘娜	桃州一小1(1)班	93		78.5	
3	钟扬	桃州一小1(2)班	72			
4	陈振涛	桃州二小1(1)班	87		公式返回结果	
5	陈自强	桃州二小1(2)班	90			
6	吴丹晨	桃州一小1(1)班	60			
7	谭谢生	桃州三小1(1)班	88			
8	邹瑞宣	桃州三小1(2)班	99			
9	刘璐璐	桃州三小1(2)班	82			
10	黄永明	桃州三小1(1)班	65			
11	简佳丽	桃州二小1(2)班	89			
12	肖菲菲	桃州一小1(2)班	89			
13	简佳丽	桃州三小1(2)班	77			

图 8-30

公式解析

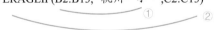

① 在 B2:B13 单元格区域中寻找以 "桃州一小" 开头的记录。

② 满足①步条件时，将对应在 C2:C13 单元格区域上的值取出并求平均值。

本例表格是对学生千米跑步成绩的统计表，其中共有 3 个班级，每班抽取 7 名同学，其中男生 4 名，女生 3 名。现在需要统计出各个班级男女生平均速度，即得到如图 8-31 所示中右侧的统计表。要完成这项判断需要同时满足两个条件，即同时指定班级与性别，两个条件同时满足时才进行计算平均值。这时就需要使用 AVERAGEIFS 函数来设置公式。

❶选中 G3 单元格，在编辑栏中输入公式：

```
= AVERAGEIFS($D$2:$D$22,$B$2:$B$22,F3,$C$2:$C$22," 男 ")
```

按 "Enter" 键，即统计出班级为 "七(1)班"、性别为 "男" 的平均速度，如图 8-32 所示。

图 8-31

图 8-32

② 选中 H3 单元格，在编辑栏中输入公式：

`= AVERAGEIFS($D$2:$D$22,$B$2:$B$22,F3,$C$2:$C$22," 女 ")`

按 "Enter" 键，即统计出班级为 "七 (1) 班"、性别为 "女" 的平均速度，如图 8-33 所示。

③ 选中 G3:H3 单元格区域，拖动右下角的填充柄至 G5:H5 单元格中，即可一次性得到各个班级不同性别对应的平均速度，如图 8-31 所示。

函数说明

AVERAGEIFS 函数用于返回满足多重条件的所有单元格的平均值。

图 8-33

📝 公式解析

= AVERAGEIFS($D$2:$D$22,$B$2:$B$22,F3,$C$2:$C$22," 男 ")
　　　　　　　　　①　　　　　　　　②　　　　③

① 在 B2:B22 单元格区域中寻找所有与 "F3" 中值相同的记录。

② 在 C2:C22 单元格区域中寻找所有 "男" 的记录。

③ 同时满足①步与②步时，将对应在 D2:D22 单元格区域上的值取出并求平均值。

技巧 21　统计指定店面所有男装品牌的平均利润

　　本例表格中统计了不同店面不同品牌（分男女品牌）商品的利润。现在要求统计出指定店面中所有男装品牌的平均利润，即要同时满足两个条件，此时要使用 AVERAGEIFS 函数。

　　选中 C15 单元格，在编辑栏中输入公式：

```
=AVERAGEIFS(C2:C13,A2:A13,"=1",B2:B13,"* 男 ")
```

　　按 "Enter" 键，即可统计出 1 店面男装品牌的平均利润，如图 8-34 所示。

📢 专家点拨

　　如果需要统计指定店面所有女装品牌的平均利润，如 2 店面中女装品牌的平均利润，公式应改为 "=AVERAGEIFS(C2:C13,A2:A13,"=2",B2:B13, "* 女 ")"。

C15 =AVERAGEIFS(C2:C13,A2:A13,"=1",B2:B13,"*男")

	A	B	C
1	店面	品牌	利润
2	2	百妮 女	21061
3	1	左纳奴 男	21169
4	2	帝卡 男	31080
5	1	浩莎 女	21299
6	1	佰仕帝 男	31388
7	1	徽格儿 女	51180
8	2	千百恰恋 女	31180
9	1	爱立登 男	41176
10	2	衣絮 女	21849
11	1	伍迪艾伦 男	31280
12	1	贝仕 男	11560
13	2	翰竹阁 女	8000
14			
15	1店面男装平均利润		27314.6

公式返回结果

图 8-34

公式解析

=AVERAGEIFS(C2:C13,A2:A13,"=1",B2:B13,"* 男 ")

① 在 A2:A13 单元格区域中寻找所有“=1”的记录。

② 在 B2:B13 单元格区域中寻找所有以“男”结尾的记录。

③ 同时满足①步与②步时，将对应在 C2:C13 单元格区域上的值取出并求平均值。

技巧 22 计算平均分时将“缺考”成绩也计算在内

如图 8-35 所示表格中记录了学生的成绩（包括缺考情况）。现在要求计算每位学生的平均成绩（缺考成绩也计算在内），即得到 F 列的结果。

	A	B	C	D	E	F
1	组别					平均分
2	1组	李静	陈平洋	刘瑞	苏雨晴	83.75
3		85	98	65	87	
4	2组	何许诺	邓小倩	杨洋	李军	67.5
5		87	98	缺考	85	
6	3组	李莉	张成凯	方斌	胡海	86
7		89	78	92	85	
8	4组	高崎	陈兰	赵琦	周姗姗	58
9		缺考	69	85	78	
10	5组	王明明	张炜	许燕秋	肖柳	83.5
11		87	68	87	92	
12	6组	周天宇	陈留	张文飞	郭寒	86
13		88	76	95	85	

批量结果

图 8-35

❶ 选中 F2 单元格，在编辑栏中输入公式：

```
=AVERAGEA(B3:E3)
```

按“Enter”键得出第 1 组学生的平均分，如图 8-36 所示。

② 选中 F2 单元格，拖动右下角的填充柄向下复制公式，即可批量得出其他组学生的平均分，如图 8-35 所示。

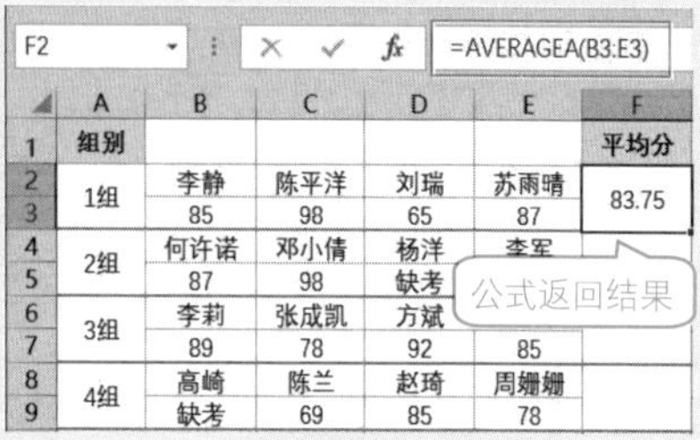

F2 =AVERAGEA(B3:E3)

	A	B	C	D	E	F
1	组别					平均分
2	1组	李静	陈平洋	刘瑞	苏雨晴	83.75
3		85	98	65	87	
4	2组	何许诺	邓小倩	杨洋	李军	
5		87	98	缺考		
6	3组	李莉	张成凯	方斌		
7		89	78	92	85	
8	4组	高崎	陈兰	赵琦	周姗姗	
9		缺考	69	85	78	

图 8-36

函数说明

AVERAGEA 函数用于返回给定参数（包括数字、文本和逻辑值）的平均值。

专家点拨

如果直接使用 AVERAGE 函数计算平均分，将自动忽略“缺考”项。例如第 5 行有一项缺考，用 AVERAGE 函数为“SUM(B5:E5)/3”；而 AVERAGEA 函数则为“SUM(B5: E5)/4”。

技巧 23 计算成绩表中前 5 名的平均分

本例表格中统计了学生的成绩，现在要求从表格中提取前 5 名成绩并计算出平均分数。

选中 D2 单元格，在编辑栏中输入公式：

```
=AVERAGE(LARGE(B2:B12,{1,2,3,4,5}))
```

按“Enter”键得出前 5 名的平均分数，如图 8-37 所示。

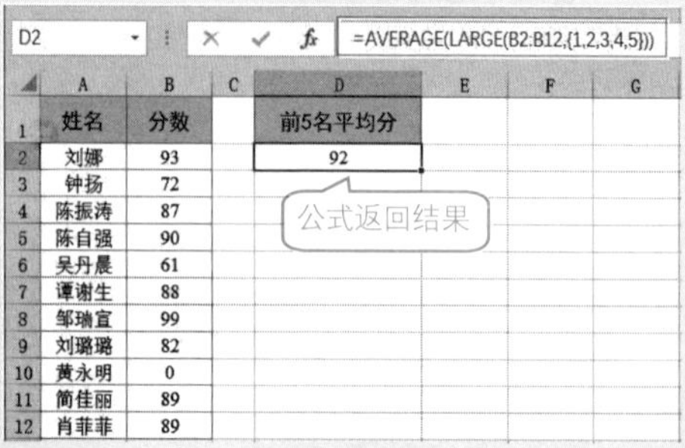

D2 =AVERAGE(LARGE(B2:B12,{1,2,3,4,5}))

	A	B	C	D
1	姓名	分数		前5名平均分
2	刘娜	93		92
3	钟扬	72		
4	陈振涛	87		
5	陈自强	90		
6	吴丹晨	61		
7	谭谢生	88		
8	邹瑞宣	99		
9	刘璐璐	82		
10	黄永明	0		
11	简佳丽	89		
12	肖菲菲	89		

图 8-37

函数说明

LARGE 函数用于返回某一数据集中的某个（可以指定）最大值。

公式解析

=AVERAGE(LARGE(B2:B12,{1,2,3,4,5}))

① 从 B2:B12 单元格区域中返回排名前 5 名（第 1 名至第 5 名）的分数。返回的是一个数组。

② 从①步返回数组中求平均值。

专家点拨

如果要计算排名后 5 名的学生平均成绩，公式为：
=AVERAGE(SMALL (B2:B12,{1,2,3,4,5}))

技巧 24 计算指定车间、指定性别员工的平均工资（双条件）

本例表格中统计了不同车间员工的工资，其中还包括性别信息。现在要求计算出指定车间、指定性别员工的平均工资，即要同时满足两个条件。

❶ 在 B14:C15 单元格区域中设置条件，其中要包括列标识与指定的车间、指定的性别。

❷ 选中 D15 单元格，在编辑栏中输入公式：

```
=DAVERAGE(A1:D12,4,B14:C15)
```

按"Enter"键，即可计算出"一车间"中女性员工的平均工资，如图 8-38 所示。

D15		× ✓ fx	=DAVERAGE(A1:D12,4,B14:C15)			
▲	A	B	C	D	E	F	G
1	姓名	车间	性别	工资			
2	宋燕玲	一车间	女	2620			
3	郑芸	二车间	女	2540			
4	黄嘉俐	二车间	女	1600			
5	区菲娅	一车间	女	1520			
6	江小丽	二车间	女	2450			
7	麦子聪	一车间	男	3600			
8	叶雯静	二车间	女	1460			
9	钟琛	一车间	男	1500			
10	陆穗平	一车间	女	2400			
11	李霞	二车间	女	2510			
12	周成	一车间	男	3000			
13							
14		车间	性别	平均工资			
15		一车间	女	2180			

公式返回结果

图 8-38

279

函数说明

DAVERAGE 函数属于数据库函数类型，用于对列表或数据库中满足指定条件的记录字段（列）中的数值求平均值。

公式解析

=DAVERAGE(A1:D12,4,B14:C15)

① 数据库列表。

② 条件区域。

③ 在①步指定的数据库中找到满足②步条件的记录，并对所有满足条件的对应在第 4 列上的值求平均值。

技巧 25　统计各科目成绩的平均分

本例表格中统计了各班学生各科目考试成绩（为方便显示，只列举部分记录）。现在要计算指定班级各个科目的平均分，从而实现查询指定班级各科目的平均分，实现如图 8-39 所示的效果。

	A	B	C	D	E	F	G
1	班级	姓名	语文	数学	英语	总分	
2	1	刘玲燕	78	64	96	238	
3	2	韩要荣	60	84	85	229	
4	1	侯淑媛	91	86	80	257	
5	2	孙丽萍	87	84	75	246	
6	1	李平	78	58	80	216	
7	1	苏敏	46	89	89	224	
8	2	张文涛	78	78	60	216	
9	2	陈文娟	87	84	75	246	
10							
11		班级	平均分（语文）	平均分（数学）	平均分（英语）	平均分（总分）	
12		2	78	82.5	73.75	234.25	批量结果

图 8-39

❶ 在 B11:F12 单元格区域中设置条件并建立求解标识。

❷ 选中 C12 单元格，在编辑栏中输入公式：

```
=DAVERAGE($A$1:$F$9,COLUMN(C1),$B$11:$B$12)
```

按 "Enter" 键，即可计算出班级为 "1" 的语文科目平均分，如图 8-40 所示。

❸ 选中 C12 单元格，拖动右下角的填充柄向右复制公式，可以得到班级为 "1" 的各个科目的平均分。

❹ 要想查询班级为 "2" 的各科目平均分，在 B12 单元格中更改为 "2" 即可，如图 8-39 所示。

	A	B	C	D	E	F	G	H	I
1	班级	姓名	语文	数学	英语	总分			
2	1	刘玲燕	78	64	96	238			
3	2	韩要荣	60	84	85	229			
4	1	侯淑媛	91	86	80	257			
5	2	孙丽萍	87	84	75	246			
6	1	李平	78	58	80	216			
7	1	苏敏	46	89	89	224			
8	2	张文涛	78	78	60	216			
9	2	陈文娟	87	84	75	246			
10									
11	班级		公式返回结果		平均分（英语）	平均分（总分）			
12	1		73.25						

图 8-40

📝 **公式解析**

=DAVERAGE($A$1:$F$9,COLUMN(C1),$B$11:$B$12)

①返回 C1 单元格所在的列，结果为 3。当公式向右复制时会依次返回 4、5、6……

②数据区域指定为 A1:F9 单元格区域，条件区域为 B11:B12 单元格区域。①步结果为指定对哪一列进行运算。

🔫 **专家点拨**

要想返回某一班级各个科目的平均分，其查询条件不变，需要改变的是 field 参数，即指定对哪一列求平均值。本例中为了方便对公式进行复制，使用 COLUMN(C1) 公式来返回这个参数。随着公式向右复制，COLUMN(C1) 值将不断变化。

技巧 26 求几何平均值，比较两组数据的稳定性

如图 8-41 所示表格中统计了各个月份中两种产品的利润，并且计算了平均值，通过平均值可以看出两种产品差别不大，这时可以通过计算几何平均值来看哪种产品的销售利润更加稳定。

❶ 选中 B10 单元格，在编辑栏中输入公式：

`=GEOMEAN(B2:B7)`

按"Enter"键，并将公式复制到 C10 单元格中，如图 8-42 所示。

❷ 通过比较 B10 与 C10 单元格的值，可以看到"产品 1"的销售利润更加稳定。

	A	B	C
1	月份	产品1	产品2
2	1月	21061	31180
3	2月	21169	41176
4	3月	31080	51849
5	4月	21299	31280
6	5月	31388	11560
7	6月	51180	8000
8			
9	平均值	29529.5	29174.16667

图 8-41

B10 ▾ : × ✓ fx =GEOMEAN(B2:B7)

	A	B	C	D	E
1	月份	产品1	产品2		
2	1月	21061	31180		
3	2月	21169	41176		
4	3月	31080	51849		
5	4月	21299	31280		
6	5月	31388			
7	6月	51180			
8			批量结果		
9	平均值	29529.5	29174.1660		
10	几何平均值	27924.19	24030.485		

图 8-42

 函数说明

GEOMEAN 函数用于返回正数数组或数据区域的几何平均值。

8.3 统计符合条件的数据条目数

技巧 27 根据签到表统计到会人数

本例表格统计了某日的员工出勤情况（只选取了部分数据）。"1"表示确认出勤，"--"表示未出勤，现在要求统计出勤人数。

选中 **E2** 单元格，在编辑栏中输入公式：

```
=COUNT(C2:C12)
```

按"Enter"键，即可根据 **C2:C12** 单元格中显示数字的个数来统计出勤人数，如图 **8-43** 所示。

图 8-43

 函数说明

COUNT 函数用于返回数字参数的个数，即统计数组或单元格区域中含有数字的单元格个数。

技巧 28　统计所有课程的报名人数

本例表格中统计了各培训班报名学生的姓名，现在要求通过公式统计出所有报名总人数为多少。

选中 D1 单元格，在编辑栏中输入公式：

=" 共计 "&COUNTA(A3:D8)&" 人 "

按 "Enter" 键得出统计结果，如图 8-44 所示。

| B10 | ▼ | : | × | ✓ | fx | ="共计"&COUNTA(A3.D8)&"人" |

	A	B	C	D	E	F
1	培 训 班 报 名 统 计					
2	奥数	英语	作文	演讲		
3	简佳丽	崔丽纯	毛杰	陈振涛		
4	肖菲菲	廖菲	黄中洋	陈自强		
5	柯娜	高丽雯	刘瑞	谭谢生		
6	胡杰	张伊琳		王家驹		
7		刘霜				
8		唐雨萱				
9						
10	人数统计	共计17人	公式返回结果			

图 8-44

函数说明

COUNTA 函数用于返回包含任何值（包括数字、文本或逻辑数字）的参数列表中的单元格数或项数。因此当统计区域中包含文本或只有文本时，需要使用 COUNTA 函数。

公式解析

=" 共计 "&COUNTA(A3:D8)&" 人 "

① 统计 A3:D8 区域报名学生的个数。
② 用 & 符号将 "共计" 与 "人" 连接。

技巧 29　统计某课程的报名人数

本例表格统计了各培训班报名学生的姓名，现在要求通过公式统计出 "奥数" 报名人数为多少。此时可以使用 COUNTIF 函数来建立公式。

选中 D2 单元格，在编辑栏中输入公式：

=COUNTIF(B2:B16," 奥数 ")

按 "Enter" 键得出统计结果，如图 8-45 所示。

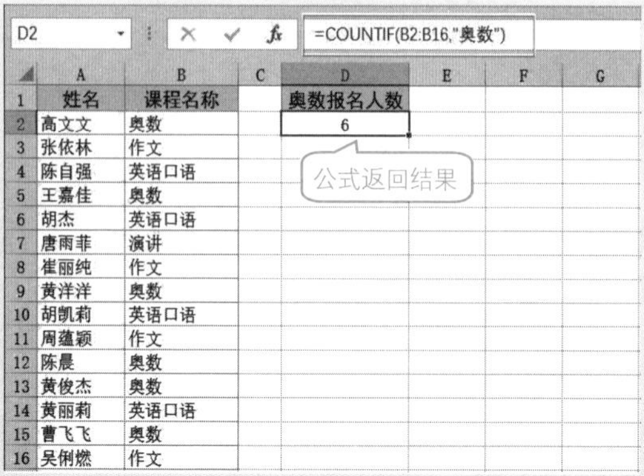

D2 =COUNTIF(B2:B16,"奥数")

	A	B	C	D	E	F	G
1	姓名	课程名称		奥数报名人数			
2	高文文	奥数		6			
3	张依林	作文					
4	陈自强	英语口语					
5	王嘉佳	奥数					
6	胡杰	英语口语					
7	唐雨菲	演讲					
8	崔丽纯	作文					
9	黄洋洋	奥数					
10	胡凯莉	英语口语					
11	周蕴颖	作文					
12	陈晨	奥数					
13	黄俊杰	奥数					
14	黄丽莉	英语口语					
15	曹飞飞	奥数					
16	吴俐燃	作文					

图 8-45

函数说明

COUNTIF 函数用于统计区域中满足给定条件的单元格的个数。第一个参数是用于统计的区域，第二个参数是判断条件，可以是数字、表达式或文本形式定义的条件。

公式解析

=COUNTIF(B2:B16," 奥数 ")

在 B2:B16 单元格区域统计出单元格值是“奥数”的记录条数。

技巧 30 统计各级学历的人数

本例表格统计了各员工的职务、学历等信息，现在需要利用函数统计出各级学历的员工人数，如图 8-46 所示。

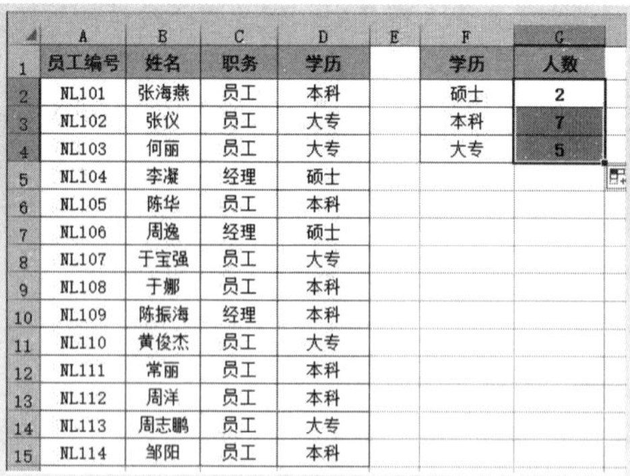

	A	B	C	D	E	F	G
1	员工编号	姓名	职务	学历		学历	人数
2	NL101	张海燕	员工	本科		硕士	2
3	NL102	张仪	员工	大专		本科	7
4	NL103	何丽	员工	大专		大专	5
5	NL104	李凝	经理	硕士			
6	NL105	陈华	员工	本科			
7	NL106	周逸	经理	硕士			
8	NL107	于宝强	员工	大专			
9	NL108	于娜	员工	本科			
10	NL109	陈振海	经理	本科			
11	NL110	黄俊杰	员工	大专			
12	NL111	常丽	员工	本科			
13	NL112	周洋	员工	本科			
14	NL113	周志鹏	员工	大专			
15	NL114	邹阳	员工	本科			

图 8-46

❶ 选中 G2 单元格，在编辑栏中输入公式：

```
=COUNTIF($D$2:$D$15,F2)
```

按"Enter"键，即统计出 D2:D15 单元格中学历为硕士的人数，如图 8-47 所示。

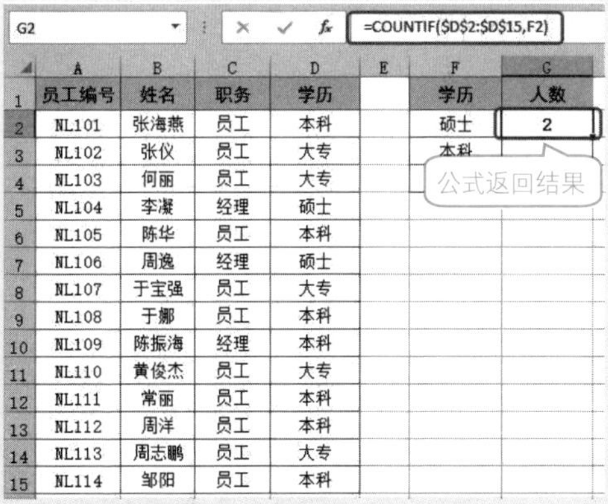

G2 =COUNTIF($D$2:$D$15,F2)

	A	B	C	D	E	F	G
1	员工编号	姓名	职务	学历		学历	人数
2	NL101	张海燕	员工	本科		硕士	2
3	NL102	张仪	员工	大专		本科	
4	NL103	何丽	员工	大专			
5	NL104	李凝	经理	硕士			
6	NL105	陈华	员工	本科			
7	NL106	周逸	经理	硕士			
8	NL107	于宝强	员工	大专			
9	NL108	于娜	员工	本科			
10	NL109	陈振海	经理	本科			
11	NL110	黄俊杰	员工	大专			
12	NL111	常丽	员工	本科			
13	NL112	周洋	员工	本科			
14	NL113	周志鹏	员工	大专			
15	NL114	邹阳	员工	本科			

图 8-47

❷ 选中 G2 单元格，拖动右下角的填充柄向下复制公式，可以统计出其他学历的人数，如图 8-46 所示。

公式解析

=COUNTIF($D$2:$D$15,F2)

在 D2:D15 单元格区域统计出满足与 F2 中值相同的单元格的个数。

专家点拨

由于建立第一个公式后要向下复制，因此用于统计的单元格区域要使用绝对引用，而第二个用于条件判断的参数则要使用相对引用。

技巧 31 统计工资大于指定金额的人数

本例表格中统计了每位员工的工资，现在要求统计出工资金额大于 5000 元（包含）的员工有多少人。

选中 D2 单元格，在编辑栏中输入公式：

```
=COUNTIF(B2:B15,">=5000")&"人"
```

按"Enter"键，得出工资金额大于 5000 元（包含）的人数，如图 8-48 所示。

图 8-48

公式解析

=COUNTIF(B2:B15,">=5000")

在 B2:B15 单元格区域统计出满足 """>=5000""" 这个条件的记录条数。

技巧 32 从成绩表中统计及格人数与不及格人数

本例表格中统计了各个学生的考试分数，下面分别统计出及格人数和不及格人数分别为多少。

❶ 选中 **D2** 单元格，在编辑栏中输入公式：

```
=COUNTIF(B2:B16,">=60")
```

按"Enter"键，即可计算出及格的人数，如图 8-49 所示。

❷ 选中 **E2** 单元格，在编辑栏中输入公式：

```
=COUNTIF(B2:B16,"<60")
```

按"Enter"键，即可计算出不及格的人数，如图 8-50 所示。

图 8-49

图 8-50

高效随身查——Excel 2021 必学的高效办公 应用技巧（视频教学版）

📝 **公式解析**

=COUNTIF(B2:B16,">=60")

在 B2:B16 单元格区域统计出满足 “"">=60""" 这个条件的记录条数。

技巧 33　统计出成绩大于平均分数的学生人数

本例表格中统计了学生的考试分数，现在要求统计出分数大于平均分的人数。

选中 D2 单元格，在编辑栏中输入公式：

=COUNTIF(B2:B15,">"&AVERAGE(B2:B15))

按 “Enter” 键，即可得出 B2:B15 单元格区域中大于平均分的人数，如图 8-51 所示。

D2	▼	:	×	✓	fx	=COUNTIF(B2:B15,">"&AVERAGE(B2:B15))
A	B	C	D	E	F	G
1 姓名	分数		大于平均分的人数			
2 刘郦	78		8			
3 陈振涛	88					
4 陈自强	100		公式返回结果			
5 谭谢生	93					
6 王家驹	78					
7 段军鹏	88					
8 简佳丽	78					
9 肖菲菲	100					
10 黄永明	78					
11 陈春	98					
12 田心贝	92					
13 徐梓瑞	83					
14 胡晓阳	77					
15 王小雅	90					

图 8-51

📝 **公式解析**

=COUNTIF(B2:B15,">"&AVERAGE(B2:B15))
　　　　　　　　　　①　　　　　　　　　②

① 计算出 B2:B15 单元格区域数据的平均值。
② 统计出 B2:B15 单元格区域中大于①步返回值的记录数。

🐿 **专家点拨**

注意此处公式中对于 “>” 符号的使用，要使用 ">"& 这种形式。

技巧 34　统计各店面男装的销售记录条数（双条件）

本例表格中统计了各店面的销售记录（有男装也有女装），现在要求统计出各个店面中男装的销售记录条数为多少。

选中 **F2** 单元格，在编辑栏中输入公式：

=COUNTIFS($A$2:$A$13,E2,$B$2:$B$13,"* 男 ")

按"Enter"键，可得出 1 分店中男装记录条数，向下复制公式到 **F3** 单元格中，可得出 2 分店中男装记录条数，如图 8-52 所示。

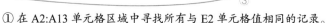

F2	▾	✕ ✓ fx	=COUNTIFS($A$2:$A$13,E2,$B$2:$B$13,"*男")

▲	A	B	C	D	E	F
1	店面	品牌	金额		类别	男装记录条数
2	2分店	泡泡袖长袖T恤 女	1061		1分店	4
3	1分店	男装新款体恤 男	1169		2分店	3
4	2分店	新款纯棉男士短袖T恤 男	1080			
5	1分店	修身简约V领休恤上衣 女	1299		公式返回结果	
6	2分店	日韩版打底衫T恤 男	1388			
7	1分店	大码修身V领字母长袖T恤 女	1180			
8	2分店	韩版拼接假两件包臀打底裤 女	1180			
9	1分店	加厚抓绒韩版卫裤 男	1176			
10	2分店	韩版条纹圆领长袖T恤修身 女	1849			
11	1分店	卡通创意个性T恤 男	1280			
12	1分店	V领商务针织马夹 男	1560			
13	2分店	韩版抓收脚休闲长裤 男	1699			

图 8-52

🛫 **专家点拨**

E2:E3 单元格区域的数据需要被公式引用，因此必须事先建立好，并确保正确。由于公式要被复制，所以公式中需要改变的部分采用相对引用，不需要改变的部分采用绝对引用。

🖐 **函数说明**

COUNTIFS 函数用于统计某个区域中满足多重条件的单元格的个数。

📋 **公式解析**

=COUNTIFS($A$2:$A$13,E2,$B$2:$B$13,"* 男 ")
　　　　　　①　　　　　　②
　　　　　　　　　　　③

① 在 A2:A13 单元格区域中寻找所有与 E2 单元格值相同的记录。
② 在 B2:B13 单元格区域中寻找所有以"男"结尾的记录。
③ 统计出同时满足①步与②步两个条件的记录数。

技巧 35 **从学生档案表中统计指定日期区间中指定性别的人数**

本例表格中统计了学生的出生日期。现在要求快速统计出某一指定日期区间（如本技巧要求的日期区域为 **2013-9-1** 到 **2014-8-31**）中女生的人数。

选中 **G1** 单元格，在编辑栏中输入公式：

=SUMPRODUCT((D2:D18>=DATE(2013,9,1))*(D2:D18<=DATE(2014,

8,31))*(C2:C18=" 女 "))

按 "Enter" 键得出结果，如图 8-53 所示。

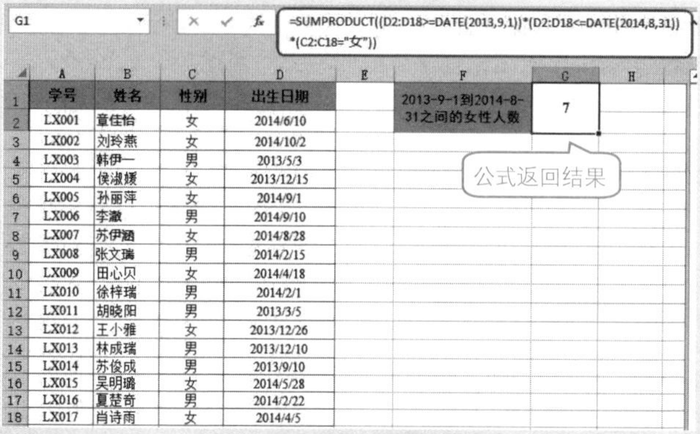

图 8-53

第8章 数据的计算与统计函数

函数说明

● SUMPRODUCT 函数用于在指定的几组数组中，将数组间对应的元素相乘，并返回乘积之和。
● DATE 函数属于日期函数类型，用于返回指定日期的序列号。

公式解析

=SUMPRODUCT((D2:D18>=DATE(2013,9,1))*(D2:D18<=DATE(2014,8,31))*(C2:C18=" 女 "))

① 依次判断 D2:D18 单元格区域中的日期是否大于等于 "2013-9-1"。如果是则返回值为 1，不是则返回值为 0，返回的是一个数组。

② 依次判断 D2:D18 单元格区域中的日期是否小于等于 "2014-8-31"。如果是则返回值为 1，不是则返回值为 0，返回的是一个数组。

③ 依次判断 C2:C18 单元格区域中的值是否为 "女"。如果是则返回值为 1，不是则返回值为 0，返回的是一个数组。

④ 当①、②、③步结果同时为 1 时，则返回结果为 1，然后最终统计 1 的个数，即为同时满足 3 个条件的人数。

技巧 36 统计指定部门获取奖金的人数

本例表格中统计了各员工获取奖金的情况（没有奖金的显示为空）。现在要求统计出销售部获取奖金的人数（空值不做统计）。

❶ 在 E1:E2 单元格区域中设置条件，其中要包括列标识与指定的部门。

❷ 选中 F2 单元格，在编辑栏中输入公式：

```
=DCOUNT(A1:C15,3,E1:E2)
```

按 "Enter" 键，得出销售部中获取奖金的人数，如图 8-54 所示。

F2		:	×	✓	fx	=DCOUNT(A1:C15,3,E1:E2)	
▲	A	B	C	D	E	获取奖金人数	G
1	姓名	部门	奖金		部门		
2	何成军	企划部			销售部	4	
3	林丽	销售部	1200				
4	陈再霞	企划部	2000			公式返回结果	
5	李乔阳	销售部	2860				
6	邓丽丽	企划部					
7	孙丽萍	研发部	800				
8	李平	企划部					
9	苏敏	研发部	2000				
10	张文涛	企划部					
11	孙文胜	研发部	500				
12	黄成成	销售部	4650				
13	刘洋	销售部					
14	李丽	研发部					
15	李志飞	销售部	2000				

图 8-54

函数说明

DCOUNT 函数属于数据库函数类型，用于统计列表或数据库中满足指定条件的记录字段（列）中包含数字的单元格的数量。

公式解析

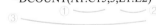

=DCOUNT(A1:C15,3,E1:E2)
③ ─────── ① ─────── ②

① 数据库列表。
② 条件区域。
③ 在①步指定的数据库中找到满足②步条件的记录，并统计出所有满足条件的记录条数。

技巧 37　统计指定车间、指定性别员工的人数

本例表格中统计了不同车间员工的工资，其中还包括性别信息。现在要求统计出指定车间、指定性别员工的人数。

❶ 在 F1:H2 单元格区域中设置条件，其中要包括列标识与指定的车间、指定的性别。

❷ 选中 H2 单元格，在编辑栏中输入公式：

```
=DCOUNT(A1:D12,4,F1:G2)
```

按“Enter”键，即可计算出“一车间”中女性员工的人数，如图 8-55 所示。

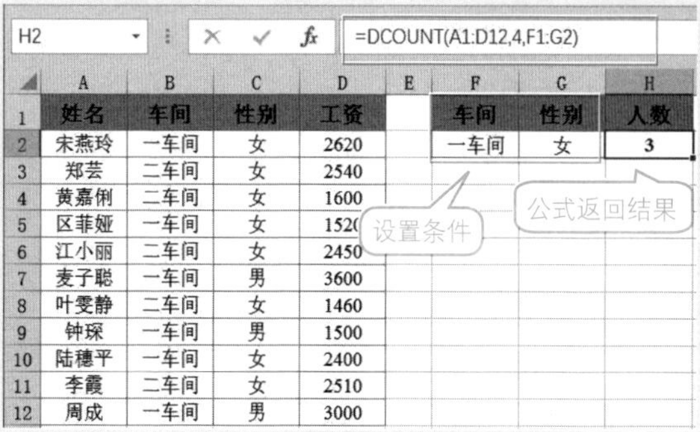

	A	B	C	D	E	F	G	H
1	姓名	车间	性别	工资		车间	性别	人数
2	宋燕玲	一车间	女	2620		一车间	女	3
3	郑芸	二车间	女	2540				
4	黄嘉俐	二车间	女	1600				
5	区菲娅	一车间	女	1520				
6	江小丽	二车间	女	2450				
7	麦子聪	一车间	男	3600				
8	叶雯静	二车间	女	1460				
9	钟琛	一车间	男	1500				
10	陆穗平	一车间	女	2400				
11	李霞	二车间	女	2510				
12	周成	一车间	男	3000				

图 8-55

公式解析

=DCOUNT(A1:D12,4,F1:G2)

① ② ③

① 数据库列表。

② 条件区域。

③ 在①步指定的数据库中找到满足②步条件的记录，并统计出所有满足条件的记录条数。

专家点拨

由本例可见，在使用 DCOUNT 函数时，对于满足多个条件的计数统计是非常方便的，只要准确地将多个条件写出，然后设置为第三个参数即可。

技巧 38 统计指定班级分数大于指定值的人数

本例表格中统计了各班级中的学生成绩。现在要求统计出 2 班中分数大于 500 分的人数。

❶ 在 E1:F2 单元格区域中设置条件，其中要包括列标识与指定的班级、指定的大于的分数值。

❷ 选中 G2 单元格，在编辑栏中输入公式：

```
=DCOUNT(A1:C14,3,E1:F2)
```

按“Enter”键，即可得出 2 班中分数大于 500 分的人数，如图 8-56 所示。

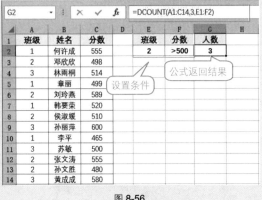

图 8-56

公式解析

=DCOUNT(A1:C14,3,E1:F2)

① 数据库列表。

② 条件区域。

③ 在①步指定的数据库中找到满足②步条件的记录，并统计出所有满足条件的记录条数。

技巧 39 统计指定性别测试合格的人数

本例表格中统计了学生的跑步测试成绩，其中还包括性别信息。现在要求统计出指定性别测试成绩合格的人数。

❶ 在 C13:D14 单元格区域中设置条件，其中需要包括列标识与指定的性别以及 "是否合格" 的条件。

❷ 选中 E14 单元格，在编辑栏中输入公式：

```
=DCOUNTA(A1:D11,4,C13:D14)
```

按 "Enter" 键，即可统计出性别为女、测试成绩合格的人数，如图 8-57 所示。

公式解析

=DCOUNTA(A1:D11,4,C13:D14)

① 数据库列表。

② 条件区域。

③ 在①步指定的数据库中找到满足②步条件的记录，并统计出所有满足条件的记录条数。

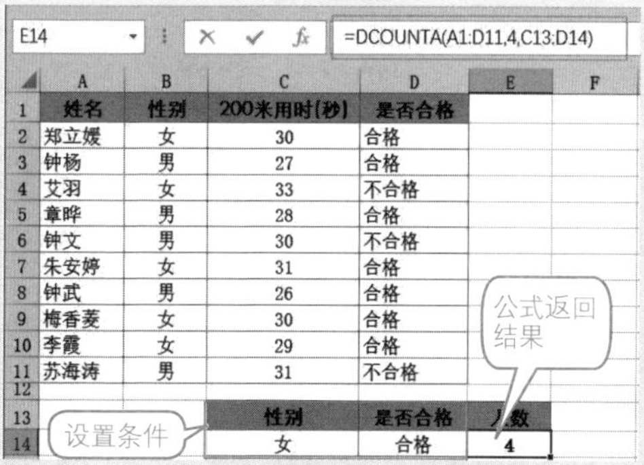

E14 =DCOUNTA(A1:D11,4,C13:D14)

	A	B	C	D	E	F
1	姓名	性别	200米用时(秒)	是否合格		
2	郑立媛	女	30	合格		
3	钟杨	男	27	合格		
4	艾羽	女	33	不合格		
5	章晔	男	28	合格		
6	钟文	男	30	不合格		
7	朱安婷	女	31	合格		
8	钟武	男	26	合格		
9	梅香菱	女	30	合格		
10	李霞	女	29	合格		
11	苏海涛	男	31	不合格		
12						
13			性别	是否合格	人数	
14			女	合格	4	

图 8-57

专家点拨

DCOUNT 函数统计满足指定条件并且包含数值的单元格的个数，注意如果是文本则无法统计。DCOUNTA 函数统计满足指定条件并且包含文本的单元格的个数。所以当统计区域包含文本时，则需要使用 DCOUNTA 函数。

技巧 40 统计其中一科得满分的人数

本例表格中统计了部分学生的成绩，现在要求统计出其中一科得满分的人数。

选中 E2 单元格，在编辑栏中输入公式：

```
=COUNT(0/((B2:B15=100)+(C2:C15=100)))
```

按 "Shift+Ctrl+Enter" 组合键，即可统计出得满分的人数，如图 8-58 所示。

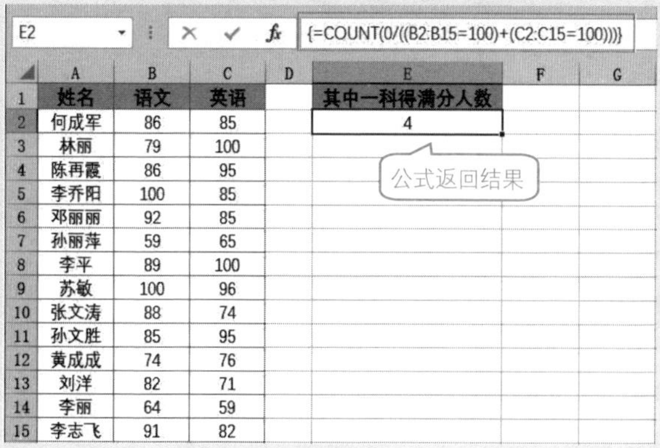

E2 {=COUNT(0/((B2:B15=100)+(C2:C15=100)))}

	A	B	C	D	E	F	G
1	姓名	语文	英语		其中一科得满分人数		
2	何成军	86	85		4		
3	林丽	79	100				
4	陈再霞	86	95				
5	李乔阳	100	85				
6	邓丽丽	92	85				
7	孙丽萍	59	65				
8	李平	89	100				
9	苏敏	100	96				
10	张文涛	88	74				
11	孙文胜	85	95				
12	黄成成	74	76				
13	刘洋	82	71				
14	李丽	64	59				
15	李志飞	91	82				

图 8-58

📋 ✏️ **公式解析**

$$=COUNT(0/((B2:B15=100)+(C2:C15=100)))$$

① 判断 B2:B15 单元格区域中有哪些等于 100，并返回一个数组。等于 100 的显示为 TRUE，其余显示为 FALSE。

② 判断 C2:C15 单元格区域中有哪些等于 100，并返回一个数组。等于 100 的显示为 TRUE，其余的显示为 FALSE。

③ ①步返回数组与②步返回数组相加，有一个为 TRUE 时，返回结果为 1，其他的返回结果为 0。

④ 0 起到辅助的作用（也可以用 1 等其他数字），当③步返回值为 1 时，得出一个数字；当③步返回值为 0 时，返回 "#DIV/0!" 错误值。

⑤ 统计出④步返回的数组中数字的个数。

技巧 41　统计连续 3 次考试都进入前 10 名的人数

本例表格的 B、C、D 列分别显示了 3 次考试中前 10 名的学生的姓名，现在要求统计出连续 3 次考试都进入前 10 名的人数。这一统计实际是表示姓名在 B、C、D 各列中都出现。看这样的情况发生了几次，即为最终统计结果。

选中 F2 单元格，在编辑栏中输入公式：

`=SUM(COUNTIF(D2:D11,IF(COUNTIF(B2:B11,C2:C11),C2:C11))) &"人"`

按 "Shift+Ctrl+Enter" 组合键即可得出结果，如图 8-59 所示。

名次	A卷	B卷	C卷		3卷皆为前10名人数
1	赵亚	鲍清	崔玉		5人
2	吴立菲	郭寒	赵亚		
3	鲍清	赵亚	冯灿		
4	张巍鑫	韩伶俐	吴立菲		
5	耿晶晶	徐凯	郭寒		
6	马江涛	吴立菲	朱佳琪		
7	顾芳芳	顾芳芳	鲍清		
8	郭寒	鲁宾孝	曹政友		
9	孙丽	邱晓静	顾芳芳		
10	邱晓静	李银	丁娟娟		

图 8-59

📋 ✏️ **公式解析**

$$=SUM(COUNTIF(D2:D11,IF(COUNTIF(B2:B11,C2:C11),C2:C11)))\&"人"$$

① 依次判断 C2:C11 单元格区域中的姓名，如果其也在 B2:B11 单元格区域中出现，则返回结果为 1，否则为 0。返回的是一个数组。

② 对①步返回的数组中结果为 1 的对应在 C2:C11 单元格区域上取值，结果为 0 值的，返回 FALSE。

③ 将①步返回数组中有取值的（非 FALSE）与 D2:D11 单元格区域相对应，如果 D2:D11 单元格区域中有相同值则返回结果为 1，否则返回 0。

④ 对③步返回的数组求和（有几个 1 则表示有几个满足条件的记录）。

8.4 其他数据的计算与统计

技巧 42　统计企业女性员工的最大年龄

本例表格中统计了企业中员工的性别与年龄，现在要求通过公式返回女性员工的最大年龄是多少。

选中 **E2** 单元格，在编辑栏中输入公式：

```
=MAXIFS(C2:C14,B2:B14," 女 ")
```

按 "Enter" 键，即可得出 "性别" 为 "女" 的最大年龄，如图 8-60 所示。

	A	B	C	D	E	F
	姓名	性别	年龄		女职工最大年龄	
2	李梅	女	31		45	
3	卢梦雨	女	26			
4	徐丽	女	45			
5	韦玲芳	女	30		公式返回结果	
6	谭谢生	男	39			
7	王家驹	男	30			
8	简佳丽	女	33			
9	肖菲菲	女	35			
10	邹慧晗	女	31			
11	张洋	男	39			
12	刘之章	男	46			
13	段军鹏	男	29			
14	丁瑞	女	28			

E2 单元格编辑栏：=MAXIFS(C2:C14,B2:B14,"女")

图 8-60

专家点拨

如果想得知男性员工的最大年龄，可以修改公式中的条件，将公式修改为 "=MAXIFS(C2:C14,B2:B14," 男 ")" 即可。

函数说明

MAXIFS 函数用于返回一组数据中满足指定条件的最大值。

公式解析

```
=MAXIFS(C2:C14,B2:B14," 女 ")
```

公式中第一个参数是返回值的区域，第二个参数是条件判断的区域，第三个参数为设置的条件。

技巧 43　统计指定产品的最低报价

本例表格中统计的是各个公司对不同产品的报价，下面需要找出“喷淋头”这个产品的最低报价是多少。

选中 G1 单元格，在编辑栏中输入公式：

```
=MINIFS(C2:C14,B2:B14,"喷淋头")
```

按“Enter”键，即可得到指定产品的最低报价，如图 8-61 所示。

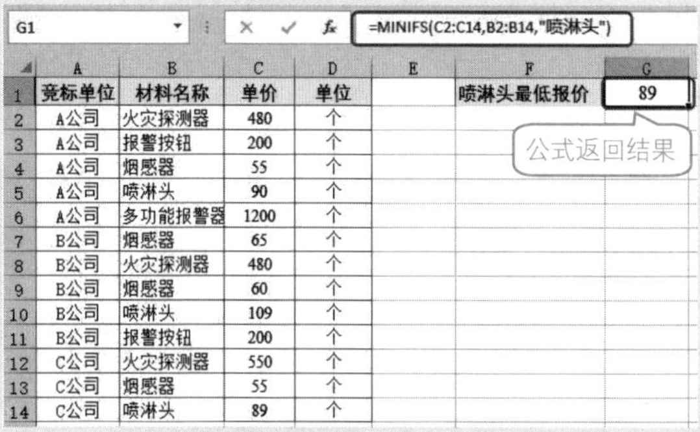

G1　=MINIFS(C2:C14,B2:B14,"喷淋头")

	A	B	C	D	E	F	G
1	竞标单位	材料名称	单价	单位		喷淋头最低报价	89
2	A公司	火灾探测器	480	个			
3	A公司	报警按钮	200	个			
4	A公司	烟感器	55	个			
5	A公司	喷淋头	90	个			
6	A公司	多功能报警器	1200	个			
7	B公司	烟感器	65	个			
8	B公司	火灾探测器	480	个			
9	B公司	烟感器	60	个			
10	B公司	喷淋头	109	个			
11	B公司	报警按钮	200	个			
12	C公司	火灾探测器	550	个			
13	C公司	烟感器	55	个			
14	C公司	喷淋头	89	个			

图 8-61

函数说明

MINIFS 函数用于返回一组数据中满足指定条件的最小值。

技巧 44　统计上半月单笔最高销售金额

本例表格中按日期统计了销售记录，现在要求通过公式快速返回在上半个月中单笔最高销售金额为多少。

选中 F2 单元格，在编辑栏中输入公式：

```
=MAXIFS(D2:D13,A2:A13,"<=2021/4/15")
```

按“Enter”键得出结果，如图 8-62 所示。

公式解析

=MAXIFS(D2:D13,A2:A13,"<=2021/4/15")

公式中第一个参数是返回值的区域，第二个参数是条件判断的区域，第三个参数为设置的条件。

| F2 | | | × | ✓ | fx | =MAXIFS(D2:D13,A2:A13,"<=2021/4/15") |

	A	B	C	D	E	F	G
1	日期	名称	规格型号	金额	上半月单笔最高金额		
2	2021/4/1	圆钢	8㎜	3388	4280		
3	2021/4/3	圆钢	10㎜	2180			
4	2021/4/7	角钢	40×40	1180	公式返回结果		
5	2021/4/8	角钢	40×41	4176			
6	2021/4/9	圆钢	20㎜	1849			
7	2021/4/14	角钢	40×43	4280			
8	2021/4/15	角钢	40×40	1560			
9	2021/4/17	圆钢	10㎜	1699			
10	2021/4/24	圆钢	12㎜	2234			
11	2021/4/25	角钢	40×40	1100			
12	2021/4/26	圆钢	20㎜	2000			
13	2021/4/27	角钢	40×43	3245			

图 8-62

技巧 45　分别统计各班级第一名成绩

本例表格中按班级统计了学生成绩，现在要求统计出各班级中的最高分，结果如图 8-63 所示。

	A	B	C	D	E	F
1	班级	姓名	成绩		班级	最高分
2	1班	何成军	85		1班	145
3	2班	林丽	120		2班	138
4	1班	陈再霞	95			
5	2班	李乔阳	112		分别返回 1 班	
6	1班	邓丽丽	145		和 2 班最高分	
7	1班	孙丽萍	132			
8	2班	李平	60			
9	2班	苏敏	77			
10	1班	张文涛	121			
11	2班	孙文胜	105			
12	1班	黄成成	122			
13	1班	刘洋	140			
14	2班	李丽	138			
15	1班	李志飞	138			

图 8-63

❶ 选中 **F2** 单元格，在编辑栏中输入公式：

```
=MAXIFS($C$2:$C$15,$A$2:$A$15,E2)
```

按 "Enter" 键，返回 1 班级最高分，如图 8-64 所示。

❷ 选中 **F2** 单元格，向下复制公式到 **F3** 单元格中，可以快速返回 2 班级最高分，如图 8-63 所示。

🔊 专家点拨

因为本例公式中的第三个参数采用了引用单元格作为条件，并且建立的公式需要向下复制使用，所以该参数需要使用相对引用，而用于条件判断的区域与用于值返回的区域都要使用绝对引用。

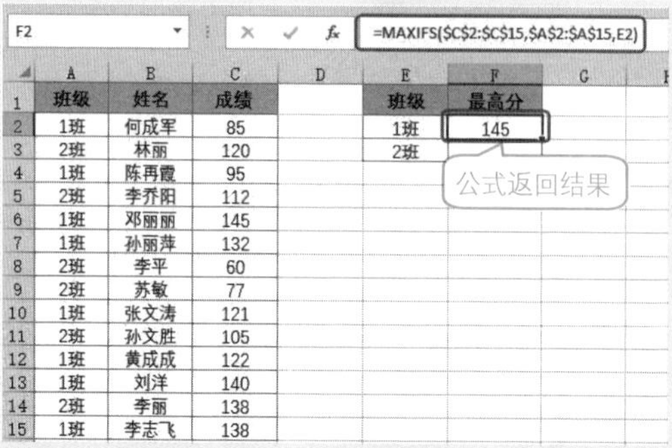

图 8-64

技巧 46　统计排名前 3 位的销售金额

如图 8-65 所示表格中统计了 1 ~ 6 月份中两个店铺的销售金额，现在要统计排名前 3 位的销售金额为多少，即得到 F2:F4 单元格区域中的值。

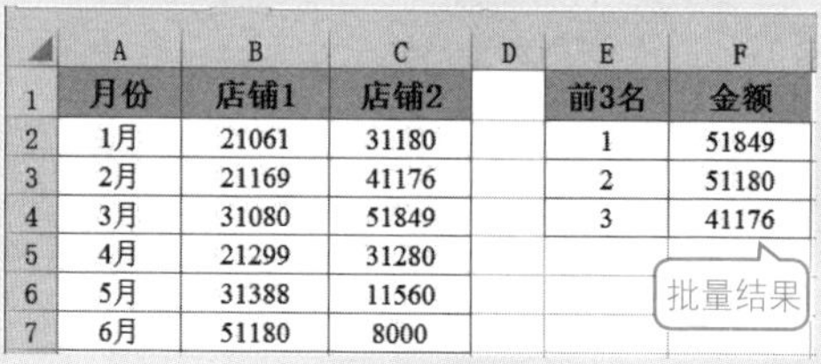

图 8-65

❶ 选中 F2 单元格，在编辑栏中输入公式：

```
=LARGE($B$2:$C$7,E2)
```

按"Enter"键得出排名第 1 位的销售金额，如图 8-66 所示。

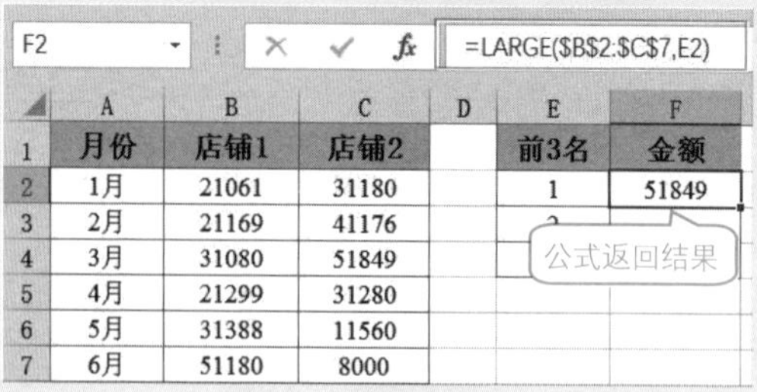

图 8-66

❷ 选中 F2 单元格，拖动右下角的填充柄至 F4 单元格，即可返回排名第 2、3 位的销售金额，如图 8-65 所示。

函数说明

LARGE 函数返回某一数据集中的某个（可以指定）最大值。

公式解析

=LARGE($B$2:$C$7,E2)
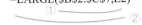

① 判断 B2:C7 单元格区域中哪些值是满足 "E2" 条件，如果是返回 TRUE，不是返回 FALSE。

② 返回①步结果为 TRUE 的对应在 B2:C7 单元格区域上的值。

应用扩展

LARGE 函数用于返回某一数据集中的某个最大值，如果要返回某数据集的某个最小值，则使用 SMALL 函数，它们的用法是完全一样的。

技巧 47　统计各科目成绩中的最高分

本例表格中统计了各班学生各科目考试成绩（为方便显示，只列举部分记录），现在要求统计指定班级各个科目的最高分。

❶ 在 B11:F12 单元格区域中设置条件并建立求解标识。

❷ 选中 C12 单元格，在编辑栏中输入公式：

`=DMAX($A$1:$F$9,COLUMN(C1),$B$11:$B$12)`

按 "Enter" 键，即可返回班级为 "1" 的语文科目最高分，如图 8-67 所示。

图 8-67

❸ 选中 C12 单元格，拖动右下角的填充柄向右复制公式，可以得到班级为 "1" 的各个科目的最高分。

❹ 要想统计 "2" 班级各科目最高分，直接在 B12 单元格中更改查询条件即可，如图 8-68 所示。

	A	B	C	D	E	F	G
1	班级	姓名	语文	数学	英语	总分	
2	1	刘玲燕	78	64	96	238	
3	2	韩要荣	60	84	85	229	
4	1	侯淑媛	91	86	80	257	
5	2	孙丽萍	87	84	75	246	
6	1	李平	78	58	80	216	
7	1	苏敏	46	89	89	224	
8	2	张文涛	78	78	60	216	
9	2	陈文娟	87	84	75	246	
10							
11		班级	最高分(语文)	最高分(数学)	(英语)	(总[illegible])	
12		2	**87**	**84**	**85**	**246**	

统计2班各科最高分

图 8-68

函数说明

DMAX 函数是数据库函数，用于返回列表或数据库中满足指定条件的记录字段（列）中的最大数字。

公式解析

=DMAX($A$1:$F$9,COLUMN(C1),$B$11:$B$12)

① 返回 C1 单元格所在的列，结果为 3。

② 数据区域指定为 A1:F9 单元格区域，条件区域为 B11:B12 单元格区域。①步结果为指定从哪一列中求最大值。

专家点拨

要想返回某一班级各个科目的最高分，其查询条件不变，需要改变的是第二个参数，即指定对哪一列求最大值。本例中为了方便对公式的复制，使用 COLUMN(C1) 公式来返回这个参数。随着公式的复制，COLUMN(C1) 值依次变为 3、4、5……

技巧 48 统计指定车间、指定性别员工的最高工资

本例表格中统计了不同车间员工的工资，其中还包括性别信息。现在要求返回指定车间、指定性别员工的最高工资。

❶ 在 B14:C15 单元格区域中设置条件，其中要包括列标识与指定的车间、指定的性别。

❷ 选中 D15 单元格，在编辑栏中输入公式：

```
=DMAX(A1:D12,4,B14:C15)
```

按 "Enter" 键, 即可计算出 "一车间" 中女性员工的最高工资, 如图 8-69 所示。

	A	B	C	D	E	F
				fx	=DMAX(A1:D12,4,B14:C15)	
1	姓名	车间	性别	工资		
2	宋燕玲	一车间	女	2620		
3	郑芸	二车间	女	2540		
4	黄嘉俐	二车间	女	1600		
5	区菲娅	一车间	女	1520		
6	江小丽	二车间	女	2450		
7	麦子聪	一车间	男	3600		
8	叶雯静	二车间	女	1460		
9	钟琛	一车间	男	1500		
10	陆穗平	一车间	女	2400		
11	李霞	二车间	女	2510		
12	周成	一车间	男	3000		
13						
14		车间	性别	最高工		
15		一车间	女	2620		

公式返回结果

图 8-69

📖 **公式解析**

=DMAX(A1:D12,4,B14:C15)
③ ——— ① ②

① 数据库列表。
② 条件区域。
③ 在①步指定的数据库中找到满足②步条件的记录, 并对满足条件的对应在第 4 列上的值求最大值。

技巧 49　为学生考试成绩排名次

如图 8-70 所示表格中统计了学生成绩, 现在要求对每位学生的成绩进行排名, 即得到 C 列的结果。

❶选中 C2 单元格, 在编辑栏中输入公式:

```
=RANK.EQ(B2,$B$2:$B$11,0)
```

按 "Enter" 键, 即可得出第一位学生的成绩在所有成绩中的名次, 如图 8-71 所示。

❷选中 C2 单元格, 拖动右下角的填充柄向下复制公式 (至最后一名学生结束), 即可批量得出每位学生成绩的名次, 如图 8-70 所示。

🖐 **函数说明**

RANK.EQ 函数表示返回一个数字在数字列表中的排位, 其大小与列表中的其他值相关。如果多个值具有相同的排位, 则返回该组数值的最高排位。

图 8-70

图 8-71

公式解析

=RANK.EQ(B2,$B$2:$B$11,0)
　　　　①　　　②

① 用于排名次的数据区域。
② 判断 B2 单元格的值在①单元格区域中的名次。

专家点拨

B2 为需要排位的目标数据，它是一个变化中的单元格（当公式复制到 C3 单元格时，则是求 B3 在 B2:B11 单元格区域中的排位）。B2:B11 单元格区域为要在其中进行排位的一个数字列表。这个数字列表是始终不变的，因此采用绝对引用方式。

技巧 50　对销售员的销售额排名次

如图 8-72 所示表格中统计了各销售员销售各产品的销售额，现在要求对每位销售员的销售额进行排名，即得到 D 列的结果。

图 8-72

❶选中 **D2** 单元格,在编辑栏中输入公式:

```
=RANK.EQ(C2,$C$2:$C$11,0)
```

按 "Enter" 键得出第一位销售员销售的名次,如图 **8-73** 所示。

	A	B	C	D	E	F
	员工编号	销售员	销售额	名次		
1						
2	NL001	崔玉	20489	4		
3	NL002	胡侃侃	12724			
4	NL003	周玉	19420			
5	NL004	赵晨霞	21717			
6	NL005	吴丹晨	19653			
7	NL006	施华	9596			
8	NL007	梁丹晨	42189			
9	NL008	曹睿	20053			
10	NL009	刘璐璐	32452			
11	NL010	陈可黎	17933			

D2 = =RANK.EQ(C2,$C$2:$C$11,0)

公式返回结果

图 8-73

❷选中 **D2** 单元格,拖动右下角的填充柄向下复制公式(至最后一名员工结束),即可批量得出每位销售员的名次,如图 **8-72** 所示。

技巧 51 返回被投诉次数最多的客服编号

本例表格中记录了被投诉客服的客服编号以及投诉时间,现在要求返回被投诉次数最多的客服的编号。

选中 **E2** 单元格,在编辑栏中输入公式:

```
=MODE(B2:B11)
```

按 "Enter" 键得出结果,如图 **8-74** 所示。

E2 = =MODE(B2:B11)

	A	B	C	D	E
1	投诉日期	客服编号	投诉原因		被投诉次数最多的客服编号
2	16/8/2	1106	……		1106
3	16/8/4	1106	……		
4	16/8/6	1103	……		
5	16/8/9	1505			公式返回结果
6	16/8/16	1106			
7	16/8/19	1103			
8	16/8/22	1106			
9	16/8/28	1106			
10	16/8/28	1505			
11	16/8/31	1103			

图 8-74

 函数说明

MODE 函数用于返回在某一数组或数据区域中出现频率最多的数值。

技巧 52 统计各房价区间的频数

本例表格中抽取了全国部分城市的房价数据，现在对这些数据进行分组，并计算出频数。

❶ 在进行求解前需要合理设置组距，如本例中设置组距为“10 000”。接着在分组结果中根据组距选取对数据源进行分组，将数据分为 7 组，并设置各个区间，如图 8-75 所示。

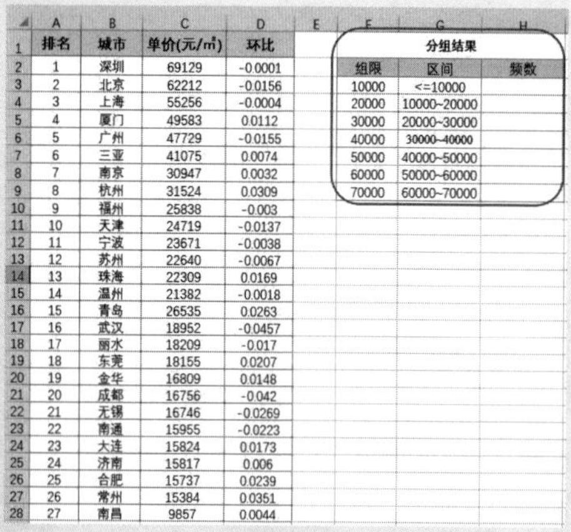

排名	城市	单价(元/㎡)	环比
1	深圳	69129	-0.0001
2	北京	62212	-0.0156
3	上海	55256	-0.0004
4	厦门	49583	0.0112
5	广州	47729	-0.0155
6	三亚	41075	0.0074
7	南京	30947	0.0032
8	杭州	31524	0.0309
9	福州	25838	-0.003
10	天津	24719	-0.0137
11	宁波	23671	-0.0038
12	苏州	22640	-0.0067
13	珠海	22309	0.0169
14	温州	21382	-0.0018
15	青岛	26535	0.0263
16	武汉	18952	-0.0457
17	丽水	18209	-0.017
18	东莞	18155	0.0207
19	金华	16809	0.0148
20	成都	16756	-0.042
21	无锡	16746	-0.0269
22	南通	15955	-0.0223
23	大连	15824	0.0173
24	济南	15817	0.006
25	合肥	15737	0.0239
26	常州	15384	0.0351
27	南昌	9857	0.0044

分组结果

组限	区间	频数
10000	<=10000	
20000	10000~20000	
30000	20000~30000	
40000	30000~40000	
50000	40000~50000	
60000	50000~60000	
70000	60000~70000	

图 8-75

❷ 选中 H3:H9 单元格区域，在编辑栏中输入公式（见图 8-76）：

```
=FREQUENCY(C2:C28, F3:F9)
```

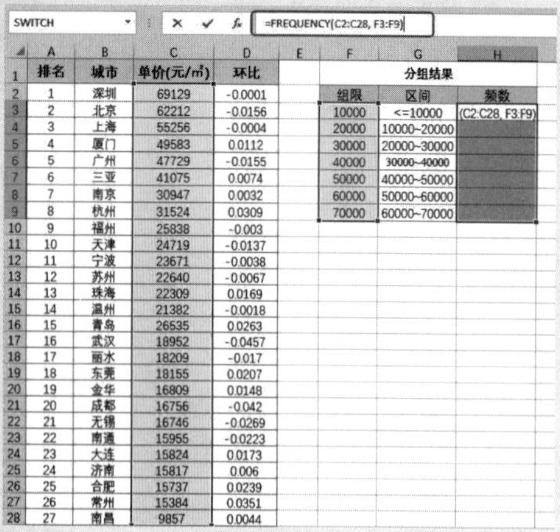

SWITCH　=FREQUENCY(C2:C28, F3:F9)

排名	城市	单价(元/㎡)	环比
1	深圳	69129	-0.0001
2	北京	62212	-0.0156
3	上海	55256	-0.0004
4	厦门	49583	0.0112
5	广州	47729	-0.0155
6	三亚	41075	0.0074
7	南京	30947	0.0032
8	杭州	31524	0.0309
9	福州	25838	-0.003
10	天津	24719	-0.0137
11	宁波	23671	-0.0038
12	苏州	22640	-0.0067
13	珠海	22309	0.0169
14	温州	21382	-0.0018
15	青岛	26535	0.0263
16	武汉	18952	-0.0457
17	丽水	18209	-0.017
18	东莞	18155	0.0207
19	金华	16809	0.0148
20	成都	16756	-0.042
21	无锡	16746	-0.0269
22	南通	15955	-0.0223
23	大连	15824	0.0173
24	济南	15817	0.006
25	合肥	15737	0.0239
26	常州	15384	0.0351
27	南昌	9857	0.0044

分组结果

组限	区间	频数
10000	<=10000	(C2:C28, F3:F9)
20000	10000~20000	
30000	20000~30000	
40000	30000~40000	
50000	40000~50000	
60000	50000~60000	
70000	60000~70000	

图 8-76

按 "Shift+Ctrl+Enter" 组合键, 即可计算出各个区间对应的频数, 如图 8-77 所示。通过计算结果可以看到房价分布在哪个价格区间的数量最多。

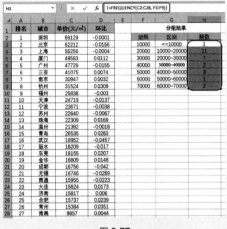

图 8-77

🖐函数说明

FREQUENCY 函数用于计算数值在某个区域内的出现频率, 然后返回一个垂直数组。由于函数 FREQUENCY 返回一个数组, 所以它必须以数组公式的形式输入。

第9章 数据的逻辑判断与查找函数

9.1 逻辑判断函数

技巧 1   判断销售额是否达标

本例表格中给出了每位销售员在当月的业绩金额,现在要求根据业绩金额判断业绩是否达标,即一次性得到如图 9-1 所示中 C 列的数据。其达标条件为:业绩必须大于 50 000 元。

姓名	业绩	是否达标
查华	95000	达标
潘美玲	50900	达标
程菊	35700	不达标
李汪洋	59100	达标
廖凯	83100	达标
翟晶	75000	达标
陈风	28660	不达标
陈春华	89670	达标
张楚	18630	不达标

图 9-1

❶ 选中 C2 单元格,在公式编辑栏中输入公式:

=IF(B2>50000,"达标","不达标")

按 "Enter" 键,根据 B2 单元格的值,返回相应的结果,如图 9-2 所示。

❷ 选中 C2 单元格,拖动右下角的填充柄向下复制公式,即可依次返回每位销售员的业绩判断结果,如图 9-1 所示。

C2 ▼ × ✓ fx =IF(B2>50000,"达标","不达标")

姓名	业绩	是否达标		
查华	95000	达标		
潘美玲	50900			
程菊	35700			
李汪洋	59100			
廖凯	83100			
翟晶	75000			
陈风	28660			
陈春华	89670			
张楚	18630			

图 9-2

函数说明

IF 函数用于根据指定的条件来判断其"真"（TRUE）、"假"（FALSE），从而返回其相对应的内容，返回的内容如果为文本值必须使用双引号。IF 函数可以嵌套使用，最多可达到 7 层。

技巧 2 根据不同返利比计算返利金额

根据产品的交易总金额的多少，其返利百分比各不相同。具体规则如下：

● 总金额小于等于 1000 元时，返利百分比为 5%。
● 总金额在 1000~5000 元时，返利百分比为 8%。
● 总金额大于 5000 元时，返利百分比为 15%。

即设置公式并复制后可批量得出如图 9-3 所示的结果。

	A	B	C	D	E	F
1	编号	产品名称	单价	数量	总金额	返利
2	ML_001	带腰带短款羽绒服	355	10	¥ 3,550.00	284.00
3	ML_002	低领烫金毛衣	108	22	¥ 2,376.00	190.08
4	ML_003	毛呢短裙	169	15	¥ 2,535.00	202.80
5	ML_004	泡泡袖风衣	129	12	¥ 1,548.00	123.84
6	ML_005	OL风长款毛呢外套	398	8	¥ 3,184.00	254.72
7	ML_006	薰衣草飘袖冬装裙	309	3	¥ 927.00	46.35
8	ML_007	修身荷花袖外套	99	60	¥ 5,940.00	891.00
9	ML_008	热卖混搭超值三件套	178	23	¥ 4,094.00	327.52
10	ML_009	修身低腰牛仔裤	118	15	¥ 1,770.00	141.60
11	ML_010	OL气质风衣	119	15	¥ 1,785.00	142.80
12	ML_011	双排扣复古长款呢大衣	429	2	¥ 858.00	42.90

批量结果

图 9-3

❶ 选中 F2 单元格，在公式编辑栏中输入公式：

```
=IF(E2<=1000,E2*0.05,IF(E2<=5000,E2*0.08,E2*0.15))
```

按"Enter"键得出计算结果（本条记录的返利金额为"3550*0.08"），如图 9-4 所示。

❷ 选中 F2 单元格，拖动右下角的填充柄向下复制公式，即可根据 E 列中的总金额批量计算出各条交易的返利金额，如图 9-3 所示。

F2		× ✓ fx	=IF(E2<=1000,E2*0.05,IF(E2<=5000,E2*0.08,E2*0.15))				
	A	B	C	D	E	F	G
1	编号	产品名称	单价	数量	总金额	返利	
2	ML_001	带腰带短款羽绒服	355	10	¥ 3,550.00	284.00	
3	ML_002	低领烫金毛衣	108	22	¥ 2,376.00		
4	ML_003	毛呢短裙	169	15	¥ 2,535.00		
5	ML_004	泡泡袖风衣	129	12	¥ 1,548.00		
6	ML_005	OL风长款毛呢外套	398	8	¥ 3,184.00		
7	ML_006	薰衣草飘袖冬装裙	309	3	¥ 927.00		
8	ML_007	修身荷花袖外套	99	60	¥ 5,940.00		
9	ML_008	热卖混搭超值三件套	178	23	¥ 4,094.00		
10	ML_009	修身低腰牛仔裤	118	15	¥ 1,770.00		

公式返回结果

图 9-4

高效随身查——Excel 2021 **必学的高效办公** 应用技巧（视频教学版）

📝 公式解析

=IF(E2<=1000,E2*0.05,IF(E2<=5000,E2*0.08,E2*0.15))

① 当 E2<=1000 时，返利金额为"E2*0.05"。
② 当 E2 在 1000~5000 时，返利金额为"E2*0.08"。
③ 当 E2 大于 5000 时，返利金额为"E2*0.15"。

技巧3 按双条件判断是否为员工发放奖金

如图 9-5 所示，表格统计了公司员工的业绩与工龄，现在要判断是否为员工发放奖金。公司规则为：要求业绩超过 30000 元，并且工龄超过 5 年，这两个条件必须同时满足才发放奖金。

图 9-5

❶ 选中 D2 单元格，在编辑栏中输入公式：

`=IF(AND(B2>30000,C2>5),"发放","")`

按"Enter"键，即可依据 B2 和 C2 的业绩和工龄情况判断是否给员工发放奖金，如图 9-6 所示。

图 9-6

❷ 选中 D2 单元格，拖动右下角的填充柄向下复制公式，可得到批量判断结果，如图 9-5 所示。

函数说明

AND 函数用来检验一组条件判断是否都为"真",即当所有条件均为"真"(TRUE)时,返回的运算结果为"真"(TRUE);反之,返回的运算结果为"假"(FALSE)。因此,该函数一般用来检验一组数据是否都满足条件。

公式解析

= IF(AND(B2>30000,C2>5),"发放 ","")
　　　　　　　　　①　　　　　　②

① 判断"B2>30000"和"C2>5"两件条件,这两件条件是否同时为真,当同时为真时,结果返回为 TRUE,否则返回 FALSE。当前这项判断返回的是 TRUE。

② 若①为 TRUE,则返回"发放";若①为 FALSE,则返回空值。

专家点拨

由于 AND 函数只能返回 TRUE 或 FALSE 这样的逻辑值,其最终结果表达不太直观,因此通常会把 AND 函数的返回值作为 IF 函数的第一个参数,配合 IF 函数做一个判断,让其返回更加易懂的中文文本结果,如"达标""合格"等文字。

技巧4　判断员工是否达到退休年龄

如图 9-7 所示,表格统计了公司部分老员工的年龄和工龄情况。公司规则为:年龄达到 59 岁或者工龄达到 30 年的员工可申请退休。现在需要使用公式判断员工是否可以申请退休。

图 9-7

❶ 选中 D2 单元格,在编辑栏中输入公式:

```
=IF(OR(B2>=59,C2>=30),"是 ","否 ")
```

按"Enter"键,即可依据 B2 和 C2 的年龄和工龄情况判断员工是否可以申请退休,如图 9-8 所示。

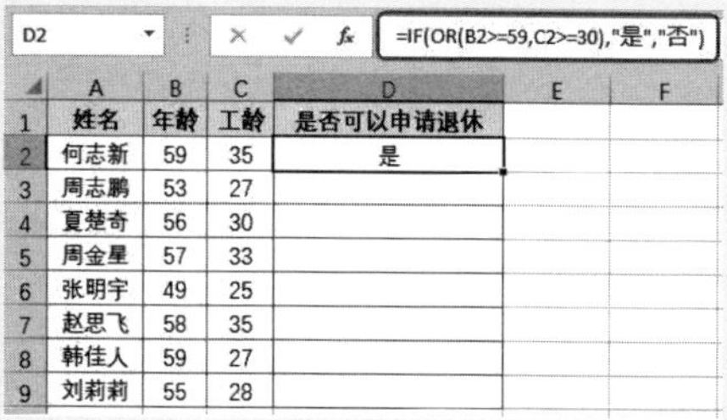

图 9-8

②选中 D2 单元格，拖动右下角的填充柄向下复制公式，可得到批量判断结果，如图 9-7 所示。

函数说明

OR 函数用于判断在其参数中任意一个参数逻辑值为 TRUE 时，即返回 TRUE；当所有参数的逻辑值均为 FALSE 时，则返回 FALSE。

公式解析

=IF(OR(B2>=59,C2>=30)," 是 "," 否 ")
             ①   ②

①判断"B2>=59"和"C2>=30"两个条件，这两个条件中只要有一个为真，结果返回为 TRUE，否则返回 FALSE。当前此项判断返回的是 TRUE。

②若①为 TRUE，则返回"是"；若①为 FALSE，则返回"否"。

专家点拨

与 AND 函数一样，OR 函数也只能返回 TRUE 或 FALSE 这样的逻辑值，因此一般也会把 OR 函数的返回值作为 IF 函数的第一个参数，配合 IF 函数做一个判断，让其返回更加易懂的中文文本结果，如"达标""合格"等文字。

技巧 5　只为满足条件的产品提价

本例表格中统计的是一系列产品的定价，现在需要对部分产品进行调价。具体规则为：当产品是"十年陈"时，价格上调 50 元，其他产品保持不变。如图 9-9 所示中 D 列为调价后的数据。

要完成这项自动判断，需要公式能自动找出"十年陈"这项文字，从而实现当满足条件时进行提价运算。由于"十年陈"文字都显示在产品名称的后面，因此可以使用 RIGHT 这个文本函数实现提取。

①选中 D2 单元格，在编辑栏中输入公式：

```
=IF(RIGHT(A2,5)=" （十年陈） ",C2+50,C2)
```

	A	B	C	D
1	产品	规格	定价	调后价格
2	咸亨太雕酒(十年陈)	5L	320	370
3	绍兴花雕酒	5L	128	128
4	绍兴会稽山花雕酒	5L	215	215
5	绍兴会稽山花雕酒(十年陈)	5L	420	470
6	大越雕酒	5L	187	187
7	大越雕酒(十年陈)	5L	398	448
8	古越龙山花雕酒	5L	195	195
9	绍兴黄酒女儿红	5L	358	358
10	绍兴黄酒女儿红(十年陈)	5L	440	490
11	绍兴塔牌黄酒	5L	228	228

图 9-9

❷ 按 "Enter" 键，即可根据 A2 单元格中的产品名称，判断其是否满足 "十年陈" 这个条件，从图中可以看到当前是满足的，因此计算结果是 "C2+50" 的值，如图 9-10 所示。

D2			× ✓ fx	=IF(RIGHT(A2,5)="(十年陈)",C2+50,C2)		
	A	B	C	D	E	F
1	产品	规格	定价	调后价格		
2	咸亨太雕酒(十年陈)	5L	320	370		
3	绍兴花雕酒	5L	128			
4	绍兴会稽山花雕酒	5L	215			
5	绍兴会稽山花雕酒(十年陈)	5L	420			
6	大越雕酒	5L	187			
7	大越雕酒(十年陈)	5L	398			

图 9-10

❸ 选中 D2 单元格，拖动右下角的填充柄向下复制公式，可得到批量判断结果，如图 9-9 所示。

🌡 **函数说明**

● IF 函数用于根据指定的条件来判断其 "真" (TRUE)、"假" (FALSE)，从而返回其相对应的内容。
● RIGHT 函数用于从给定字符串的最右侧开始提取指定数目的字符 (与 LEFT 函数相反)。

📄 **公式解析**

=IF(RIGHT(A2,5)="（十年陈）",C2+50,C2)
        ①   ②

① 这项是此公式的关键，表示从 A2 单元格中数据的右侧开始提取，共提取 5 个字符。
② 提取后判断其是否是 "（十年陈）"，如果是，则返回 "C2+50"，否则只返回 C2 的值，即不调价。

专家点拨

在设置“RIGHT(A2,5)="（十年陈）"”，注意“（十年陈）”前后的括号是区分全半角的，即如果在单元格中是全角括号，那么公式中也需要使用全角括号，否则会导致公式错误。

技巧 6 根据双条件筛选出符合发放赠品条件的消费者

某商店周年庆，为了回馈客户，满足以下条件者即可得到精美礼品一份：持金卡并且积分超过 10 000 分的客户，或者持普通卡并且积分超过 30 000 分的客户。可以使用 IF 函数配合 OR 函数、AND 函数来设置公式进行判断。判断结果如图 9-11 所示 D 列数据。

	A	B	C	D
1	姓名	类别	积分	是否发放赠品
2	汪任	金卡	25000	是
3	孙丽萍	普通卡	15000	否
4	薄明明	普通卡	40000	是
5	赖菊	金卡	15000	是
6	胡兰	金卡	50000	是
7	张谦	金卡	40000	是
8	刘凤	金卡	12000	是
9	潘玲玲	普通卡	34000	是
10	任玉婷	普通卡	10000	否
11	张梦雅	普通卡	20000	否

图 9-11

❶ 选中 D2 单元格，在编辑栏中输入公式：

```
=IF(OR(AND(B2="金卡", C2>10000),AND (B2="普通卡", C2>30000)),"是","否")
```

按“Enter”键，即可判断出第一位消费者是否符合条件，如图 9-12 所示。

D2　=IF(OR(AND(B2="金卡",C2>10000),AND(B2="普通卡",C2>30000)),"是","否")

	A	B	C	D	E	F	G
1	姓名	类别	积分	是否发放赠品			
2	汪任	金卡	25000	是			
3	孙丽萍	普通卡	15000				
4	薄明明	普通卡	40000				
5	赖菊	金卡	15000				
6	胡兰	金卡	50000				
7	张谦	金卡	40000				

图 9-12

❷ 选中 D2 单元格，拖动右下角的填充柄向下复制公式，可批量判断其他消费者是否符合条件，如图 9-11 所示。

📋 公式解析

$$=IF(OR(AND(B2="金卡",C2>10000),AND(B2="普通卡",C2>30000)),"是","否")$$

① ④ 下括①②；② 上括

① AND 函数判断 B2 是否为"金卡"，并且 C2 是否大于 10 000，两条件要求同时满足。

② AND 函数判断 B2 是否为"普通卡"，并且 C2 是否大于 30 000，两条件要求同时满足。

③ 然后使用 OR 函数判断如果步骤①或步骤②的任一个满足时，则返回 TRUE；否则返回 FALSE。

④ 最后使用 IF 函数判断 OR 函数返回 TRUE 的，最终返回"是"；返回 FALSE 的，最终返回"否"。

技巧7 多层条件判断函数 IFS

IF 函数可以通过不断嵌套来解决多重条件判断问题，但是自 IFS 函数诞生后则可以更好地解决多重条件问题，而且参数书写起来非常简易和易于理解。

例如下面的例子中有 5 层条件："面试成绩 =100" 时，返回"满分"文字；"100> 面试成绩 >=95" 时，返回"优秀"文字；"95> 面试成绩 >=80" 时，返回"良好"文字；"80> 面试成绩 >=60" 时，返回"及格"文字；"面试成绩 <60" 时，返回"不及格"文字。此时则可以使用 IFS 函数的设计公式。

❶ 选中 C2 单元格，在编辑栏中输入公式：

```
=IFS(B2=100," 满 分 ",B2>=95," 优 秀 ",B2>=80," 良 好 ",B2>=60,
" 及格 ",B2<60," 不及格 ")
```

按"Enter"键，即可判断 B2 单元格中的值并返回结果，如图 9-13 所示。

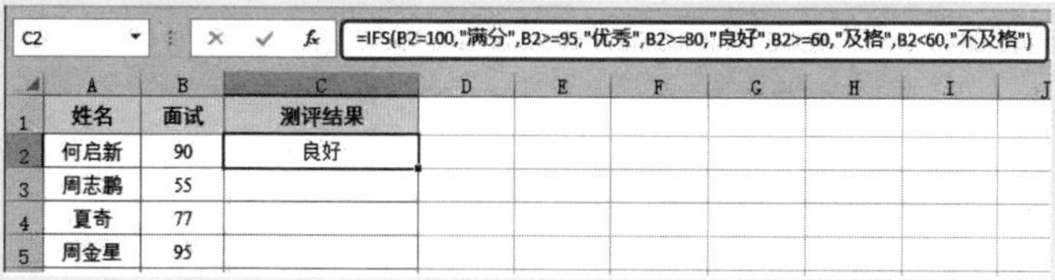

图 9-13

❷ 选中 C2 单元格，拖动右下角的填充柄向下复制公式，可批量判断其他面试成绩并返加测评结果，如图 9-14 所示。

🔧 函数说明

IFS 函数用于检查是否满足一个或多个条件，且是否返回与第一个 TRUE

条件对应的值。IFS 函数允许测试最多 127 个不同的条件，可以免去 IF 函数的过多嵌套。

图 9-14

📢 **专家点拨**

可以把 IFS 函数的参数用法简单地写为：

=IFS(条件 1，结果 1，[条件 2]，[结果 2]，…[条件 127]，[结果 127])

比较一下，如果这项判断使用 IF 函数的话，公式要写为：=IF(B2=100,"满分",IF(B2>=95,"优秀",IF(B2>=80,"良好",IF(B2>=60,"及格","不及格"))))，这么多层的括号书写起来稍不仔细就很容易出错。而使用 IFS 实现起来非常简单，只需要条件和结果成对出现就可以了。

技巧 8　分男女性别判断跑步成绩是否合格

本例表格统计的是某公司团建活动中的跑步成绩，按规定，男员工在 8 分钟之内跑完 1000 米为合格，女员工在 10 分钟之内跑完 1000 米为合格，判断结果如图 9-15 所示中 F 列数据。要完成这项判断可以使用 IFS 函数来设计公式。

图 9-15

❶ 选中 F2 单元格，在编辑栏中输入公式：

=IFS(AND(D2=" 男 ",E2<=8)," 合格 ",AND(D2=" 女 ",E2<=10)," 合格 ",E2>=8," 不合格 ")

按 "Enter" 键，判断 D2 与 E2 中的值并返回结果，如图 9-16 所示。

F2	▼	:	×	✓	fx	=IFS(AND(D2="男",E2<=8),"合格",AND(D2="女",E2<=10),"合格",E2>=8,"不合格")

▲	A	B	C	D	E	F	G	H	I	J
1	员工编号	姓名	年龄	性别	完成时间(分)	是否合格				
2	GSY-001	何志新	35	男	12	不合格				
3	GSY-017	周志鹏	28	男	7.9					
4	GSY-008	夏楚奇	25	男	7.6					
5	GSY-004	周金星	27	女	9.4					

图 9-16

❷ 选中 F2 单元格，拖动右下角的填充柄向下复制公式，可批量判断其他员工的性别和完成时间，并依照条件判断是否合格，如图 9-42 所示。

📖✐ 公式解析

　　　　　　　　　　①　　　　　　　　　　　②
=IFS(AND(D2=" 男 ",E2<=8)," 合 格 ",AND(D2=" 女 ",E2<=10)," 合 格 ",
E2>= 8," 不合格 ")
　　　　　　　③

① 第 1 组判断条件和返回结果。AND 函数判断 D2 单元格中的性别是否为 "男"，并且 E2 单元格中完成时间是否小于等于 8，若同时满足则返回 "合格" 文字。

② 第 2 组判断条件和返回结果。AND 函数判断 D2 单元格中的性别是否为 "女"，并且 E2 单元格中完成时间是否小于等于 10，若同时满足则返回 "合格" 文字。

③ 第 3 组判断条件和返回结果。即不满足①，也不满足②，则返回 "不合格" 文字。

9.2　按条件查找数据

技巧9	**根据产品编号查询库存数量**

　　本例表格中统计了产品的库存数据（为方便数据显示，只给出部分记录），现在要求根据给定的任意产品编码快速查询其库存量。本例中使用的是 LOOKUP 函数，在使用此函数时需要对首列进行升序排序，才能正确查询。

❶ 选中 "编码" 列任意单元格，在 "数据" → "排序和筛选" 选项组中单击 "升序" 按钮（见图 9-17），对 "编码" 列进行升序排序。

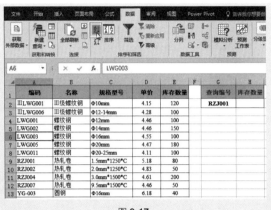

图 9-17

② 选中 H2 单元格，在公式编辑栏中输入公式：

```
=LOOKUP(G2,A2:A1000,E2:E1000)
```

按 "Enter" 键，即可查询出 G2 单元格中给出的编码的产品对应的库存数量，如图 9-18 所示。

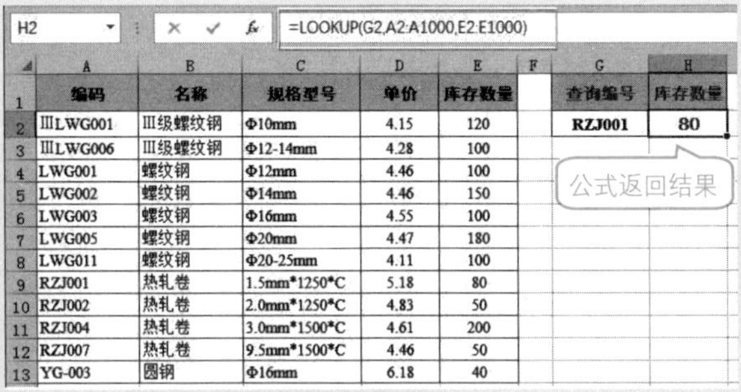

图 9-18

③ 当需要查询其他产品的库存数量时，只需要更改 G2 单元格的编码即可，如图 9-19 所示。

🖐 函数说明

LOOKUP 函数可从单行或单列区域或者从一个数组返回值。LOOKUP 函数具有两种语法形式：向量形式和数组形式。向量是只含一行或一列的区域。LOOKUP 的向量形式在单行区域或单列区域（称为 "向量"）中查找值，然后返回第二个单行区域或单列区域中相同位置的值。LOOKUP 的数组形式表示在数组的第一行或第一列中查找指定的值，并返回数组最后一行或最后一列上同一位置的值。

	A	B	C	D	E	F	G	H
1	编码	名称	规格型号	单价	库存数量		查询编号	库存数量
2	ⅢLWG001	Ⅲ级螺纹钢	Φ10mm	4.15	120		LWG001	100
3	ⅢLWG006	Ⅲ级螺纹钢	Φ12-14mm	4.28	100			
4	LWG001	螺纹钢	Φ12mm	4.46	100			
5	LWG002	螺纹钢	Φ14mm	4.46	150			
6	LWG003	螺纹钢	Φ16mm	4.55	100			
7	LWG005	螺纹钢	Φ20mm	4.47	180			
8	LWG011	螺纹钢	Φ20-25mm	4.11	100			
9	RZJ001	热轧卷	1.5mm*1250*C	5.18	80			
10	RZJ002	热轧卷	2.0mm*1250*C	4.83	50			
11	RZJ004	热轧卷	3.0mm*1500*C	4.61	200			
12	RZJ007	热轧卷	9.5mm*1500*C	4.46	50			
13	YG-003	圆钢	Φ16mm	6.18	40			

更改查询对象

图 9-19

公式解析

=LOOKUP(G2,A2:A1000,E2:E1000)

在 A2:A1000 单元格区域中寻找与 G2 单元格中相同的编号，找到后返回对应在 E2:E1000 单元格区域上的值。本例的公式采用的是向量形式语法。

技巧 10　按姓名查询学生的各科目成绩

如图 9-20 所示是一张学生成绩统计表（为方便显示表中只记录了部分学生的成绩）。现在要求建立一张查询表，以实现通过输入学生姓名，即可查询该学生各科目的成绩。

	A	B	C	D	E	F	G	H	I	J	K	L
1	2020年度期末考试成绩统计表											
2	姓名	语文	数学	英语	物理	化学	生物	政治	历史	地理	总分	
3	刘娜	69	96	71	88	95	72	92	84	92	759	
4	钟扬	74	70	66	98	98	83	83	94	89	755	
5	陈振涛	73	81	65	100	86	81	96	81	90	753	
6	陈自强	74	73	64	98	94	77	84	91	96	751	
7	吴丹晨	63	84	63	100	95	78	80	94	92	749	
8	谭谢生	81	76	72	74	94	79	82	92	96	746	
9	邹瑞宣	65	85	73	86	87	90	74	90	94	744	
10	刘璐璐	79	88	63	86	93	78	83	82	92	744	
11	黄永明	73	91	65	86	80	84	92	74	96	741	
12	简佳丽	80	81	71	98	76	84	86	70	92	738	
13	肖菲菲	73	92	54	88	77	88	87	83	90	732	
14	简佳丽	83	76	58	80	82	80	83	94	92	728	
15	薛露沁	77	85	73	86	76	63	94	81	90	725	
16	谭佛照	76	86	68	82	89	82	65	88	91	725	
17	颜涛	72	55	79	85	84	82	88	85	94	724	
18	段知思	75	66	69	90	71	88	87	82	82	721	
19	陈梦豪	74	59	67	96	79	80	92	90	82	719	
20	刘录曼	78	70	69	86	78	82	86	78	92	719	

成绩统计表　Sheet2　Sheet3　⊕

图 9-20

❶ 首先对首列进行排序。选中"姓名"列任意单元格，在"数据"→"排序和筛选"选项组中单击"升序"按钮，对"姓名"列进行升序排序。

❷ 建立一张"成绩查询表"，并建立各项列标识，输入第一个要查询的姓名，如图 9-21 所示。

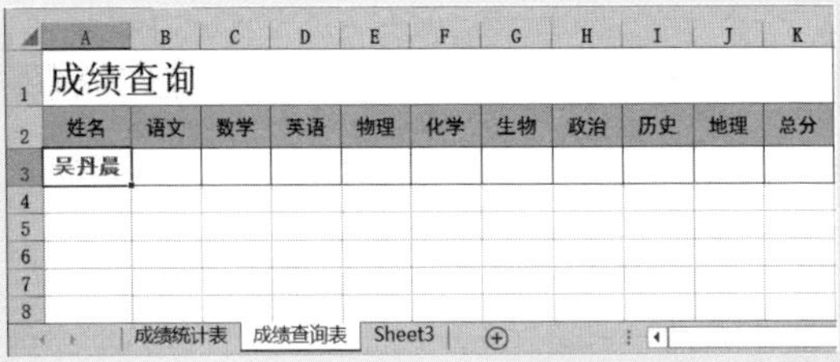

图 9-21

❸ 选中 B3 单元格，在公式编辑栏中输入公式：

=LOOKUP($A$3,成绩统计表!$A2:B20)

按 "Enter" 键得出 "吴丹晨" 的 "语文" 成绩，如图 9-22 所示。

图 9-22

❹ 选中 B3 单元格，拖动右下角的填充柄向右复制公式（拖动至 K3 单元格结束），即可批量得出 "吴丹晨" 的各科目成绩，如图 9-23 所示。

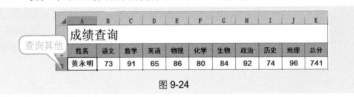

图 9-23

❺ 当需要查询其他学生的成绩时，只需要在 A3 单元格输入其姓名并按 "Enter" 键，即可查询其各科成绩，如图 9-24 所示。

图 9-24

公式解析

=LOOKUP($A$3,成绩统计表!$A2:B20)
在成绩统计表!$A2:B20 单元格区域的 A 列中寻找与 A3 单元格中相同的

姓名，找到后返回对应在 B 列上的语文成绩。

📢 **专家点拨**

"$A$3"使用绝对引用表示保持 A3 单元格位置不变；"$A$2:B20"表示公式查找的列始终保持为 A 列，所以使用绝对引用，而对于返回值的例，随着公式向右复制，需要依次变为 C 列、D 列……所以使用相对引用。

技巧 11　从产品备案表中查询各产品单价

在建立销售数据管理系统时，通常会建立一张产品单价表（见图 **9-25**），以统计所有产品的进货单价与销售单价等基本信息。有了这张表之后，当在后面建立销售数据统计表时，如果需要引用产品单价数据，就可以直接使用 VLOOKUP 函数来实现。

	A	B	C	D	E
1	产品名称	规格（盒/箱）	进货单价	销售单价	
2	观音饼（花生）	36	6.5	12.8	
3	观音饼（桂花）	36	6.5	12.8	
4	观音饼（绿豆沙）	36	6.5	12.8	
5	铁盒（观音饼）	20	18.2	32	
6	莲花礼盒（海苔	16	10.92	25.6	
7	莲花礼盒（黑芝	16	10.92	25.6	
8	观音饼（海苔）	36	6.5	12	
9	观音饼（芝麻）	36	6.5	12	
10	观音酥（花生）	24	6.5	12.8	
11	观音酥（海苔）	24	6.5	12.8	
12	观音酥（椰丝）	24	6.5	12.8	
13	观音酥（椒盐）	24	6.5	12.8	
14	榛果薄饼	24	4.58	7	
15	榛香椰蓉260	12	32	41.5	
16	醇香薄饼	24	4.58	7	
17	杏仁薄饼	24	4.58	7	
18	榛果薄饼	24	4.58	7	

产品单价表　查询表　Sheet3　⊕

图 9-25

❶ 在"查询表"中，当需要查询销售单价时，可以选中 C2 单元格，在公式编辑栏中输入公式：

```
=VLOOKUP(A2,产品单价表!A$1:D$18,4,FALSE)
```

按"Enter"键，即可根据 **A2** 单元格中的产品名称返回其单价，如图 **9-26** 所示。

❷ 选中 **C2** 单元格，拖动右下角的填充柄向下复制公式，即可批量得出各个产品的销售单价。

👍 **函数说明**

VLOOKUP 函数在表格或数值数组的首列查找指定的数值，并返回表格或数组中指定列的对应位置的数值。第一个参数为查找值，第二个参数为用于返回值的数组（首列中包含查找值），第三个参数为指定返回哪一列上的值。

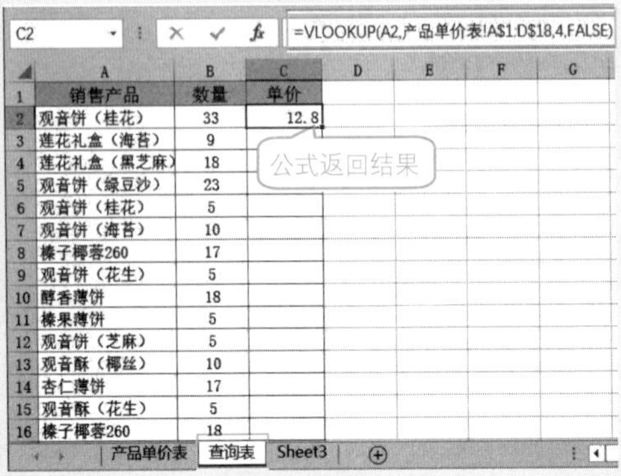

C2 =VLOOKUP(A2,产品单价表!A$1:D$18,4,FALSE)

	A	B	C
1	销售产品	数量	单价
2	观音饼（桂花）	33	12.8
3	莲花礼盒（海苔）	9	
4	莲花礼盒（黑芝麻）	18	
5	观音饼（绿豆沙）	23	
6	观音饼（桂花）	5	
7	观音饼（海苔）	10	
8	榛子椰蓉260	17	
9	观音饼（花生）	5	
10	醇香薄饼	18	
11	榛果薄饼	5	
12	观音饼（芝麻）	5	
13	观音酥（椰丝）	10	
14	杏仁薄饼	17	
15	观音酥（花生）	5	
16	榛子椰蓉260	18	

图 9-26

公式解析

=VLOOKUP(A2, 产品单价表 !A$1:D$18,4,FALSE)

在产品单价表的 A1:D18 单元格区域中的首列中寻找与 A2 单元格中相同的值。找到后即返回对应在 A1:D18 单元格区域第 4 列上的值。

技巧 12 建立员工档案信息查询表

在档案管理表、销售管理表等数据表中，通常都需要进行大量的数据查询操作。如图 9-27 所示为一张档案表（为方便查看只显示部分数据），可以建立一张查询表，用于对任意员工档案信息的查询。

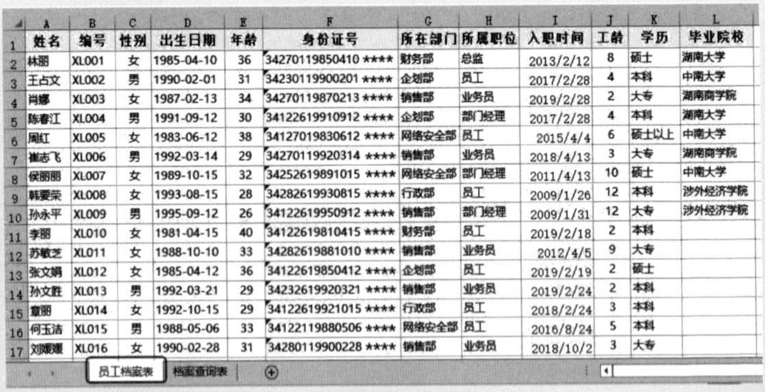

	A	B	C	D	E	F	G	H	I	J	K	L
1	姓名	编号	性别	出生日期	年龄	身份证号	所在部门	所属职位	入职时间	工龄	学历	毕业院校
2	林丽	XL001	女	1985-04-10	36	34270119850410 ****	财务部	总监	2013/2/12	8	硕士	湖南大学
3	王占文	XL002	男	1990-02-01	31	34230119900201 ****	企划部	员工	2017/2/28	4	本科	中南大学
4	肖娜	XL003	女	1987-02-13	34	34270119870213 ****	销售部	业务员	2019/2/28	2	大专	湖南商学院
5	陈春江	XL004	男	1991-09-12	30	34122619910912 ****	企划部	部门经理	2017/2/28	4	本科	湖南大学
6	周红	XL005	女	1983-06-12	38	34127019830612 ****	网络安全部	员工	2015/4/4	6	硕士以上	中南大学
7	崔志飞	XL006	男	1992-03-14	29	34270119920314 ****	销售部	业务员	2018/4/13	3	大专	湖南商学院
8	侯丽丽	XL007	女	1989-10-15	32	34252619891015 ****	网络安全部	部门经理	2011/4/13	10	硕士	中南大学
9	韩要荣	XL008	女	1993-08-15	28	34282619930815 ****	行政部	员工	2009/1/26	12	本科	涉外经济学院
10	孙永平	XL009	男	1995-09-12	26	34122619950912 ****	销售部	部门经理	2009/1/31	12	大专	涉外经济学院
11	李丽	XL010	女	1981-04-15	40	34122619810415 ****	财务部	员工	2019/2/18	2	本科	
12	苏敏芝	XL011	女	1988-10-10	33	34282619881010 ****	销售部	业务员	2012/4/5	9	大专	
13	张文娟	XL012	女	1985-04-12	36	34122619850412 ****	企划部	员工	2019/2/19	2	硕士	
14	孙文胜	XL013	男	1992-03-21	29	34232619920321 ****	销售部	业务员	2019/2/24	2	本科	
15	章丽	XL014	女	1992-10-15	29	34122619921015 ****	行政部	员工	2018/2/24	3	本科	
16	何玉洁	XL015	男	1988-05-06	33	34122119880506 ****	网络安全部	员工	2016/8/24	5	本科	
17	刘媛媛	XL016	女	1990-02-28	31	34280119900228 ****	销售部	业务员	2018/10/2	3	大专	

图 9-27

① 建立“档案查询表”工作表，并建立相应查询标识，首先在 A2 单元格输入任意一位员工姓名，如图 9-28 所示。

❷ 选中 **B4** 单元格，在编辑栏中输入公式：

```
=VLOOKUP($B$2,员工档案表!$A$1:$L$200,ROW(A2),FALSE)
```

按 "Enter" 键，即可得到员工 "侯丽丽" 的编号，如图 9-29 所示。

图 9-28　　　　　　　　　　　　　图 9-29

❸ 选中 **B4** 单元格，拖动右下角的填充柄向下复制公式（拖动至 **B14** 单元格结束），即可批量得出 "侯丽丽" 的各项档案信息，如图 9-30 所示。

❹ 选中 **B11** 单元格，在 "开始" → "数字" 选项组中为此单元格设置为 "日期" 格式，如图 9-31 所示。

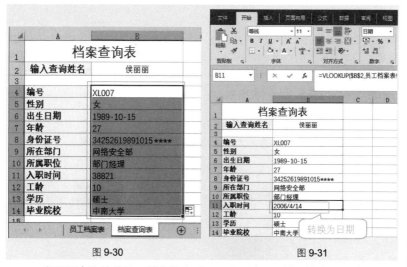

图 9-30　　　　　　　　　　　　　图 9-31

❺ 当需要查询其他员工销售信息时，只需要在 **B2** 单元格中重新输入姓名即可实现快速查询，如图 9-32 所示。

图 9-32

公式解析

=VLOOKUP($B$2,员工档案表!$A$1:$L$200,ROW(A2),FALSE)

① 返回 A2 单元格的行号,返回结果为 2,随着公式向下复制,会依次变为 ROW(A3)、ROW(A4)……即依次返回结果为 3、4……

② 在员工档案表!$A$1:$L$200 区域的首列中查找与 B2 单元格中相同的姓名,找到后返回对应在①步返回值指定列上的值。

专家点拨

对于返回哪一列上的值,本例公式设计使用"ROW(A2)"来返回值,因为不同的档案信息位于不同列中,因此 VLOOKUP 中这个用于指定的列参数需要不断变动,而使用"ROW(A2)"的返回值为指定列很好地解决了这一问题。

技巧 13 根据多条件计算员工年终奖

员工的工龄及职位不同,其奖金金额也不同(具体规则通过表格给出),现在要求根据表格中给出的各员工的职位及工龄来自动计算年终奖,数据表如图 9-33 所示。

图 9-33

● 选中 D2 单元格，在公式编辑栏中输入公式：

`=VLOOKUP(B2,IF(C2<=5,$F$3:$G$5,$H$3:$I$5),2,FALSE)`

按"Enter"键，即可根据第一位员工的职位与工龄计算出年终奖。

● 选中 D2 单元格，拖动右下角的填充柄向下复制公式，即可批量返回每位员工的年终奖，如图 9-34 所示。

	A	B	C	D	E	F	G	H	I
1	姓名	职位	工龄	年终奖			奖金发放规则		
2	邹凯	职员	1	4500		5年及以下工龄		5年以上工龄	
3	林智慧	高级职员	5	8000		职员	4500	职员	6000
4	简慧辉	部门经理	6	20000		高级职员	8000	高级职员	12000
5	关冰冰	高级职员	8	12000		部门经理	12000	部门经理	20000
6	刘薇	职员	5	4500					
7	刘欣	职员	8	6000					
8	秦玉飞	部门经理	5	12000					
9	施楠楠	高级职员	10	12000					
10	关云	职员	9	6000					
11	刘伶	职员	4	4500					

图 9-34

公式解析

=VLOOKUP(B2,IF(C2<=5,$F$3:$G$5,$H$3:$I$5),2,FALSE)
　　　　　①　　　　　　　　　　　　　②

① 如果 C2 单元格的值小于等于 5，则返回"$F$3:$G$5"单元格区域，否则返回"$H$3:$I$5"单元格区域。

② 在步骤①返回的单元格区域的首列中查找与 B2 单元格中相同的职位名称，然后返回对应在第 2 列上的值。

技巧 14　将多张工作表中的数据合并到一张工作表中

如图 9-35 所示表格为"语文成绩"统计表，如图 9-36 所示表格为"数学成绩"统计表（还有其他单科成绩统计表，并且表格中学生姓名的顺序不一定都相同），要求将两张或多张单科成绩表合并为一张汇总表。

图 9-35

图 9-36

❶ 建立“成绩表”工作表，输入学生姓名，可以从前面的任意一张表格中复制得来。选中 B2 单元格，在公式编辑栏中输入公式：

```
=VLOOKUP(A2,语文成绩!$A$2:$B$100,2,FALSE)
```

按“Enter”键，然后向下复制公式，即可返回“语文成绩”表中的成绩，如图 9-37 所示。

	A	B	C	D	E	F	G
1	学生姓名	语文	数学	英语			
2	刘娜	78					
3	钟扬	58					
4	陈振涛	76					
5	陈自强	78					
6	吴丹晨	78					
7	谭谢生	88					
8	邹瑞宣	90					
9	刘力菲	91					
10	肖力	86					
11	0	#N/A					

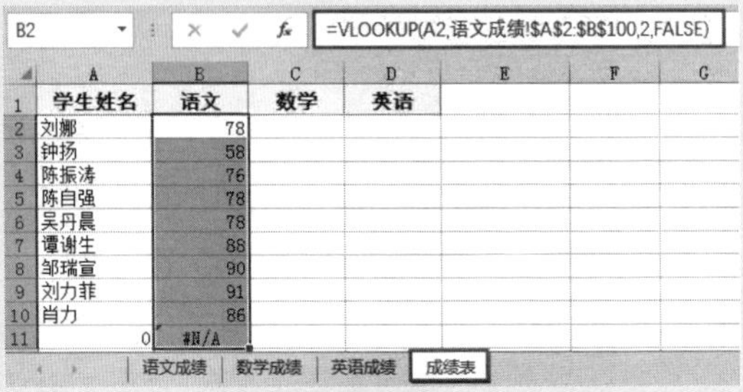

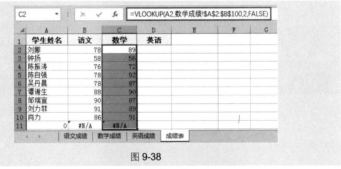

图 9-37

❷ 选中 C2 单元格，在公式编辑栏中输入公式：

```
=VLOOKUP(A2,数学成绩!$A$2:$B$100,2,FALSE)
```

按“Enter”键，然后向下复制公式，即可返回“数学成绩”表中的成绩，如图 9-38 所示。

	A	B	C	D	E	F	G
1	学生姓名	语文	数学	英语			
2	刘娜	78	89				
3	钟扬	58	56				
4	陈振涛	76	72				
5	陈自强	78	92				
6	吴丹晨	78	87				
7	谭谢生	88	90				
8	邹瑞宣	90	87				
9	刘力菲	91	89				
10	肖力	86	91				
11	0	#N/A	#N/A				

图 9-38

❸ 选中 D2 单元格，在公式编辑栏中输入公式：

```
=VLOOKUP(A2,英语成绩!$A$2:$B$100,2,FALSE)
```

按“Enter”键，然后向下复制公式，即可返回“英语成绩”表中的成绩，如图 9-39 所示。

❹ 通过上面的几步操作，就可以实现将几张工作表中的数据合并到一张表格中。

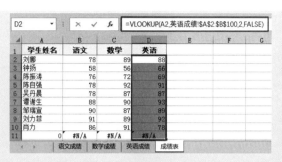

图 9-39

公式解析

=VLOOKUP(A2, 语文成绩 !$A$2:$B$100,2,FALSE)

在"语文成绩 !$A$2:$B$100"单元格区域的首列中找到与 A2 单元格相同的姓名, 然后返回对应在"语文成绩 !$A$2:$B$100"单元格区域第 2 列上的值。

技巧 15　查找并返回符合条件的多条记录

在使用 VLOOKUP 函数查询时, 如果同时有多条满足条件的记录 (见图 9-40) , 默认只能查找出第一条满足条件的记录。而在这种情况下一般都希望能找到并显示出所有找到的记录。要解决此问题可以借助辅助列, 在辅助列中为每条记录添加一个唯一的、用于区分不同记录的字符来解决, 具体操作如下。

图 9-40

❶ 首先假设在 G2 单元格中输入一个查找值, 接着在 A 列建立辅助列, 选中 A2 单元格, 在公式编辑栏中输入公式:

=COUNTIF(B$2:B2,$G$2)

按 "Enter" 键得出结果, 如图 9-41 所示。

图 9-41

❷ 选中 A2 单元格，拖动右下角的填充柄向下复制公式，得到的是 G2 中的查找值在 B2:B12 单元格区域中依次出现的次数，如图 9-42 所示。例如，B3 单元格是第一次出现，所以 A3 中显示 1（以首个 1 为准）；B4 单元格是第二次出现，所以 A4 中显示 2（以首个 2 为准）；B6 单元格是第三次出现，所以 A6 中显示 3（以首个 3 为准），这是满足查找要求的数据，其他的返回值不作考虑。如果更改 G2 单元格的查找值，A 列中查找到的序号也会发生变化，从而为后面的查找公式作为参数使用。

图 9-42

❸ 选中 H2 单元格，在公式编辑栏中输入公式：

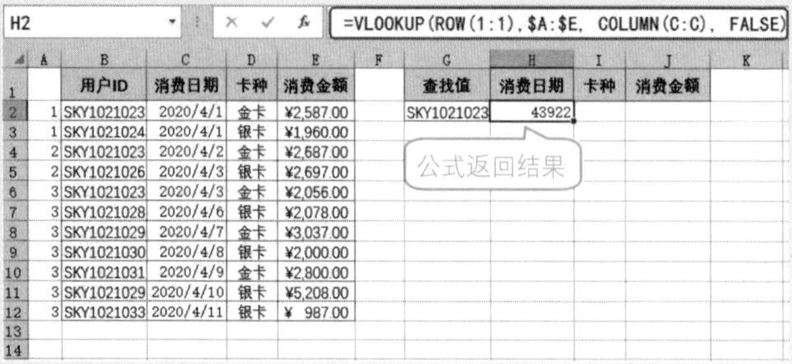

```
=VLOOKUP(ROW(1:1),$A:$E, COLUMN(C:C), FALSE)
```

按 "Enter" 键，返回 G2 单元格中查找值对应的第 1 个消费日期，如图 9-43 所示。

图 9-43

高效随身查——Excel 2021 必学的高效办公 应用技巧（视频教学版）

④ 选中 H2 单元格，向右填充公式到 J2 单元格，返回的是第一条找到的记录的相关数据，如图 9-44 所示。

	A	B	C	D	E	F	G	H	I	J
1		用户ID	消费日期	卡种	消费金额		查找值	消费日期	卡种	消费金额
2	1	SKY1021023	2020/4/1	金卡	¥2,587.00		SKY1021023	43922	金卡	2587
3	1	SKY1021024	2020/4/1	银卡	¥1,960.00					
4	2	SKY1021023	2020/4/2	金卡	¥2,687.00					
5	2	SKY1021026	2020/4/3	银卡	¥2,697.00					
6	3	SKY1021023	2020/4/3	金卡	¥2,056.00					
7	3	SKY1021028	2020/4/6	银卡	¥2,078.00					
8	3	SKY1021029	2020/4/7	金卡	¥3,037.00					
9	3	SKY1021030	2020/4/8	银卡	¥2,000.00					
10	3	SKY1021031	2020/4/9	金卡	¥2,800.00					
11	3	SKY1021029	2020/4/10	银卡	¥5,208.00					
12	3	SKY1021033	2020/4/11	银卡	¥ 987.00					
13										

向右复制公式

图 9-44

⑤ 再选择 H2:J2 单元格区域，拖动右下角的填充柄向下复制公式，一次性得到其他相同用户 ID 的各种消费信息，如图 9-45 所示。

	A	B	C	D	E	F	G	H	I	J
1		用户ID	消费日期	卡种	消费金额		查找值	消费日期	卡种	消费金额
2	1	SKY1021023	2020/4/1	金卡	¥2,587.00		SKY1021023	43922	金卡	2587
3	1	SKY1021024	2020/4/1	银卡	¥1,960.00			43923	金卡	2687
4	2	SKY1021023	2020/4/2	金卡	¥2,687.00			43924	金卡	2056
5	2	SKY1021026	2020/4/3	银卡	¥2,697.00			#N/A	#N/A	#N/A
6	3	SKY1021023	2020/4/3	金卡	¥2,056.00			#N/A	#N/A	#N/A
7	3	SKY1021028	2020/4/6	银卡	¥2,078.00					
8	3	SKY1021029	2020/4/7	金卡	¥3,037.00					
9	3	SKY1021030	2020/4/8	银卡	¥2,000.00					
10	3	SKY1021031	2020/4/9	金卡	¥2,800.00					
11	3	SKY1021029	2020/4/10	银卡	¥5,208.00					
12	3	SKY1021033	2020/4/11	银卡	¥ 987.00					
13										
14										

向下复制公式

图 9-45

⑥ 选中 H2:H4 单元格区域，在"开始"选项卡的"数字"组中单击"数字格式"下拉按钮，在打开的下拉菜单中选择"日期"命令，即可显示正确的日期格式，如图 9-46 所示。

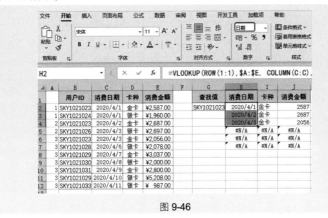

文件 开始 插入 页面布局 公式 数据 审阅 视图 开发工具 加载项 帮助

H2   =VLOOKUP(ROW(1:1),$A:$E, COLUMN(C:C),

	A	B	C	D	E	F	G	H	I	J
1		用户ID	消费日期	卡种	消费金额		查找值	消费日期	卡种	消费金额
2	1	SKY1021023	2020/4/1	金卡	¥2,587.00		SKY1021023	2020/4/1	金卡	2587
3	1	SKY1021024	2020/4/1	银卡	¥1,960.00			2020/4/2	金卡	2687
4	2	SKY1021023	2020/4/2	金卡	¥2,687.00			2020/4/3	金卡	2056
5	2	SKY1021026	2020/4/3	银卡	¥2,697.00			#N/A	#N/A	#N/A
6	3	SKY1021023	2020/4/3	金卡	¥2,056.00			#N/A	#N/A	#N/A
7	3	SKY1021028	2020/4/6	银卡	¥2,078.00					
8	3	SKY1021029	2020/4/7	金卡	¥3,037.00					
9	3	SKY1021030	2020/4/8	银卡	¥2,000.00					
10	3	SKY1021031	2020/4/9	金卡	¥2,800.00					
11	3	SKY1021029	2020/4/10	银卡	¥5,208.00					
12	3	SKY1021033	2020/4/11	银卡	¥ 987.00					

图 9-46

专家点拨

在向下填充公式时出现了错误值，这是因为已经找不到其他满足条件的记录了。当更改查找值后，如果它满足条件的条目数比较多，那么显示错误值的区域就会正确显示了。因此公式填充到什么位置由 ID 号重复的数量决定，可以多填充公式范围，防止出现漏项。

公式解析

=VLOOKUP(ROW(1:1),$A:$D,COLUMN(B:B),FALSE)

① ROW(1:1) 返回第 1 行的行号 1，当向下填充公式时，会随之变成 ROW(2:2)、ROW(3:3)、……。

② 将 COLUMN 函数返回结果设置为函数的第 3 个参数，当前返回值为 2，随着公式向右复制，返回值会依次变为 3、4、……，因此可让 VLOOKUP 函数依次返回 $A:$D 单元格区域中满足条件的各列上的值。

③ 利用 VLOOKUP 在 $A:$D 单元格区域中查找第①步返回值，找到后返回对应在第②步返回值指定列上的值。

专家点拨

由于建立的公式既要向右复制又要向下复制，因此在单元格的引用方式上一定要多加注意。

技巧 16　查找指定月份、指定专柜的销售金额

如图 9-47 所示表格中统计了各个店铺不同月份的销售金额（实际工作中可能会包含更多数据），要求实现快速查询任意店铺任意月份的销售金额。

专柜	1月	2月	3月
市府广场店	54.4	82.34	32.43
舒城路店	84.6	38.65	69.5
城隍庙店	73.6	50.4	53.21
南七店	112.8	102.45	108.37
太湖路店	45.32	56.21	50.21
青阳南路店	163.5	77.3	98.25
黄金广场店	98.09	43.65	76
大润发店	132.76	23.1	65.76

图 9-47

❶ 建立查询列标识，首先输入一个月份和一个店铺名称。

❷ 选中 H2 单元格，在公式编辑栏中输入公式：

```
=INDEX(B2:D9,MATCH(G2,A2:A9,0),MATCH(F2,B1:D1,0))
```

按"Enter"键得出"太湖路店"在"3月"的销售金额，如图9-48所示。

❸ 当要查询其他月份其他店铺的销售金额时，只需要按要求输入，即可正确查询。如图9-49所示查询的是"大润发店"在"1月"的销售金额。

H2		✕ ✓ fx	=INDEX(B2:D9,MATCH(G2,A2:A9,0),MATCH(F2,B1:D1,0))				
	A	B	C	D	E	F	G	H
1	专柜	1月	2月	3月		月份	专柜	金额
2	市府广场店	54.4	82.34	32.43		3月	太湖路店	50.21
3	舒城路店	84.6	38.65	69.5				
4	城隍庙店	73.6	50.4	53.21				公式返回结果
5	南七店	112.8	102.45	108.37				
6	太湖路店	45.32	56.21	50.21				
7	青阳南路店	163.5	77.3	98.25				
8	黄金广场店	98.09	43.65	76				
9	大润发店	132.76	23.1	65.76				

图 9-48

	A	B	C	D	E	F	G	H
1	专柜	1月	2月	3月		月份	专柜	金额
2	市府广场店	54.4	82.34	32.43		1月	大润发店	132.76
3	舒城路店	84.6	38.65	69.5				
4	城隍庙店	73.6	50.4	53.21			更换查询对象	
5	南七店	112.8	102.45	108.37				
6	太湖路店	45.32	56.21	50.21				
7	青阳南路店	163.5	77.3	98.25				
8	黄金广场店	98.09	43.65	76				
9	大润发店	132.76	23.1	65.76				

图 9-49

函数说明

● INDEX 函数用于返回表格或区域中的值或值的引用。
● MATCH 函数属于查找函数类型，用于返回在指定方式下与指定数值匹配的数组中元素的相应位置。

公式解析

=INDEX(B2:D9,MATCH(G2,A2:A9,0),MATCH(F2,B1:D1,0))

① 在 A2:A9 单元格区域中寻找 G2 单元格的值，并返回其位置（位于第几行中）。

② 在 B1:D1 单元格区域中寻找 F2 单元格的值，并返回其位置（位于第几列中）。

③ 返回 B2:D9 单元格区域中①步结果指定行处与②步结果指定列处（交叉处）的值。

专家点拨

MATCH 函数用于查找目标对象所在的位置，返回的是指定区域的第几行

329

或第几列的数字，并不能真正返回单元格中的值。而当给定了第几行（单列区域）、第几列（单行区域）、同时给出行数和列数（多行多列单元格区域）时，INDEX 则可以返回该交叉位置处的值。所以这两个函数一般是搭配使用的，内层使用 MATCH 函数去查找目标值并返回目标值所在位置，外层的 INDEX 函数再返回这个位置上的值就实现了智能查找，只要改变查找对象，就可以实现自动查找。

技巧 17　查找成绩最高的学生姓名

本例表格中统计了每位学生的学习成绩，现在要求通过公式快速查找成绩最高的学生的姓名。

选中 **D2** 单元格，在公式编辑栏中输入公式：

```
=INDEX(A2:A11,MATCH(MAX(B2:B11),B2:B11))
```

按"Enter"键，即可查找"成绩"列中的最大值并返回对应在"姓名"列上的值，如图 9-50 所示。

图 9-50

公式解析

=INDEX(A2:A11,MATCH(MAX(B2:B11),B2:B11))

① 返回 B2:B11 单元格区域中的最大值。

② 查找①步中返回值在 B2:B11 单元格区域中的位置，例如最大值在 B2:B11 单元格区域的第 4 行中，则此步返回 4。

③ 查找 A2:A11 单元格区域中②步结果指定行的值。

技巧 18　查询总金额最高的销售员

本例表格中统计了每位销售员不同月份的销售金额并计算了总金额，现在要求快速查询哪名销售员的总金额最高。

选中 **C11** 单元格，在公式编辑栏中输入公式：

```
=INDEX(A2:A9,MATCH(MAX(E2:E9),E2:E9))
```

按"Enter"键，即可返回最高总金额对应的销售员，如图 9-51 所示。

C11		× ✓ fx	=INDEX(A2:A9,MATCH(MAX(E2:E9),E2:E9))			
	A	B	C	D	E	F	G
1	销售员	1月	2月	3月	总金额		
2	陈晨	54.4	82.34	32.43	169.17		
3	王婉婉	84.6	38.65	69.5	192.75		
4	赵玲	73.6	50.4	53.21	177.21		
5	汪西西	112.8	102.45	108.37	323.62		
6	曹秋意	45.32	56.21	50.21	151.74		
7	章陆	163.5	77.3	98.25	339.05		
8	权桢珍			76	217.74		
9	周超			65.76	221.62		
10				公式返回结果			
11	总金额最高的销售员		章陆				

图 9-51

📖 公式解析

=INDEX(A2:A9,MATCH(MAX(E2:E9),E2:E9))

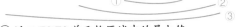

① 返回 E2:E9 单元格区域中的最大值。
② 查找①步结果在 E2:E9 单元格区域中的位置。
③ 查找 A2:A9 单元格区域中②步结果指定位置处的值。

技巧 19　查找短跑成绩表中用时最短的次数编号

本例表格中统计了 100 米短跑中 10 次测试的成绩，现在要求快速判断出哪一次的成绩最好（即用时最短）。

选中 **D2** 单元格，在公式编辑栏中输入公式：

```
=" 第 "&MATCH(MIN(B2:B11),B2:B11,0)&" 次 "
```

按"Enter"键得出结果，如图 9-52 所示。

D2		× ✓ fx	{="第"&MATCH(MIN(B2:B11),B2:B11,0)&"次"}			
	A	B	C	D	E	F
1	次数	100米用时(秒)		用时最少的是第几次		
2	1	30		第7次		
3	2	27				
4	3	33		公式返回结果		
5	4	28				
6	5	30				
7	6	31				
8	7	26				
9	8	30				
10	9	29				
11	10	31				

图 9-52

公式解析

=" 第 "&MATCH(MIN(B2:B11),B2:B11,0)&" 次 "

① 求 B2:B11 单元格区域中的最小值。

② MATCH 函数查找①步返回值在 B2:B11 单元格区域中的行数。

第 **10** 章　日期数据的处理函数

技巧 1　建立倒计时牌

为了特殊表达某一个日期的重要性，通常会建立一个倒计时牌。此时可以使用 DATE 函数配合 TODAY 函数来建立公式。

选中 C2 单元格，在公式编辑栏中输入公式：

```
=DATE(2021,12,12)-TODAY()&"（天）"
```

按 "Enter" 键，得出倒计时天数，如图 10-1 所示。

图 10-1

📖 函数说明

● DATE 函数用于返回特定日期的序列号。
● TODAY 函数用于返回当前日期的序列号。

📝 公式解析

=DATE(2021,12,12)-TODAY()&"（天）"
计算指定日期与当前日期相差的天数。

技巧 2　计算展品陈列天数

某展馆约定某个展架上展品的上架天数不能超过 **30** 天，根据上架日期，可以快速求出展品已陈列天数，从而方便对展品陈列情况的管理。如图 10-2 所示中 C 列为求取的陈列天数。

❶ 选中 C2 单元格，在编辑栏中输入公式：

```
=TODAY()-B2
```

按"Enter"键，即可计算出 B2 单元格上架日期至今日已陈列的天数，如图 10-3 所示。

▲	A	B	C
1	展品	上架时间	陈列时间
2	A	2020/10/20	200
3	B	2020/10/20	200
4	C	2020/11/1	188
5	D	2020/11/1	188
6	E	2020/11/10	179
7	F	2020/11/12	177
8	G	2020/11/15	174

图 10-2

C2			▼	：	×	✓	fx	=TODAY()-B2

▲	A	B	C	D
1	展品	上架时间	陈列时间	
2	A	2020/10/20	1900/7/18	
3	B	2020/10/20		
4	C	2020/11/1		
5	D	2020/11/1		
6	E	2020/11/10		
7	F	2020/11/12		
8	G	2020/11/15		

图 10-3

❷ 选中 C2 单元格，拖动右下角的填充柄向下复制公式，即可批量求取各展品的已陈列天数。

❸ 选中求解出的陈列天数，在"开始"→"数字"选项组的下拉选项中选择"常规"格式，即可显示出正确的天数，如图 10-4 所示。

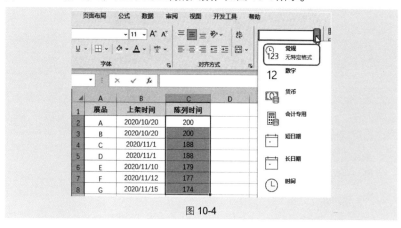

图 10-4

📋✒️ **公式解析**

=TODAY()-B2

计算当前日期与 B2 单元格中日期相差的天数。

技巧 3　判断借出的图书是否到期

本例表格统计了图书的借出日期，规定：借阅时间超过 60 天时，即显示"到期"，否则显示"未到期"，判断后得到如图 10-5 所示中 C 列的数据。

	A	B	C
1	图书	借出日期	是否到期
2	财务管理	2021/3/24	未到期
3	工程管理	2021/3/3	到期
4	HR必备	2021/4/10	未到期
5	会计基础	2021/3/7	到期
6	计算机基础	2021/5/18	未到期
7	读者	2021/5/19	未到期
8	瑞丽时尚	2018/3/5	到期
9	汽车之间	2021/3/16	未到期

图 10-5

❶ 选中 C2 单元格，在公式编辑栏中输入公式：

```
=IF(TODAY()-B2>60,"到期","未到期")
```

按“Enter”键，即可判断出借阅的图书是否到期，如图 10-6 所示。

C2 =IF(TODAY()-B2>60,"到期","未到期")

	A	B	C	D	E
1	图书	借出日期	是否到期		
2	财务管理	2021/3/24	未到期		
3	工程管理	2021/3/3			
4	HR必备	2021/4/10			
5	会计基础	2021/3/7			
6	计算机基础	2021/5/18			

图 10-6

❷ 选中 C2 单元格，拖动右下角的填充柄向下复制公式，即可快速判断出其他图书是否到期，如图 10-5 所示。

公式解析

=IF(TODAY()-B2>60,"到期","未到期")

① ②

① 求“TODAY()-B2”的差值，并判断是否大于 60。

② 如果①步为真，返回“到期”，否则返回“未到期”。

技巧 4 计算员工在职天数

如图 10-7 所示，表格中记录了员工的入职日期与离职日期。现在要求计算员工的在职天数，即得到 E 列的结果。

❶ 选中 E2 单元格，在公式编辑栏中输入公式：

```
=IF(D2<>"",D2-C2,TODAY()-C2)
```

按“Enter”键，得出第一位员工的在职天数，如图 10-8 所示。

	A	B	C	D	E
1	编号	姓名	入职日期	离职日期	在职天数
2	NN001	闫绍红	2012/6/23	2015/1/10	931
3	NN002	罗婷	2013/12/6		2710
4	NN003	杨增	2015/7/28		2111
5	NN004	王倩	2014/8/4	2016/1/5	519
6	NN005	姚磊	2017/11/22		1263
7	NN006	郑燕媚	2018/4/27		1107
8	NN007	洪新成	2019/4/27		742
9	NN008	罗婷	2019/5/7		732

批量结果

图 10-7

E2 =IF(D2<>"",D2-C2,TODAY()-C2)

	A	B	C	D	E	F
1	编号	姓名	入职日期	离职日期	在职天数	
2	NN001	闫绍红	2012/6/23	2015/1/10	931	
3	NN002	罗婷	2013/12/6			
4	NN003	杨增	2015/7/28			
5	NN004	王倩	2014/8/4	2016/1/5		
6	NN005	姚磊	2017/11/22			

公式返回结果

图 10-8

② 选中 E2 单元格，拖动右下角的填充柄向下复制公式，即可批量得出如图 10-7 所示的结果。

公式解析

=IF(D2<>"",D2-C2,TODAY()-C2)

① 当前日期减去 C2 单元格的日期。

② 如果 D2 单元格不是空值（即填写了离职日期），返回 D2-C2 的值，否则返回①步结果。

技巧 5 计算临时工的工作天数

本例表格中统计了一段时间内临时工的工作起始日期，工作结束日期统一为“2021-5-20”，现在要求计算出每位临时工的工作天数，如图 10-9 所示。

	A	B	C
1	姓名	开始日期	工作天数
2	张文军	2021/3/4	77
3	孙涛	2021/3/3	78
4	周保国	2021/3/10	71
5	崔志飞	2021/3/7	74
6	郑淑娟	2021/4/18	32
7	左卫	2021/4/19	31
8	刘美玲	2021/4/3	47
9	周彤	2021/4/16	34

图 10-9

① 选中 C2 单元格，在公式编辑栏中输入公式：

```
=DATE(2021,5,20)-B2
```

按“Enter”键，即可计算出 B2 单元格中的日期距离“2021-5-20”的间隔天数（但默认返回的是日期值），如图 10-10 所示。

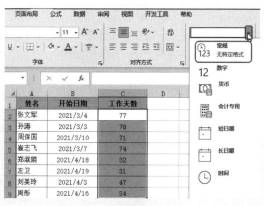

图 10-10

❷ 选中 C2 单元格，拖动右下角的填充柄向下复制公式。然后选中 C2:C9 单元格区域，在"开始"→"数字"选项组的下拉选项中选择"常规"格式，即可正确显示工作天数，如图 10-11 所示。

图 10-11

📖 公式解析

=DATE(2021,5,20)-B2

① 将"2021,5,20"构建为可计算的标准日期。
② 用①步日期减去 B2 单元格中的日期。

技巧 6 计算员工年龄

如图 10-12 所示表格的 C 列中显示了各员工的出生日期。现在要求由出生日期快速计算出各员工的年龄，即得到 D 列的结果。

❶ 选中 D2 单元格，在公式编辑栏中输入公式：

```
=YEAR(TODAY())-YEAR(C2)
```

按 "Enter" 键得出结果（是一个日期值），如图 10-13 所示。

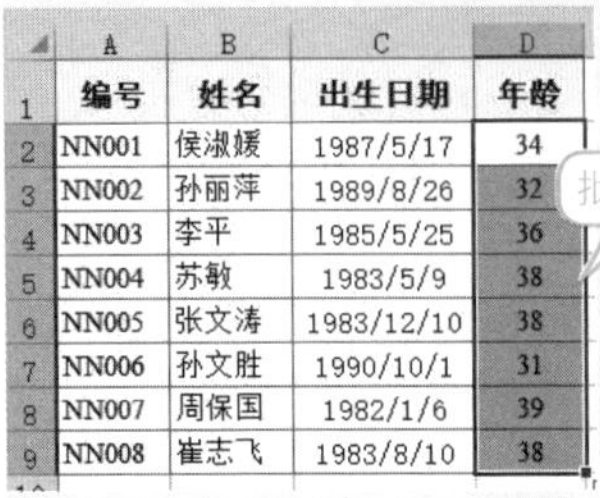

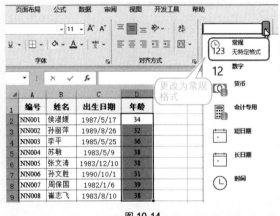

图 10-12

图 10-13

❷ 选中 **D2** 单元格，拖动右下角的填充柄向下复制公式，即可批量得出一列日期值。选中 "年龄" 列函数返回的日期值，在 "开始" → "数字" 选项组的下拉选项中选择 "常规" 格式，即可得出正确的年龄值，如图 **10-14** 所示。

图 10-14

函数说明

YEAR 函数表示某日期对应的年份。返回值为 1900 到 9999 的整数。

公式解析

=YEAR(TODAY())-YEAR(C2)

①返回当前日期。
②提取 C2 单元格中日期的年份。
③①步结果减去②步结果，返回年份值。

技巧 7　计算员工工龄

如图 10-15 所示表格的 C 列中显示了各员工的入职日期。现在要求根据入职日期计算员工的工龄，即得到 D 列的结果。

❶ 选中 D2 单元格，在公式编辑栏中输入公式：

```
=YEAR(TODAY())-YEAR(C2)
```

按 "Enter" 键得出结果（是一个日期值），如图 10-16 所示。

	A	B	C	D
1	编号	姓名	入职日期	工龄
2	NN001	闫绍红	2012/6/23	9
3	NN002	罗婷	2012/12/6	8
4	NN003	杨增	批量结果	6
5	NN004	王倩	2014/8/4	7
6	NN005	姚磊	2017/11/22	4
7	NN006	郑燕媚	2018/4/27	3
8	NN007	洪新成	2019/4/27	2
9	NN008	罗婷	2019/5/7	2

图 10-15

D2　　　ƒx　=YEAR(TODAY())-YEAR(C2)

	A	B	C	D	E	F
1	编号	姓名	入职日期	工龄		
2	NN001	闫绍红	2012/6/23	1900/1/9		
3	NN002	罗婷	2013/12/6	公式返回结果		
4	NN003	杨增	2015/7/28			
5	NN004	王倩	2014/8/4			
6	NN005	姚磊	2017/11/22			
7	NN006	郑燕媚	2018/4/27			

图 10-16

❷ 选中 D2 单元格，拖动右下角的填充柄向下复制公式，即可批量得出一列日期值。选中 "工龄" 列函数返回的日期值，在 "开始" → "数字" 选项组的下拉选项中选择 "常规" 格式，即可得出正确的工龄值，如图 10-17 所示。

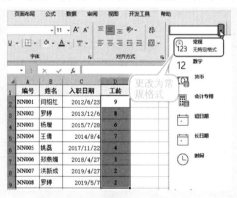

图 10-17

技巧 8　根据员工工龄自动追加工龄工资

如图 10-18 所示表格中显示了员工的入职时间，现在要求根据员工入职时间计算其工龄工资（每满一年，工龄工资自动增加 100 元），即得到 D 列的数据。

编号	姓名	入职时间	工龄工资
NN001	闫绍红	2011/1/1	1000
NN002	罗婷	2012/3/15	900
NN003	杨增	2012/10/4	800
NN004	王倩	2012/10/11	800
NN005	姚磊	2013/6/1	700
NN006	郑燕媚	2013/11/5	700
NN007	洪新成	2013/11/5	700
NN008	罗婷	2015/11/15	500
NN009	刘智南	2018/3/5	300
NN010	李锐	2018/3/5	300

（批量结果）

图 10-18

❶ 选中 D2 单元格，在公式编辑栏中输入公式：

```
=DATEDIF(C2,TODAY(),"y")*100
```

按"Enter"键得到一个日期值，如图 10-19 所示。

编号	姓名	入职时间	工龄工资
NN001	闫绍红	2011/1/1	1903/1/4
NN002	罗婷	2012/3/15	
NN003	杨增	2012/10/4	
NN004	王倩	2012/10/11	

（公式返回结果）

图 10-19

❷ 选中 D2 单元格，拖动右下角的填充柄向下复制公式，即可批量得出一列日期值。选中"工龄工资"列函数返回的日期值，在"开始"→"数字"选项组的下拉列表中选择"常规"格式，即可显示出正确的工龄工资，如图 10-20 所示。

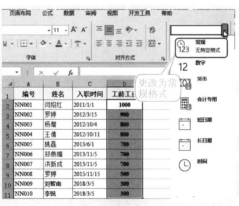

图 10-20

👆 **函数说明**

DATEDIF 函数用于计算两个日期之间的年数、月数和天数（用不同的参数指定）。

📖✏ **公式解析**

=DATEDIF(C2,TODAY(),"y")*100

① 返回当前日期。

② 计算 C2 单元格日期与①步结果日期之间的年数（用 "y" 参数指定，要返回两个日期之间的月数、天数等可以使用其他参数来指定）。

③ 将②步结果乘以 100。

技巧 9 根据休假天数自动显示出休假结束日期（排除周末和周日）

如图 10-21 所示表格中显示了休假开始日期与休假天数，要求通过设置公式自动显示出休假结束日期，即得到 D 列的结果。

❶ 选中 D2 单元格，在公式编辑栏中输入公式：

`=WORKDAY(B2,C2)`

按 "Enter" 键得出结果（默认是一个日期序列号），将 D2 单元格的格式设置为日期值，如图 10-22 所示。

图 10-21　　　　　　　　图 10-22

❷ 选中 D2 单元格，拖动右下角的填充柄向下复制公式，即可批量得出结果。

👆 **函数说明**

WORKDAY 函数返回在某日期（起始日期）之前或之后、与该日期相隔指定工作日的某一日期的日期值。工作日不包括周末、周日和专门指定的假日。

技巧 10 返回值班日期对应的星期数

本例表格（见图 10-23）的 B 列中显示了各员工的值班日期，现在要求根据值班日期快速得知对应的星期数，即得到 C 列的结果。

第 10 章 日期数据的处理函数

341

① 选中 C2 单元格，在公式编辑栏中输入公式：

```
=WEEKDAY(B2,2)
```

按 "Enter" 键返回星期数，如图 10-24 所示。

图 10-23

图 10-24

② 选中 C2 单元格，拖动右下角的填充柄向下复制公式，即可批量根据日期返回对应的星期数。

函数说明

WEEKDAY 函数返回某日期为星期几。默认情况下，其值为 1（星期一）到 7（星期日）的整数。

技巧 11 判断加班日期是平时还是双休日

如图 10-25 所示表格的 A 列中显示了加班日期，现在要求根据 A 列中的加班日期判断是双休日加班还是平时加班，即得到 E 列的结果。

图 10-25

① 选中 E2 单元格，在公式编辑栏中输入公式：

=IF(OR(WEEKDAY(A2,2)=6,WEEKDAY(A2,2)=7)," 双休日加班 ",
" 平时加班 ")

按 "Enter" 键，得出加班类型，如图 10-26 所示。

	A	B	C	D	E	F	G
1	加班日期	员工工号	员工姓名	加班时数	加班类型		
2	2021/4/4	NN290	刘智南	5	双休日加班		
3	2021/4/7	NN283	李锐	2.5			
4	2021/4/12	NN295	侯淑媛	5	公式返回结果		
5	2021/4/12	NN297	李平	2			
6	2021/4/13	NN560	张文涛	3			

E2 单元格显示公式：=IF(OR(WEEKDAY(A2,2)=6,WEEKDAY(A2,2)=7),"双休日加班","平时加班")

图 10-26

❷ 选中 E2 单元格，拖动右下角的填充柄向下复制公式，即可批量根据加班日得出加班类型。

公式解析

④
③
=IF(OR(WEEKDAY(A2,2)=6,WEEKDAY(A2,2)=7)," 双休日加班 "," 平时加班 ")
①
②

① 判断 A2 单元格中的星期数是否为 6。
② 判断 A2 单元格中的星期数是否为 7。
③ 判断①步结果与②步结果中是否有一个满足。
④ 如果③步结果成立，返回"双休日加班"，否则返回"平时加班"。

技巧 12 计算平时与双休日的加班工资

本例表格中统计了员工的加班日期与加班时长，其中平时加班，加班工资为 30 元 / 小时；双休日加班，加班工资为 60 元 / 小时。现在想自动判断加班日是平时还是双休日，并自动计算出加班工资，如图 10-27 所示 D 列的数据。

	A	B	C	D
1	日期	员工姓名	加班时长(小时)	加班工资(元)
2	4月1日	刘智南	1	30
3	4月2日	李锐	2	60
4	4月3日	侯淑媛	3	180
5	4月4日	李平	4	240
6	4月5日	张文涛	2	60
7	4月6日	苏敏	1	30
8	4月7日	张文涛	2.5	75
9	4月8日	侯淑媛	1	30
10	4月9日	李平	2	60
11	4月10日	孙丽萍	4	240

图 10-27

❶ 选中 **D2** 单元格，在编辑栏中输入公式：

```
=IF(WEEKDAY(A2,2)<6,C2*30,C2*60)
```

按 "Enter" 键，即可计算出第一位员工的加班工资金额。

❷ 选中 **D2** 单元格，拖动右下角的填充柄向下复制公式，即可得出各员工的加班工资金额，如图 **10-28** 所示。

D2		× ✓ fx	=IF(WEEKDAY(A2,2)<6,C2*30,C2*60)	
	A	B	C	D	E
1	日期	员工姓名	加班时长（小时）	加班工资（元）	
2	4月1日	刘智南	1	30	
3	4月2日	李锐	2		
4	4月3日	侯淑媛	3		
5	4月4日	李平	4		
6	4月5日	张文涛	2		
7	4月6日	苏敏	1		

图 10-28

公式解析

=IF(WEEKDAY(A2,2)<6,C2*30,C2*60)

①　返回 A2 单元格日期对应的星期数，并判断是否小于 6，小于 6 则表示是平时。

②　如果①步为真，则计算"C2*30"，否则计算"C2*60"。

技巧 13　计算两个日期间的工作日

假设企业在某一段时间招收一批临时工，根据开始日期与结束日期可以计算每位临时工的实际工作天数（见图 **10-29** D 列的数据），以方便核算工资。注意这里的工作日数要排除周末日期与指定的节假日。

	A	B	C	D
1	姓名	开始日期	结束日期	工作日数
2	周保军	2020/12/1	2021/1/10	28
3	崔志飞	2020/12/5	2021/1/10	24
4	李平	2020/12/12	2021/1/10	19
5	苏敏	2020/12/18	2021/1/10	15
6	张文涛	2020/12/20	2021/1/10	14
7	孙文静	2020/12/20	2021/1/10	14

图 10-29

● 选中 D2 单元格，在公式编辑栏中输入公式：

```
=NETWORKDAYS(B2,C2,"2021/1/1")
```

按 "Enter" 键，得出给定的两个日期间的工作日数，如图 10-30 所示。

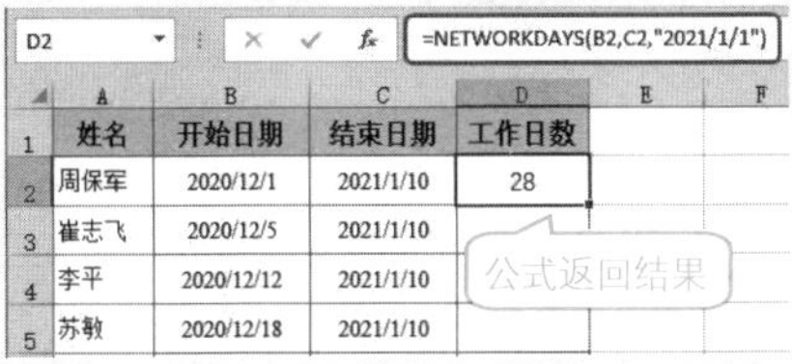

图 10-30

● 选中 D2 单元格，拖动右下角的填充柄向下复制公式，即可计算出每位临时工的工作天数。

函数说明

NETWORKDAYS 函数表示返回参数 start_date 和 end_date 之间完整的工作日数值。工作日不包括周末和专门指定的节假日。

公式解析

=NETWORKDAYS(B2,C2,"2021/1/1")

计算 B2 与 C2 两个单元格中日期间隔的工作日数，并且去除 "2021/1/1" 这个日期。

技巧 14　计算优惠券有效的截止日期

某商场发放的优惠券的使用规则是：从发出日期起至特定几个月的最后一天内使用有效，现在要在表格中返回各种优惠券的截止日期，如图 10-31 所示。

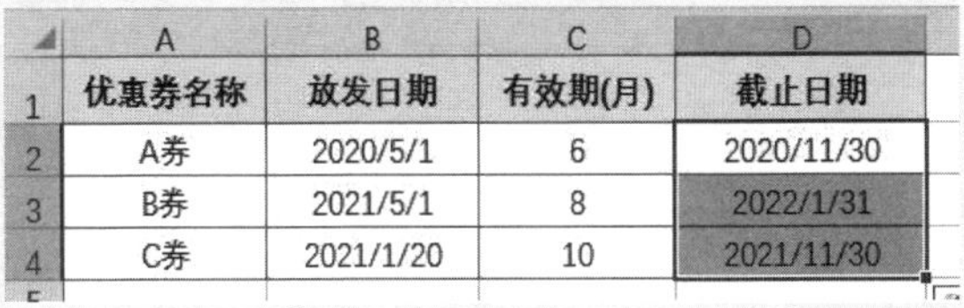

图 10-31

● 选中 D2 单元格，在编辑栏中输入公式：

```
=EOMONTH(B2,C2)
```

● 按 "Enter" 键，返回一个日期的序列号，如图 10-32 所示。

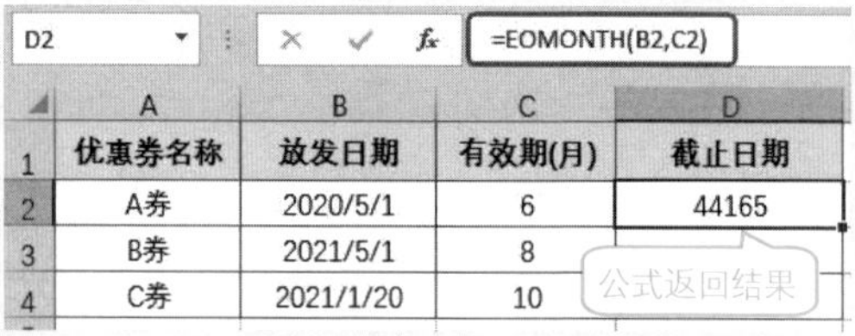

	A	B	C	D
1	优惠券名称	放发日期	有效期(月)	截止日期
2	A券	2020/5/1	6	44165
3	B券	2021/5/1	8	
4	C券	2021/1/20	10	

图 10-32

③ 选中 D2 单元格，拖动右下角的填充柄向下复制公式。选中返回值的单元格区域，在“开始”选项卡的“数字”组中重新设置单元格的格式为“短日期”，即可得到截止日期，如图 10-31 所示。

函数说明

EOMONTH 函数用于返回某个月份最后一天的序列号。第一个参数是起始日期，第二个参数是指定之前或之后的月份。

技巧 15　在考勤表中根据当前月份自动建立日期序列

根据当前月份自动显示本月日期在报表的制作中非常实用。例如，在考勤记录表中，要按日期来对员工出勤情况进行记录，但不同月份的实际天数却不一定相同（如 1 月份有 31 天，而 2 月份有可能有 28 天、29 天）。如图 10-33 所示，显示了 2021 年 2 月的日期序列（中间有部分隐藏）；如图 10-34 所示，显示了 2021 年 3 月的日期序列（中间有部分隐藏）。

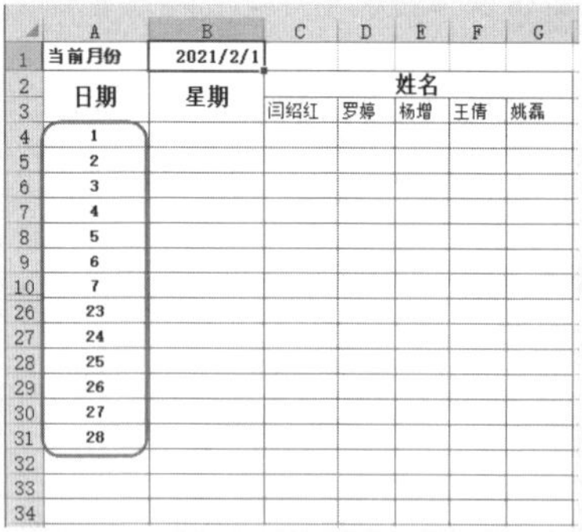

图 10-33

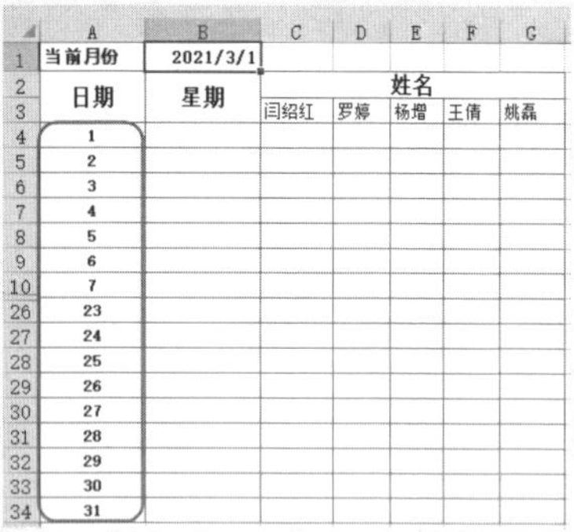

图 10-34

① 选中 A4 单元格，在公式编辑栏中输入公式：

```
=IF(ROW(A1)<=DAY(EOMONTH($B$1,0)),DAY(DATE(YEAR($B$1),
MONTH($B$1),ROW(A1))),"")
```

按 "Enter" 键，得出当前月份中的第一个日期，如图 10-35 所示。

图 10-35

❷ 选中 A4 单元格，拖动右下角的填充柄向下复制公式，即可自动获取本月对应的所有日期序号（最关键的是最后一天的数字）。

❸ 当进入下一个月份时，日期序列即可根据当前月份的天数自动返回序列。

函数说明

- ROW 函数属于查找函数类型，用于返回引用的行号。
- DAY 函数属于日期函数类型，用于返回以序列号表示的某日期的天数，用整数 1 ~ 31 表示。
- DATE 函数属于日期函数类型，用于返回特定日期的序列号。
- YEAR 函数属于日期函数类型，用于返回某日期对应的年份。
- MONTH 函数属于日期函数类型，用于返回以序列号表示的日期中的月份。

公式解析

=IF(ROW(A1)<=DAY(EOMONTH($B$1,0)),DAY(DATE(YEAR($B$1),MONTH ($B$1),ROW(A1))),"")

① 返回 B1 单元格中给定日期的该月份的最后一天的日期。
② 提取①步中返回日期的天数。
③ 如果 ROW(A1) 小于等于②步返回值，则进入④步以后的运算，否则返回空值。
④ 提取 B1 单元格中给定日期的年份、月份并与 ROW(A1) 组成一个日期值。
⑤ 从④步返回的日期值中提取天数。

专家点拨

公式中②步返回值已经确定了当前月份的最大天数，再用 "ROW(A1)<=DAY (EOMONTH($B$1,0))" 进行判断，可以控制再向下复制公式时，日期具体显示到哪一个为止。该公式是多个日期函数嵌套使用的例子。

技巧 16　在考勤表中根据日期自动返回对应的星期数

在报表的制作过程中除了经常需要根据当前月份返回日期序列，有时还需要根据日期序列再自动返回其对应的星期数（如建立考勤表）。如图 10-36 所示，显示了 2021 年 3 月中各日期对应的星期数（中间有部分隐藏）；如图 10-37 所示，显示了 2021 年 4 月中各日期对应的星期数（中间有部分隐藏）。

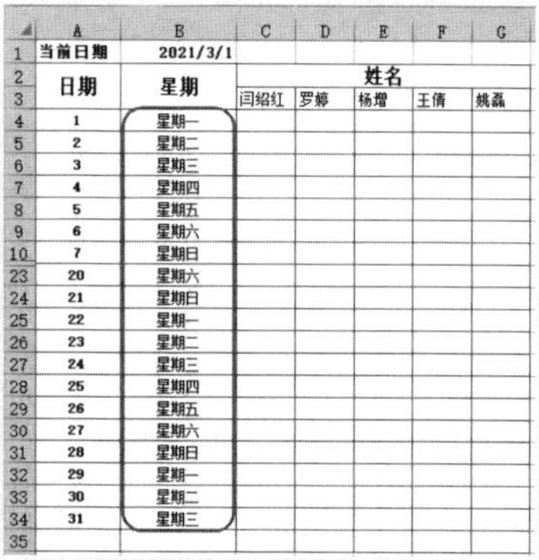

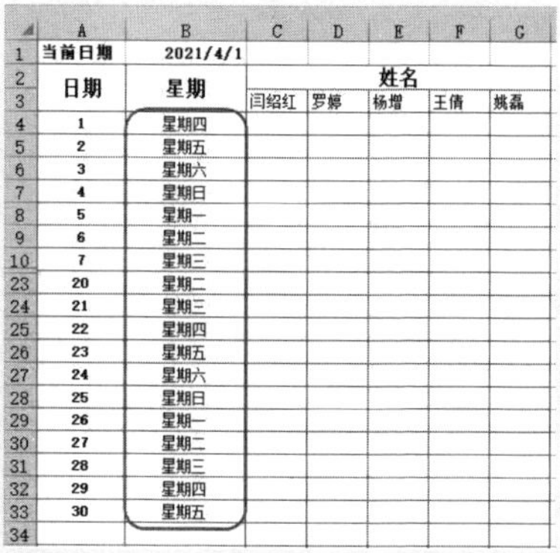

图 10-36　　　　　　　　　图 10-37

❶ 选中 B4 单元格，在公式编辑栏中输入公式：

```
=IF(ROW(A1)<=DAY(EOMONTH($B$1,0)),WEEKDAY(DATE(YEAR($B$1),
MONTH($B$1),A4),1),"")
```

按 "Enter" 键得出结果，如图 10-38 所示。

图 10-38

❷ 选中 B4 单元格，拖动右下角的填充柄向下复制公式，即可自动获取各日期对应的星期数。

❸ 当进入下一个月份时，日期序列发生改变，同时对应的星期数也发生改变。

🔊 专家点拨

本公式的解析可以参照技巧 15，只是在第⑤步中将 DAY 函数换成 WEEKDAY 函数，因此可以返回各日期对应的星期数。

技巧 17　计算年假占全年天数的百分比

如图 10-39 所示表格中显示了假期开始日期与结束日期，要求通过设置公式自动显示年假占全年天数的百分比，即得到 D 列的结果。

❶ 选中 D2 单元格，在公式编辑栏中输入公式：

```
=YEARFRAC(B2,C2,3)
```

按 "Enter" 键得出结果（默认是小数），如图 10-40 所示。

	A	B	C	D
1	姓名	假期开始	假期结束	休假天数占全年的百分比
2	章源	2020/7/4	2020/7/10	1.64%
3	胡海燕	2020/7/28	2020/8/20	6.30%
4	陈思思	2020/8/15	2020/8/21	1.64%
5	张迈	2020/9/1	2020/9/9	2.19%
6	刘小佳	2020/9/17	2020/10/7	5.48%
7	魏凯	2020/8/18	2020/9/24	10.14%
8	赵珊	2020/12/19	2020/12/23	1.10%

图 10-39

D2		× ✓ fx	=YEARFRAC(B2,C2,3)
	A	B	C	D
1	姓名	假期开始	假期结束	休假天数占全年的百分比
2	章源	2020/7/4	2020/7/10	0.016438356
3	胡海燕	2020/7/28	2020/8/	
4	陈思思	2020/8/15	2020/8/	公式返回结果
5	张迈	2020/9/1	2020/9/9	

图 10-40

❷ 选中 D2 单元格，拖动右下角的填充柄向下复制公式，即可批量得出一列小数值。选中 "休假天数占全年的百分比" 列函数返回的小数值，在 "开始" → "数字" 选项组的下拉选项中选择 "百分比" 格式，即可显示出正确的百分比值，如图 10-41 所示。

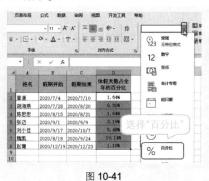

图 10-41

函数说明

YEARFRAC 函数用于返回两个日期的差值占一年时间的百分比。此函数的实际应用有很多，比如可以用来判定在某一特定条件下全年债务或者效益的比例。

公式解析

=YEARFRAC(B2,C2,3)

以一年 365 天的方式，计算 C2 与 B2 单元格中日期差值占全年日期的百分比。

技巧 18　判断应收账款是否到期

如图 10-42 所示表格，现在要求根据到期日期判断各项应收账款是否到期，如果到期（约定超过还款日期 90 天为到期）则返回"到期"，如果未到期则返回"未到期"，即得到 D 列的数据。

公司名称	账款金额	还款日期	是否到期
宏运佳建材公司	¥ 20,850.00	2021/4/11	未到期
海兴建材有限公司	¥ 5,000.00	2021/3/13	未到期
孚盛装饰公司	¥ 15,600.00	2021/1/6	到期
澳菲建材有限公司	¥ 120,000.00	2021/2/1	到期
拓帆建材有限公司	¥ 15,000.00	2021/4/28	未到期
雅得丽装饰公司	¥ 18,000.00	2021/4/1	未到期
海玛装饰公司	¥ 30,000.00	2021/3/11	未到期

图 10-42

● 选中 D2 单元格，在公式编辑栏中输入公式：

=IF(TODAY()-C2>90,"到期","未到期")

按"Enter"键得出结果，如图 10-43 所示。

公司名称	账款金额	还款日期	是否到期
宏运佳建材公司	¥ 20,850.00	2021/4/11	未到期
海兴建材有限公司	¥ 5,000.00	2021/3/13	
孚盛装饰公司	¥ 15,600.00	2021/1/6	
澳菲建材有限公司	¥ 120,000.00	2021/2/1	
拓帆建材有限公司	¥ 15,000.00	2021/4/28	
雅得丽装饰公司	¥ 18,000.00	2021/4/1	
海玛装饰公司	¥ 30,000.00	2021/3/11	

图 10-43

② 选中 D2 单元格，拖动右下角的填充柄向下复制公式，即可批量得出如图 10-42 所示（D 列数据）的结果。

📋 公式解析

=IF(TODAY()-C2>90," 到期 "," 未到期 ")
  ——①——————————②

① 用当前日期减去 C2 单元格的日期。
② 如果①步结果大于 90，则返回"到期"，否则返回"未到期"。

技巧 19　　计算总借款天数

如图 10-44 所示表格中显示了借款开票日期与还款日期，现在要求计算总借款天数，即得到 E 列的结果。

	A	B	C	D	E
1	公司名称	开票日期	还款日期	应收金额	借款天数
2	宏运佳建材公司	2020/11/6	2020/12/29	¥ 22,000.00	53
3	海兴建材有限公司	2020/12/22	2021/4/11	¥ 10,000.00	110
4	孚盛装饰公司	2020/11/10	2021/3/13	¥ 29,000.00	123
5	澳菲建材公司	2021/1/17	2021/2/6	¥ 28,700.00	20
6	拓帆建材有限公司	2021/1/17	2021/2/1	¥ 22,000.00	15
7	澳菲建材有限公司	2021/1/28	2021/4/28	¥ 18,000.00	90
8	宏运佳建材公司	2020/10/2	2021/4/1	¥ 30,000.00	181
9	雅得丽装饰公司	2021/3/1	2021/3/11	¥ 8,000.00	10
10	海玛装饰公司	2020/10/3	2021/3/28	¥ 8,500.00	176
11	海兴建材有限公司	2021/1/14	2021/3/24	¥ 8,500.00	69

批量结果

图 10-44

① 选中 E2 单元格，在公式编辑栏中输入公式：

=DATEDIF(B2,C2,"D")

按"Enter"键得出第一项借款的总借款天数，如图 10-45 所示。

E2	▼	× ✓ fx	=DATEDIF(B2,C2,"D")		
	A	B	C	D	E
1	公司名称	开票日期	还款日期	应收金额	借款天数
2	宏运佳建材公司	2020/11/6	2020/12/29	22,000.00	53
3	海兴建材有限公司	2020/12/22	2021/4/11	¥ 10,000.00	
4	孚盛装饰公司	2020/11/10	2021/3/13	¥	
5	澳菲建材公司	2021/1/17	2021/2/6	¥	公式返回结果
6	拓帆建材有限公司	2021/1/17	2021/2/1	¥ 22,000.00	
7	澳菲建材有限公司	2021/1/28	2021/4/28	¥ 18,000.00	
8	宏运佳建材公司	2020/10/2	2021/4/1	¥ 30,000.00	
9	雅得丽装饰公司	2021/3/1	2021/3/11	¥ 8,000.00	
10	海玛装饰公司	2020/10/3	2021/3/28	8,500.00	
11	海兴建材有限公司	2021/1/14	2021/3/24	8,500.00	

图 10-45

② 选中 E2 单元格，拖动右下角的填充柄向下复制公式，即可批量得出结果，如图 10-44 所示。

函数说明

DATEDIF 函数用于计算两个日期之间的年数、月数和天数（用不同的参数指定）。

专家点拨

本技巧中要计算出两个日期之间相隔的天数，所以要使用"D"参数。另外，DATEDIF 函数还有其他的参数。例如，可以用"Y"返回两个日期之间的年数；用"M"返回两个日期之间的月数；用"YM"忽略两个日期的年数，返回之间的月数；用"YD"忽略两个日期的年数，返回之间的天数；用"MD"忽略两个日期的年数和月数，返回之间的天数。

技巧 20 计算还款剩余天数

如图 10-46 所示表格的 C 列中显示了借款的应还日期，现在要求计算出各项借款的还款剩余天数，即得到 D 列的结果（如果为负数表示已经到期）。

❶ 选中 D2 单元格，在公式编辑栏中输入公式：

```
=DAYS360(TODAY(),C2)
```

按"Enter"键，得出结果为 68，表示该项借款还有 68 天到期，如图 10-47 所示。

❷ 选中 D2 单元格，拖动右下角的填充柄向下复制公式，即可批量得出各项借款是否到期或还有多少天到期，如图 10-46 所示。

图 10-46   图 10-47

函数说明

DAYS360 按照一年 360 天的算法（每个月以 30 天计），返回两个日期间相差的天数，会计运算中一般会采用这种运算方式。

技巧 21 根据账龄计算应收账款的到期日期

如图 10-48 所示表格的 B 列中显示借款日期，C 列显示账龄，现在要求计算出到期日期，即得到 D 列的结果。

① 选中 D2 单元格，在公式编辑栏中输入公式：

```
=EDATE(B2,C2)
```

按“Enter”键得出第一个发票的到期日期，如图 10-49 所示。

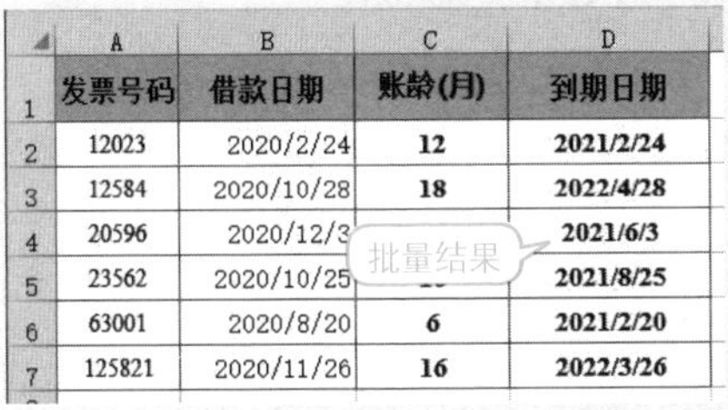

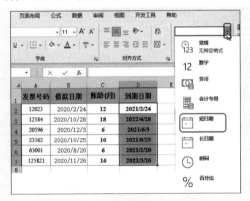

	A	B	C	D
1	发票号码	借款日期	账龄(月)	到期日期
2	12023	2020/2/24	12	2021/2/24
3	12584	2020/10/28	18	2022/4/28
4	20596	2020/12/3		2021/6/3
5	23562	2020/10/25		2021/8/25
6	63001	2020/8/20	6	2021/2/20
7	125821	2020/11/26	16	2022/3/26

图 10-48

D2 =EDATE(B2,C2)

	A	B	C	D
1	发票号码	借款日期	账龄(月)	到期日期
2	12023	2020/2/24	12	44251
3	12584	2020/10/28		
4	20596	2020/12/3		
5	23562	2020/10/25	10	
6	63001	2020/8/20	6	
7	125821	2020/11/26	16	

图 10-49

② 选中 D2 单元格，拖动右下角的填充柄向下复制公式，即可批量得出到期日期。选中“到期日期”列函数返回的日期，在“开始”→“数字”选项组的下拉选项中选择“短日期”格式，即可显示出正确的日期，如图 10-50 所示。

	A	B	C	D
1	发票号码	借款日期	账龄(月)	到期日期
2	12023	2020/2/24	12	2021/2/24
3	12584	2020/10/28	18	2022/4/28
4	20596	2020/12/3	6	2021/6/3
5	23562	2020/10/25	10	2021/8/25
6	63001	2020/8/20	6	2021/2/20
7	125821	2020/11/26	16	2022/3/26

图 10-50

函数说明

EDATE 函数用于返回一个日期，指示起始日期之前或之后的月数。它的函数形式是 EDATE（start_date，months），start-date 参数表示起始日期，months 表示相应的月份。

技巧 22　利用 DAYS360 函数判断借款是否逾期

如图 10-51 所示表格中显示了各项借款的到期日期，现在要求判断各项借款是否到期，如果到期则显示出逾期天数，即得到 E 列的结果。

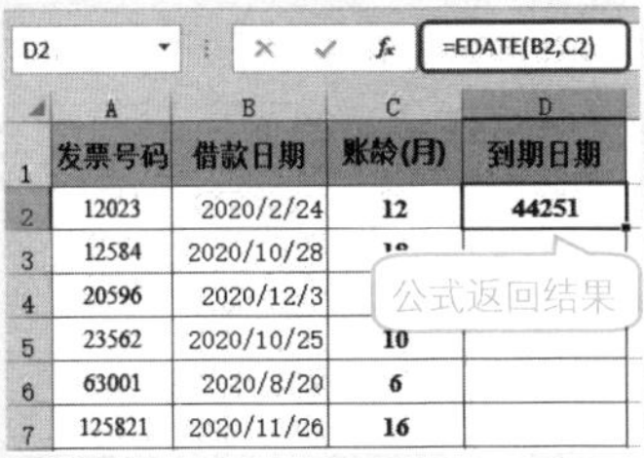

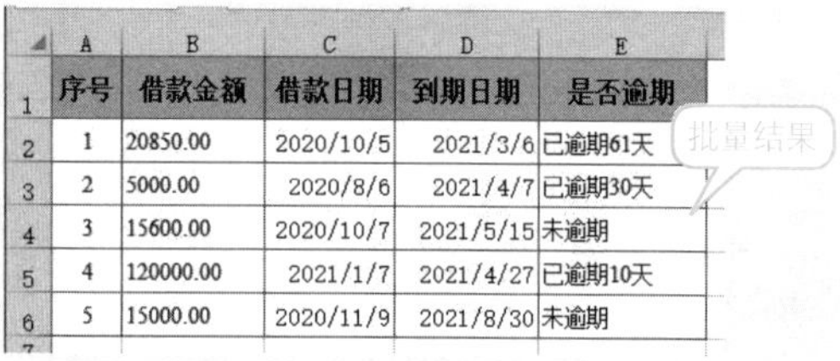

图 10-51

❶ 选中 E2 单元格，在公式编辑栏中输入公式：

```
=IF(DAYS360(TODAY(),D2)<0,"已逾期 "&-DAYS360(TODAY(),
D2)&" 天 "," 未逾期 ")
```

按 "Enter" 键得出结果，如图 10-52 所示。

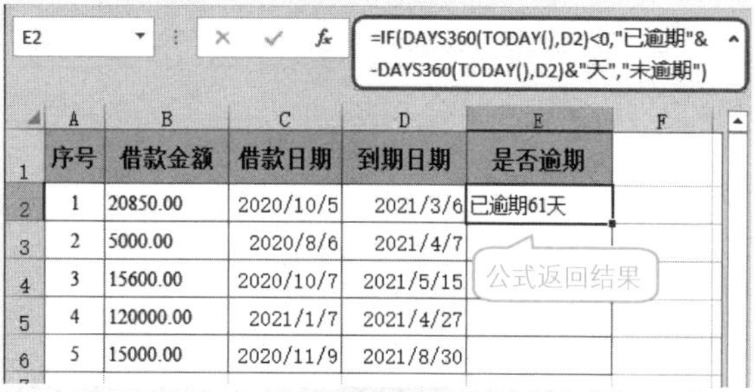

图 10-52

❷ 选中 E2 单元格，拖动右下角的填充柄向下复制公式，即可批量判断出各项借款是否到期，如图 10-51 所示。

📑✐ 公式解析

=IF(DAYS360(TODAY(),D2)<0," 已逾期 "&-DAYS360(TODAY(),D2)&" 天 ",
" 未逾期 ")

① 以一年 360 天计算，返回当前日期与 D2 单元格日期之间的天数。
② 如果①步结果小于 0，在①步结果前添加负号将其转换为正数，并在前面添加 "已逾期" 文字，在后面添加 "天" 文字。
③ 如果①步结果不是小于 0，则返回 "未逾期" 文字。

技巧 23　**分别统计 12 个月以内账款与超过 12 个月账款总金额**

本例表格中按时间统计了借款金额，现在要求分别统计出 12 个月以内的账款与超过 12 个月的账款总金额。

● 选中 F2 单元格,在公式编辑栏中输入公式:

`=SUMPRODUCT((DATEDIF(B2:B14,TODAY(),"M")<=12)*C2:C14)`

按 "Enter" 键,得出 12 个月以内的账款总金额,如图 10-53 所示。

	A	B	C	D	E	F	G
1	单位	借款时间	金额		账龄	数量	
2	超港商贸	2019/9/26	12000		12个月内的账款	72140	
3	利群超市	2018/9/26	9800		12个月以上的账款		
4	百慕大批发市场	2017/9/26	6500			公式返回结果	
5	红润超市	2020/10/14	10000				
6	金凯商贸	2018/11/25	5670				
7	长江置业	2017/11/5	5358				
8	金源服装城	2019/8/19	8100				
9	万象商城	2020/2/1	11100				
10	丽洁印染	2020/8/19	6500				
11	建翔商贸	2020/11/30	10000				
12	宏图印染	2020/12/22	8000				
13	宏图印染	2020/4/26	12000				
14	丽洁印染	2020/5/27	25640				

图 10-53

● 选中 F3 单元格,在公式编辑栏中输入公式:

`=SUMPRODUCT((DATEDIF(B2:B14,TODAY(),"M")>12)*C2:C14)`

按 "Enter" 键,得出 12 个月以上的账款总金额,如图 10-54 所示。

	A	B	C	D	E	F	G
1	单位	借款时间	金额		账龄	数量	
2	超港商贸	2019/9/26	12000		12个月内的账款	72140	
3	利群超市	2018/9/26	9800		12个月以上的账款	58528	
4	百慕大批发市场	2017/9/26	6500				
5	红润超市	2020/10/14	10000			公式返回结果	
6	金凯商贸	2018/11/25	5670				
7	长江置业	2017/11/5	5358				
8	金源服装城	2019/8/19	8100				
9	万象商城	2020/2/1	11100				
10	丽洁印染	2020/8/19	6500				
11	建翔商贸	2020/11/30	10000				
12	宏图印染	2020/12/22	8000				
13	宏图印染	2020/4/26	12000				
14	丽洁印染	2020/5/27	25640				

图 10-54

函数说明

SUMPRODUCT 函数用于在指定的几组数组中,将数组间对应的元素相乘,并返回乘积之和。

=SUMPRODUCT((DATEDIF(B2:B14,TODAY(),"M")>12)*C2:C14)

① 依次返回 B2:B14 单元格区域日期与当前日期相差的月数，返回的是一个数组。

② 如果①步返回结果大于 12，返回结果为 TRUE，否则返回 FALSE。

③ 将②步结果中返回 TRUE 的对应在 C2:C14 单元格区域中的值求和。

技巧 24 计算固定资产已使用的时间

如图 10-55 所示表格中显示了各项固定资产的增加日期，现在要求计算出各项固定资产已经使用的时间，即得到 E 列的结果。

	A	B	C	D	E
1	编号	资产名称	规格型号	增加日期	已使用月份
2	41006	货车	20吨	2018/4/30	36
3	51055	电脑	联想	2020/6/8	10
4	51056	电脑	联想	2020/6/8	10
5	51066	传真机	惠普	2018/7/17	33
6	21056	机床	AH-cc61	2018/3/2	38
7	21057	机床	AH-cc58	2018/3/2	38
8	51077	打印机	方正	2019/10/21	18

批量结果

图 10-55

❶ 选中 E2 单元格，在公式编辑栏中输入公式：

```
=INT(DAYS360(D2,TODAY())/30)
```

按 "Enter" 键得出结果，如图 10-56 所示。

❷ 选中 E2 单元格，拖动右下角的填充柄向下复制公式，即可批量得出各项固定资产的已使用时间，如图 10-55 所示。

E2	▼	:	×	✓	fx	=INT(DAYS360(D2,TODAY())/30)

	A	B	C	D	E
1	编号	资产名称	规格型号	增加日期	已使用月份
2	41006	货车	20吨	2018/4/30	36
3	51055	电脑	联想	2020/6/8	
4	51056	电脑	联想	2020/6/8	
5	51066	传真机	惠普	2018/7/17	
6	21056	机床	AH-cc61	2018/3/2	
7	21057	机床	AH-cc58	2018/3/2	
8	51077	打印机	方正	2019/10/21	

公式返回结果

图 10-56

高效随身查——Excel 2021 必学的高效办公 应用技巧（视频教学版）

函数说明

INT 函数属于数学函数类型，用于将指定数值向下取整为最接近的整数。通俗地说，如果值为正数，INT 函数的值为直接去掉小数位后的值；如果值为负数，INT 函数的值为去掉小数位后加 -1 后的值。

公式解析

=INT(DAYS360(D2,TODAY())/30)

① 以一年 360 天计算，返回 D2 单元格日期与当前日期之间的天数。

② 用①步结果除以 30（转换为月数）。

③ 将②步结果转换为整数。

技巧 25　将来访时间界定为整点时间区域

如图 10-57 所示表格的 B 列中记录了来访时间，现在要求根据来访时间显示时间区间，即得到 C 列的结果。

① 选中 C2 单元格，在公式编辑栏中输入公式：

```
=HOUR(B2)&":00-"&HOUR(B2)+1&":00"
```

按“Enter”键得出结果，如图 10-58 所示。

	A	B	C
1	序号	来访时间	时间区间
2	张勤	7:15:20	7:00-8:00
3	李顺达	7:48:12	7:00-8:00
4	郭可	8:38:56	8:00-9:00
5	陈升	8:42:10	8:00-9:00
6	赵津生		9:00-10:00
7	周敏		10:00-11:00

批量结果

图 10-57

C2　=HOUR(B2)&":00-"&HOUR(B2)+1&":00"

	A	B	C	D	E	F	G
1	序号	来访时间	时间区间				
2	张勤	7:15:20	7:00-8:00				
3	李顺达	7:48:12					
4	郭可	8:38:56					
5	陈升	8:42:10					
6	赵津生	9:05:20					
7	周敏	10:21:20					

公式返回结果

图 10-58

② 选中 C2 单元格，拖动右下角的填充柄向下复制公式，即可批量得出结果，如图 10-57 所示。

函数说明

HOUR 函数用于返回时间值的小时数。

公式解析

=HOUR(B2)&":00-"&HOUR(B2)+1&":00"

时间区域的开始时间为提取 B2 单元格中时间的小时数，结束时间为提取 B2 单元格中时间的小时数后加“1”，然后再以“&”符号相连接。

技巧 26　自行车 5 公里比赛用时统计（分钟数）

如图 10-59 所示表格的 B 列与 C 列中显示骑行 5 公里的开始时间与到达时间，现在要求计算出用时分钟数，即得到 D 列的结果。

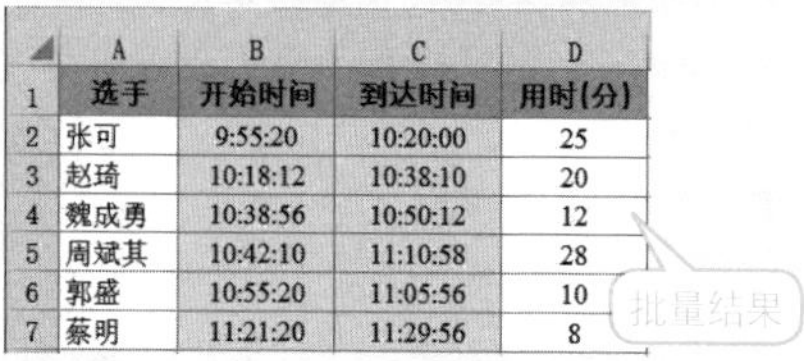

	A	B	C	D
1	选手	开始时间	到达时间	用时(分)
2	张可	9:55:20	10:20:00	25
3	赵琦	10:18:12	10:38:10	20
4	魏成勇	10:38:56	10:50:12	12
5	周斌其	10:42:10	11:10:58	28
6	郭盛	10:55:20	11:05:56	10
7	蔡明	11:21:20	11:29:56	8

图 10-59

❶ 选中 D2 单元格，在公式编辑栏中输入公式：

```
=(HOUR(C2)*60+MINUTE(C2)-HOUR(B2)*60-MINUTE(B2))
```

按"Enter"键得出第一位选手的用时分钟数，如图 10-60 所示。

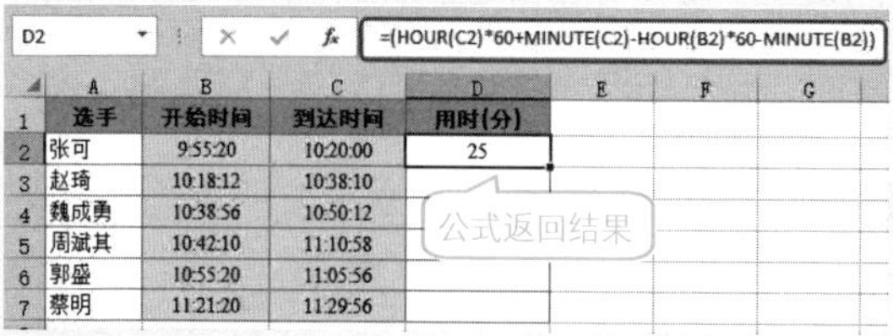

D2　=(HOUR(C2)*60+MINUTE(C2)-HOUR(B2)*60-MINUTE(B2))

	A	B	C	D	E	F	G
1	选手	开始时间	到达时间	用时(分)			
2	张可	9:55:20	10:20:00	25			
3	赵琦	10:18:12	10:38:10				
4	魏成勇	10:38:56	10:50:12				
5	周斌其	10:42:10	11:10:58				
6	郭盛	10:55:20	11:05:56				
7	蔡明	11:21:20	11:29:56				

图 10-60

❷ 选中 D2 单元格，拖动右下角的填充柄向下复制公式，即可批量得出各选手的比赛用时，如图 10-59 所示。

函数说明

MINUTE 函数用于返回时间值的分钟数。

公式解析

=(HOUR(C2)*60+MINUTE(C2)-HOUR(B2)*60-MINUTE(B2))

① ② ③

① 将 C2 单元格的时间转换为分钟数。
② 将 B2 单元格的时间转换为分钟数。
③ ①步结果减去②步结果。

技巧 27　计算机器运行的秒数

如图 10-61 所示表格的 B 列与 C 列中显示机器运行的开始时间与停止时

间，现在要求计算出运行的秒数，即得到 D 列的结果。

	A	B	C	D
1	机器编号	开始时间	停止时间	运行秒数
2	A1001	9:55:20	9:59:00	220
3	A1002	10:18:12	10:28:10	598
4	A1003	10:38:56	10:50:12	676
5	A1004	10:42:10	11:01:58	1188
6	A1005	10:55:08	10:55:56	48
7	A1006	11:21:20	11:29:56	516

批量结果

图 10-61

❶ 选中 D2 单元格，在公式编辑栏中输入公式：

`=HOUR(C2-B2)*60*60+MINUTE(C2-B2)*60+SECOND(C2-B2)`

按 "Enter" 键得出的是一个时间值（暂未显示出秒数），如图 10-62 所示。

图 10-62

❷ 选中 D2 单元格，拖动右下角的填充柄向下复制公式先得出批量结果。
然后选中结果数据区域，在 "开始" → "数字" 选项组中将数字的格式更改为
"常规" 格式，即可显示正确结果，如图 10-63 所示。

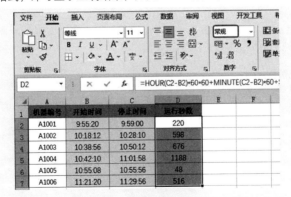

图 10-63

函数说明

SECOND 函数用于返回时间值的秒数。

公式解析

=HOUR(C2-B2)*60*60+MINUTE(C2-B2)*60+SECOND(C2-B2)

① 将 C2 和 B2 单元格中的小时数相减，并将其转换为秒数。
② 将 C2 和 B2 单元格中的分钟数相减，并将其转换为秒数。
③ 将 C2 和 B2 单元格中的秒数相减，得到秒数。
④ 将前面 3 步得到的秒数依次相加得到总秒数。

技巧 1 多表汇总求和运算（按位置）

当数据是分多表分散记录时，可以利用"合并计算"的功能把每个工作表中的数据按指定的计算方式汇总并报告结果。按位置进行合并计算，指的是每个源工作表上的数据区域采用完全相同的标签与相同的顺序。

例如，在图 11-1~图 11-3 中分别为某市场调查中 3 次调查的结果，现在需要根据现有的数据进行计算，建立一张汇总表格，将三张表格中的统计数据进行汇总，从而准确查看此新产品哪些功能是最吸引消费者的。观察这三张表格，可以看到需要合并计算的数据存放的位置相同（顺序和位置均相同），因此可以按位置进行合并计算。

	A	B	C
1	最吸引功能	选择人数	
2	GPS定位功能	8	
3	运动记录功能	2	
4	射频感应或遥感功能	8	
5	音乐存储与播放功能	3	
6	拍照功能	3	
7	WIF功能	3	
8	双向通话功能	2	
9	蓝牙功能	4	
10	邮件电话短信	4	
11	语音控制功能	2	
12			

一次调查　二次调查　三次调查

图 11-1

	A	B	C
1	最吸引功能	选择人数	
2	GPS定位功能	5	
3	运动记录功能	4	
4	射频感应或遥感功能	5	
5	音乐存储与播放功能	2	
6	拍照功能	2	
7	WIF功能	5	
8	双向通话功能	5	
9	蓝牙功能	2	
10	邮件电话短信	3	
11	语音控制功能	2	
12			

一次调查　二次调查　三次调查

图 11-2

	A	B	C
1	最吸引功能	选择人数	
2	GPS定位功能	6	
3	运动记录功能	2	
4	射频感应或遥感功能	8	
5	音乐存储与播放功能	2	
6	拍照功能	1	
7	WIF功能	2	
8	双向通话功能	7	
9	蓝牙功能	1	
10	邮件电话短信	2	
11	语音控制功能	2	
12			

一次调查　二次调查　三次调查

图 11-3

❶ 新建一张工作表，重命名为"统计"，建立基本数据。选中 B2 单元格，在"数据"→"数据工具"选项组中单击"合并计算"按钮，如图 11-4 所示。

❷ 打开"合并计算"对话框，使用默认的求和函数，单击"引用位置"右侧的 ⬆ 按钮，如图 11-5 所示。

❸ 切换到"一次调查"工作表，选择待计算的区域 B2:B11 单元格区域（注意不要选中列标识），如图 11-6 所示。

❹ 单击 ⊡ 按钮，返回"合并计算"对话框。单击"添加"按钮，完成第一个计算区域的添加，如图 11-7 所示。

图 11-4

图 11-5

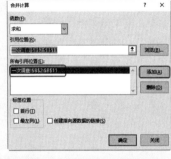

图 11-6　　　　　　　　　　　　图 11-7

⑤ 按相同的方法依次将"二次调查"工作表中的 B2:B11 单元格区域、"三次调查"工作表中的 B2:B11 单元格区域都添加为计算区域，如图 11-8 所示。单击"确定"按钮，即可看到"统计"工作表中合并计算后的结果，如图 11-9 所示。

图 11-8

图 11-9

🔖 **专家点拨**

使用按位置合并计算，需要确保每个数据区域都采用列表格式，以便每列的第一行都有一个标签，列中包含相似的数据，并且列表中没有空白的行或列，确保每个区域都具有相同的布局。

技巧2 多表汇总求和运算（按类别）

图 11-10 和图 11-11 所示分别为两个月的销售记录表，从表格可以看到产品的名称顺序不完全一样，条目数量也不完全一样。这时也可以将两个表格的销售金额进行合并运算，其操作方法如下。

图 11-10

图 11-11

❶ 新建一张工作表，重命名为"合并统计"，建立基本数据。选中 A2 单元格，在"数据"→"数据工具"选项组中单击"合并计算"按钮，如图 11-12 所示。打开"合并计算"对话框，使用默认的求和函数，如图 11-13 所示。

图 11-12

图 11-13

❷ 单击"引用位置"右侧的 ⬆ 按钮，切换到"1月"工作表选择 B2:C12 单元格区域（注意不要选中列标识），如图 11-14 所示。单击 ⬇ 按钮，返回

"合并计算"对话框。单击"添加"按钮，完成第一个计算区域的添加，如图 11-15 所示。

图 11-14

图 11-15

❸ 按相同的方法将"2月"工作表中的 B2:C9 单元格区域添加为计算区域，并且选中"标签位置"栏中的"最左列"复选框，如图 11-16 所示。

❹ 单击"确定"按钮，即可看到"合并统计"工作表中合并计算后的结果，如图 11-17 所示。从结果中可以看到，不管两个表格中的顺序是否一致，都会找寻到唯一标签并进行合并计算；对于只存在于一张工作表的记录也会一起合并到当前工作表中。

图 11-16

图 11-17

🛩 **专家点拨**

对于标签不一致的数据的合并计算，其关键的操作就是一定要选中"最左列"复选框。它让数据标签只要相同就进行合并计算，而不管其位置，只管其类别，所以也称为按类别合并计算。

技巧 3 多表汇总求平均值计算

在进行合并计算时不仅可以进行求和运算，也可以进行求平均值运算。本例表格按月份记录销售部员工的工资（如图 11-18 和图 11-19 所示，当前显示3 个月），并且每张表格的结构完全相同。现在需要计算出这一季度中每位销售员的月平均工资。

❶ 新建一张工作表，重命名为"月平均工资计算"，建立基本数据。选中B2 单元格，在"数据"→"数据工具"选项组中单击"合并计算"按钮，如图 11-20 所示。

❷ 打开"合并计算"对话框，单击"函数"右侧下拉按钮，在弹出的下拉列表中选择"平均值"选项，然后单击"引用位置"右侧的 ⬆ 按钮，如图 11-21 所示。

	A	B	C	D
1	编号	姓名	所属部门	应发合计
2	001	陈春洋	销售部	2989
3	002	侯淑媛	销售部	4710
4	003	孙丽萍	销售部	3450
5	004	李平	销售部	5000
6	005	王保国	销售部	12132
7	006	杨和平	销售部	3303,57
8	007	张文轩	销售部	8029,2
9	008	彭丽丽	销售部	19640
10	009	韦余强	销售部	3507
11	010	闫绍红	销售部	2650
12	011	罗婷	销售部	6258,33
13	012	杨增	销售部	17964,8
14	014	姚磊	销售部	3469

一月　二月　三月

图 11-18

	A	B	C	D
1	编号	姓名	所属部门	应发合计
2	001	陈春洋	销售部	5500
3	002	侯淑媛	销售部	4510
4	003	孙丽萍	销售部	3250
5	004	李平	销售部	3800
6	005	王保国	销售部	5932
7	006	杨和平	销售部	4103,57
8	007	张文轩	销售部	8829,2
9	008	彭丽丽	销售部	20440
10	009	韦余强	销售部	7500
11	010	闫绍红	销售部	3250
12	011	罗婷	销售部	7058,33
13	012	杨增	销售部	8764,8
14	013	姚磊	销售部	8939,29

一月　二月　三月

图 11-19

图 11-20

图 11-21

❸ 切换到"一月"工作表，选择待计算的区域 D2:D14 单元格区域（注意

不要选中列标识），如图 **11-22** 所示。

❹ 单击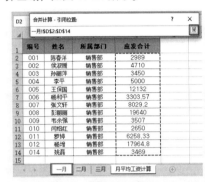按钮，返回"合并计算"对话框。单击"添加"按钮，完成第一个计算区域的添加，如图 **11-23** 所示。按相同的方法依次将"二月"工作表中的 **D2:D14** 单元格区域、"三月"工作表中的 **D2:D14** 单元格区域都添加为计算区域，如图 **11-24** 所示。

图 11-22

图 11-23

❺ 单击"确定"按钮，即可看到"月平均工资计算"工作表中的计算结果，如图 **11-25** 所示。

图 11-24

图 11-25

技巧 4 多表汇总计数运算

合并计算时还可以根据分析目标进行计数运算。如图 **11-26** 和图 **11-27** 所示的两张工作表分别记录了两位调查员的 **20** 条调查记录，现在要统计各项功能被选择的总次数，完成这项统计则需要使用计数函数来进行合并计算。

最吸引功能	编码	性别	年龄
运动记录功能	001	女	28
GPS定位功能	002	男	30
GPS定位功能	003	女	45
GPS定位功能	004	女	22
双向通话功能	005	女	55
运动记录功能	006	女	22
射频感应或遥感功能	007	男	20
GPS定位功能	008	男	29
双向通话功能	009	男	32
WIF功能	010	女	52
双向通话功能	011	男	45
GPS定位功能	012	男	26
GPS定位功能	013	女	35
GPS定位功能	014	女	22
运动记录功能	015	女	30
射频感应或遥感功能	016	男	19
双向通话功能	017	男	60
射频感应或遥感功能	018	男	71
GPS定位功能	019	女	42
GPS定位功能	020	男	42

1号调查员 | 2号调查员 | 统计表

图 11-26

最吸引功能	编码	性别	年龄
WIF功能	001	男	28
射频感应或遥感功能	002	女	27
运动记录功能	003	男	36
GPS定位功能	004	男	50
双向通话功能	005	男	60
GPS定位功能	006	男	23
GPS定位功能	007	男	21
射频感应或遥感功能	008	女	25
GPS定位功能	009	男	29
运动记录功能	010	女	36
WIF功能	011	女	38
GPS定位功能	012	男	41
双向通话功能	013	女	40
GPS定位功能	014	男	19
音乐存储与播放功能	015	男	25
拍照功能	016	男	22
运动记录功能	017	女	42
双向通话功能	018	男	42
GPS定位功能	019	男	28
GPS定位功能	020	男	27

1号调查员 | 2号调查员 | 统计表

图 11-27

❶ 建立一张"统计表"，选中 A2 单元格，在"数据"→"数据工具"选项组中单击"合并计算"按钮，如图 11-28 所示。

❷ 打开"合并计算"对话框，单击"函数"右侧的下拉按钮，在打开的下拉列表中选择"计数"选项，如图 11-29 所示。

图 11-28

图 11-29

❸ 单击"引用位置"右侧的 ⬆ 按钮回到工作表中，设置第一个引用位置为"1号调查员"工作表中 A2:B21 单元格区域，如图 11-30 所示。

❹ 继续设置第二个引用位置为"2号调查员"工作表的 A2:B21 单元格区域。返回到"合并计算"对话框中，选中"最左列"复选框，如图 11-31 所示。

❺ 单击"确定"按钮，即可以计数的方式合并计算两张表格的数据，计算出各个不同功能被选择的次数，如图 11-32 所示。

图 11-30　　　　　　　图 11-31

图 11-32

📋✏ **应用扩展**

针对本数据还可以分性别进行样本人数统计。

在"合并计算"对话框中，设置函数为"计数"，添加引用位置如图 11-33 所示，并选中"最左列"复选框，单击"确定"按钮即可统计样本中男性与女性的人数，如图 11-34 所示。

图 11-33　　　　　　　图 11-34

高效随身查——Excel 2021 必学的高效办公 应用技巧（视频教学版）

技巧5 销售件数匹配单价表中的单价，计算总销售额

本例工作簿中分两个工作表分别统计了商品的单价和商品的销售数量（见图 11-35、图 11-36）。利用合并计算功能可以迅速得到总销售额统计表，其操作方法如下。

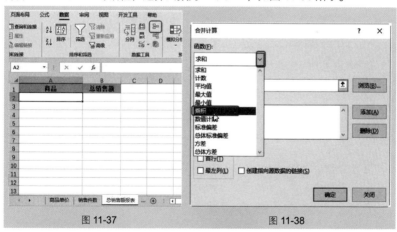

	A	B	C
1	商品	单价	
2	LED护眼台灯	96	
3	40抽厨房纸	16.8	
4	保鲜膜（盒装）	16.8	
5	美洁刀切纸1000g	13.9	
6	彩色玫瑰仿真花	89	
7	沐浴球	9.9	
8	陶瓷多肉迷你小花盆	15	
9	18色马克毛套盒	25	
10	洗脸仪	88	
11	衣物除毛滚轮（可撕式）	25	
12	ins风玻璃简洁花瓶	89	
13	脚踏式垃圾桶	22.8	
14			

商品单价　销售件数　总销售额报表

图 11-35

	A	B	C
1	商品	件数	
2	脚踏式垃圾桶	65	
3	40抽厨房纸	190	
4	保鲜膜（盒装）	165	
5	美洁刀切纸1000g	138	
6	衣物除毛滚轮（可撕式）	20	
7	沐浴球	200	
8	陶瓷多肉迷你小花盆	236	
9	18色马克毛套盒	22	
10	LED护眼台灯	36	
11	彩色玫瑰仿真花	12	
12	洗脸仪	2	
13	ins风玻璃简洁花瓶	3	
14			

商品单价　销售件数　总销售额报表

图 11-36

❶ 建立"总销售额报表"，并建立列标识（见图 11-37），选中 A2 单元格，打开"合并计算"对话框，选择函数为"乘积"，如图 11-38 所示。

图 11-37

图 11-38

❷ 分别选择"商品单价"工作表中的 A2:B13 单元格区域、"销售件数"工作表中的 A2:B13 单元格区域，将它们添加到"合并计算"对话框的引用位置列表中，并选中"最左列"复选框，如图 11-39 所示。

❸ 单击"确定"按钮，返回"总销售额报表"工作表，即可计算出每一种商品的总销售额，如图 11-40 所示。

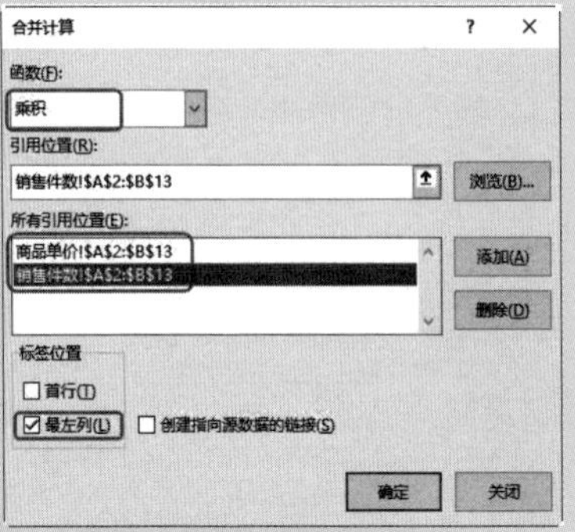

图 11-39

图 11-40

技巧6　合并计算生成二维汇总表

本例表格统计了各个店面各产品的销售额（见图 11-41~ 图 11-43），下面需要将各个分部的销售额汇总在一张表格中显示（也就是既显示各店面名称又显示对应的销售额的二维表格）。

由于表格具有相同的列标识，如果直接合并就会将两个表格的数据按最左侧数据直接合并出金额，因此要想通过合并计算的方式获取既显示各店面名称又显示对应的销售额的二维表格，需要先对原表数据的列标识进行处理。

图 11-41

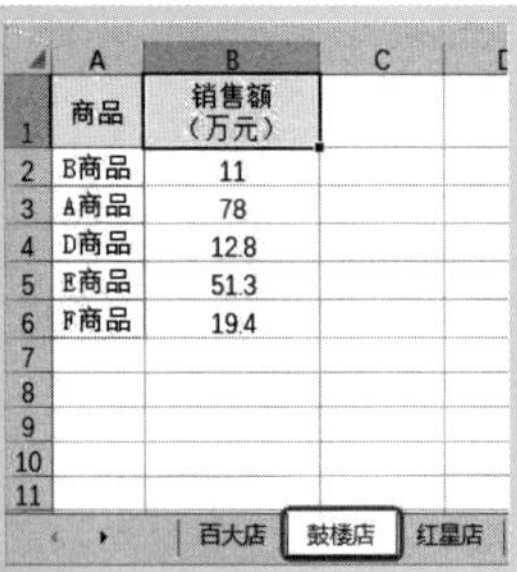

图 11-42

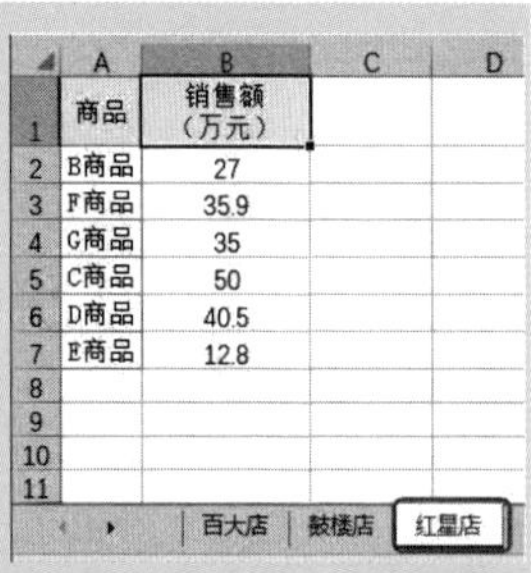

图 11-43

可依次将各个表中 B1 单元格的列标识更改为"百大 - 销售额"（见图 11-44）、"鼓楼 - 销售额"（见图 11-45）、"红星 - 销售额"，再进行合并计算，实现方法如下。

❶ 新建一张工作表作为统计表（什么内容也不要输入），选中 A1 单元格，在"数据"→"数据工具"选项组中，单击"合并计算"按钮，打开"合并计算"对话框。单击"引用位置"文本框右侧的 ⬆ 按钮，设置第一个引用位置为"百大店"工作表的 A1:B8 单元格区域，如图 11-46 所示。

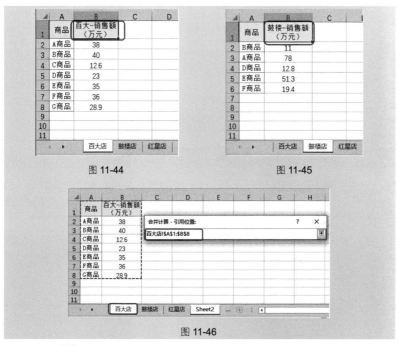

图 11-44   图 11-45

图 11-46

❷单击图按钮回到"合并计算"对话框中,单击"添加"按钮,如图 11-47 所示。按相同的方法依次添加"鼓楼店"和"红星店"的单元格区域,返回"合并计算"对话框后,选中"首行"和"最左列"复选框,如图 11-48 所示。

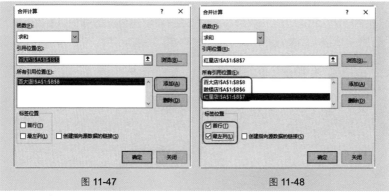

图 11-47   图 11-48

❸单击"确定"按钮完成合并计算,在统计表中可以看到各产品在各店铺的销售额,即在合并计算的同时还生成了一张二维统计报表,如图 11-49 所示。

	A	B	C	D
1		百大-销售额（万元）	鼓楼-销售额（万元）	红星-销售额（万元）
2	A商品	38	78	
3	B商品	40	11	27
4	C商品	12.6		50
5	D商品	23	12.8	40.5
6	E商品	35	51.3	12.8
7	F商品	36	19.4	35.9
8	G商品	28.9		35
10				

图 11-49

技巧 7　　巧用合并计算，分析各班成绩的稳定程度

如图 11-50 和图 11-51 所示从各个班级中随机抽取的 8 个成绩数据（共抽取三个班级），通过合并计算的功能可以统计三个班级成绩的标准偏差，从而分析三个班级中学生成绩的稳定性。

	A	B	C	D
1	姓名	考场	班级	模考成绩
2	邓宇呈	阶梯一	高三(1)	488.5
3	张治宸	阶梯一	高三(1)	602
4	林洁	阶梯一	高三(1)	588
5	王雨婷	阶梯一	高三(1)	587
6	吴小华	阶梯一	高三(1)	580.5
7	张智志	阶梯一	高三(1)	629
8	周佳怡	阶梯一	高三(1)	516
9	周钦伟	阶梯一	高三(1)	498

高三(1)班

图 11-50

	A	B	C	D
1	姓名	考场	班级	模考成绩
2	郝亮	阶梯一	高三(2)	581
3	李欣怡	阶梯一	高三(2)	552
4	刘勋	阶梯一	高三(2)	587
5	宋云飞	阶梯一	高三(2)	604.5
6	王伟	阶梯一	高三(2)	602
7	张成	阶梯一	高三(2)	551
8	张亚明	阶梯一	高三(2)	588
9	张泽宇	阶梯一	高三(2)	535.5

高三(2)班

图 11-51

❶ 建立一张统计表，选中 A2 单元格，在"数据"→"数据工具"选项组中单击"合并计算"按钮，如图 11-52 所示。

❷ 打开"合并计算"对话框，单击"函数"右侧的下拉按钮，在打开的下拉列表中选择"标准偏差"选项，如图 11-53 所示。

图 11-52　　　　　　　　　　图 11-53

❸ 依次将“高三 (1) 班”工作表中的 C2:D9 单元格区域、“高三 (2) 班”工作表中的 C2:D9 单元格区域、“高三 (3) 班”工作表中的 C2:D9 单元格区域添加到引用位置列表中，并选中“最左列”复选框，如图 11-54 所示。

❹ 单击“确定”按钮，即可计算出各个班级的成绩的标准偏差，如图 11-55 所示。标准差用来描述一组数据的波动性，即是集中还是分散。计算出的标准差越大时，表示数据的离散程度越大。因此从计算结果得出结论是高三 (1) 班的成绩最离散，即高分与低分差距最大。

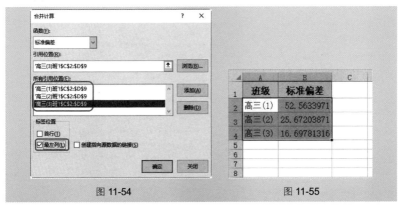

图 11-54

	A	B	C
1	班级	标准偏差	
2	高三(1)	52.5633971	
3	高三(2)	25.67203871	
4	高三(3)	16.69781316	
5			
6			
7			
8			

图 11-55

技巧 8 巧用合并计算，统计各商品的最高售价

本例工作簿中统计了同一供货商的一些商品在三家超市的销售单价（抽取部分），统计人员在做统计时，产品的顺序并未保持一致，如图 11-56 ~ 图 11-58 所示。现在想对这些商品在各个超市的销售单价进行比较分析，即能快速统计出每种商品的最高售价与最低售价。

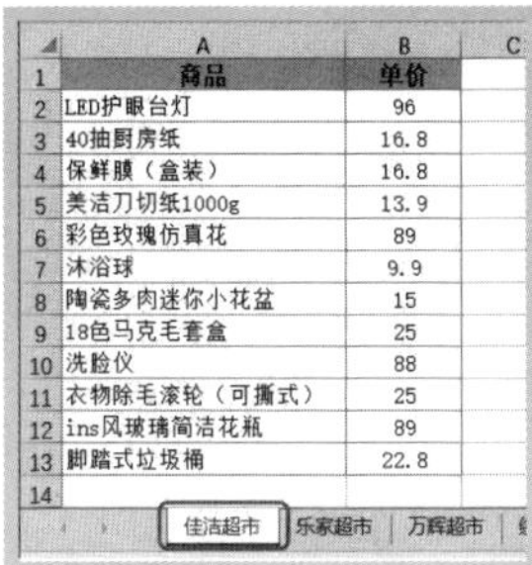

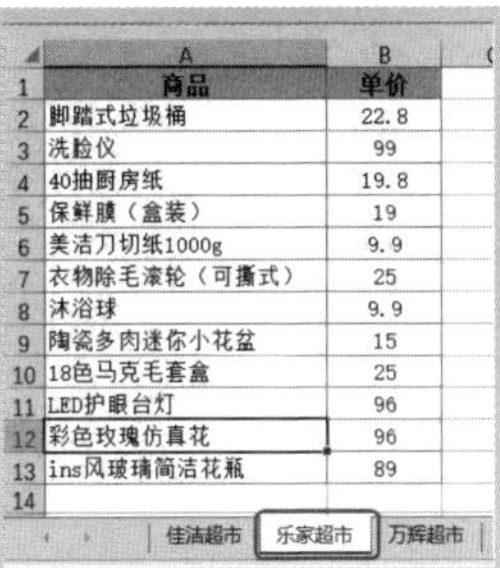

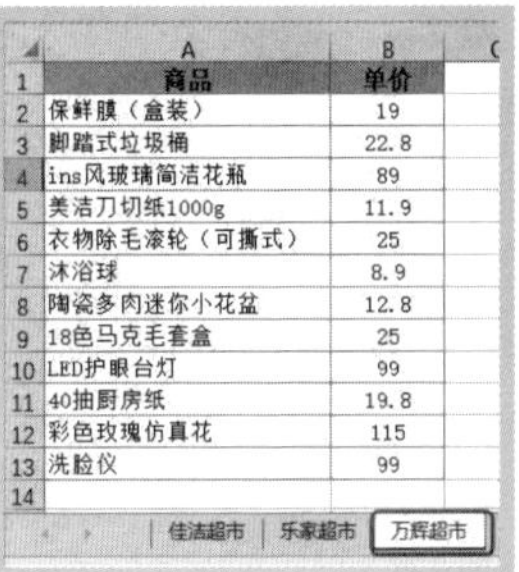

	A	B
1	商品	单价
2	LED护眼台灯	96
3	40抽厨房纸	16.8
4	保鲜膜（盒装）	16.8
5	美洁刀切纸1000g	13.9
6	彩色玫瑰仿真花	89
7	沐浴球	9.9
8	陶瓷多肉迷你小花盆	15
9	18色马克毛套盒	25
10	洗脸仪	88
11	衣物除毛滚轮（可撕式）	25
12	ins风玻璃简洁花瓶	89
13	脚踏式垃圾桶	22.8
14		

图 11-56

	A	B
1	商品	单价
2	脚踏式垃圾桶	22.8
3	洗脸仪	99
4	40抽厨房纸	19.8
5	保鲜膜（盒装）	19
6	美洁刀切纸1000g	9.9
7	衣物除毛滚轮（可撕式）	25
8	沐浴球	9.9
9	陶瓷多肉迷你小花盆	15
10	18色马克毛套盒	25
11	LED护眼台灯	96
12	彩色玫瑰仿真花	96
13	ins风玻璃简洁花瓶	89
14		

图 11-57

	A	B
1	商品	单价
2	保鲜膜（盒装）	19
3	脚踏式垃圾桶	22.8
4	ins风玻璃简洁花瓶	89
5	美洁刀切纸1000g	11.9
6	衣物除毛滚轮（可撕式）	25
7	沐浴球	8.9
8	陶瓷多肉迷你小花盆	12.8
9	18色马克毛套盒	25
10	LED护眼台灯	99
11	40抽厨房纸	19.8
12	彩色玫瑰仿真花	115
13	洗脸仪	99
14		

图 11-58

❶ 创建一个新工作表作为统计表（什么内容也不要输入），选中 A1 单元格，在“数据”→“数据工具”选项组中单击“合并计算”按钮，如图 11-59 所示。

❷ 打开"合并计算"对话框，选择函数为"最大值"，如图 11-60 所示。

<table>
<tr><td>图 11-59</td><td>图 11-60</td></tr>
</table>

❸ 依次将"佳洁超市"工作表中的 A1:B13 单元格区域、"乐家超市"工作表中的 A1:B13 单元格区域、"万辉超市"工作表中的 A1:B13 单元格区域添加到引用位置列表中，并选中"首行"和"最左列"复选框，如图 11-61 所示。

❹ 单击"确定"按钮，得出的统计结果是各种商品的最高售价，如图 11-62 所示。

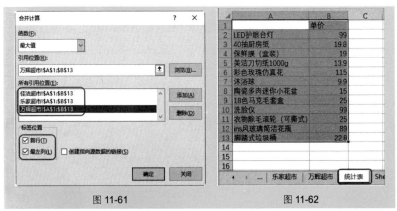

<table>
<tr><td>图 11-61</td><td>图 11-62</td></tr>
</table>

❺ 在 B 列前插入一个新列（此列用于存放即将通过合并计算得到的最低售价），如图 11-63 所示。

❻ 选中 A1 单元格，再次打开"合并计算"对话框，将函数更改为"最小值"，其他参数保持不变，如图 11-64 所示。

❼ 单击"确定"按钮，得出的统计结果是各种商品的最低售价，如图 11-65 所示。

❽ 为表格添加列标识并进行格式设置，即可得到分析报表，如图 11-66 所示。

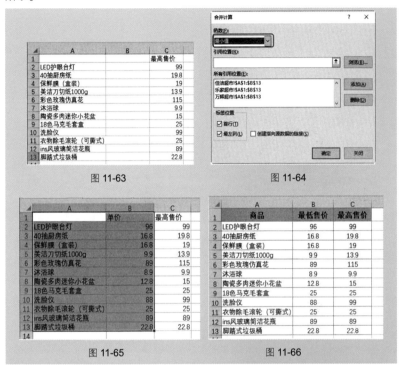

图 11-63

图 11-64

图 11-65

图 11-66

技巧 9　巧用合并计算，进行分类汇总

本例表格对商品的出库数量进行了记录，但没有对同一编号的商品出库数据进行汇总统计，利用合并计算可以达到分类汇总统计的目的。

❶ 选中 F2 单元格，在"数据"→"数据工具"选项组中单击"合并计算"按钮（见图 11-67），打开"合并计算"对话框。

❷ 选择函数为"求和"，添加引用位置为当前工作表的 B1:D19 单元格区域，选中"首行"和"最左列"复选框，如图 11-68 所示。

❸ 单击"确定"按钮，得到的统计结果如图 11-69 所示。

❹ 对表格进行整理，得到各商品的出货数量合计值，如图 11-70 所示。

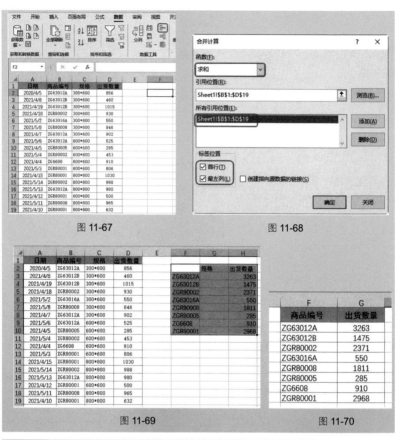

图 11-67

图 11-68

图 11-69

图 11-70

技巧 10　巧用合并计算，统计重复次数

本例表格统计了 6 月份员工的值班情况（见图 11-71），现在需要统计每位员工的总值班次数。

❶ 选中 D2 单元格，打开"合并计算"对话框，选择函数为"计数"，添加引用位置为当前工作表的 A2:B16 单元格区域，选中"最左列"复选框，如图 11-72 所示。

❷ 单击"确定"按钮完成合并计算，默认显示的是日期，如图 11-73 所示。

❸ 选中统计出的值班次数，将其重新设置为"常规"格式，统计结果如图 11-74 所示。

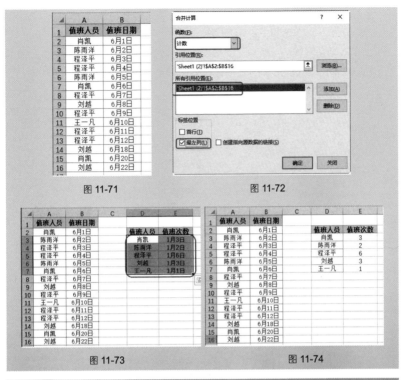

图 11-71

图 11-72

图 11-73

图 11-74

技巧 11   巧用合并计算，将多表整理为单表

如图 11-75~ 图 11-77 所示的三张表格为分别按科目记录的学生成绩表，并且记录的顺序不完全一致。针对这三张表格，现在将它们的数据整理到一张表格中，此时也可以利用合并计算的功能实现合并数据。

图 11-75

图 11-76

图 11-77

❶ 新建一个工作表，选中 A1 单元格。在"数据"→"数据工具"选项组中单击"合并计算"按钮（见图 11-78），打开"合并计算"对话框。

❷ 函数使用默认的"求和"，依次将"语文""数学""英语"三张表格的 A1:B14 单元格区域添加到引用位置区域，并选中"首行"和"最左列"复选框，如图 11-79 所示。

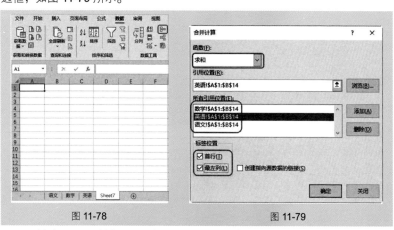

图 11-78　　　　　　　　　　　　　　　图 11-79

❸ 单击"确定"按钮，即可得到一张汇集多表数据的单表，如图 11-80 所示。

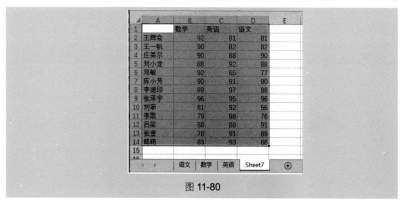

图 11-80

📢 **专家点拨**

有的读者可能会想，这样的表格可以利用复制粘贴的方法得到，其实不然。请注意各张表格的数据顺序不一定完全一致，即当姓名顺序不一致时，一个个去挑选核对复制是非常耗时的，并且即使数据顺序一致，如果是大量数据，利用复制粘贴的办法效率也并不高。因此采用合并计算来完成这项工作是非常快捷的。

12.1 工作表安全设置

技巧 1 加密工作簿

如果工作簿中内容比较重要，不希望其他用户打开，这时可以给该工作簿设置一个打开权限密码，这样不知道密码的用户就无法打开工作簿。

❶ 打开需要设置打开权限密码的工作簿。依次选择"文件"→"另存为"命令，在展开的窗口中单击"浏览"按钮（见图 12-1），打开"另存为"对话框。

❷ 单击左下角"工具"按钮右侧的下拉按钮，在弹出的菜单中选择"常规选项"命令（见图 12-2），打开"常规选项"对话框。

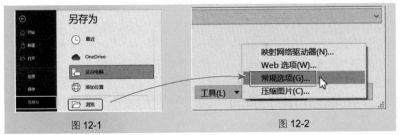

图 12-1   图 12-2

❸ 在"打开权限密码"文本框中输入密码，如图 12-3 所示。

❹ 单击"确定"按钮，提示重新输入密码。输入后单击"确定"按钮，返回到"另存为"对话框。

❺ 设置文件的保存位置和文件名，单击"保存"按钮保存文件（如果之前已保存，直接单击"保存"按钮即可）。

❻ 以后再打开这个工作簿时，就会弹出一个"密码"对话框，只有输入正确的密码才能打开工作簿，如图 12-4 所示。

应用扩展

在打开的"常规选项"对话框中，如果设置了修改权限密码，当再次打开该文档时，则会弹出如图 12-5 所示的提示信息。要么以只读方式打开查看，要么输入正确的权限密码。

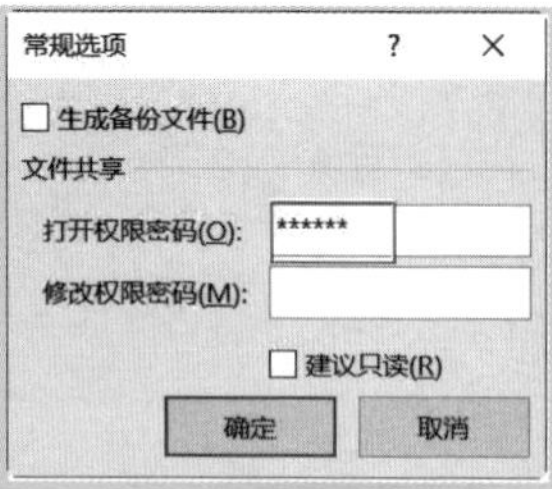

图 12-3 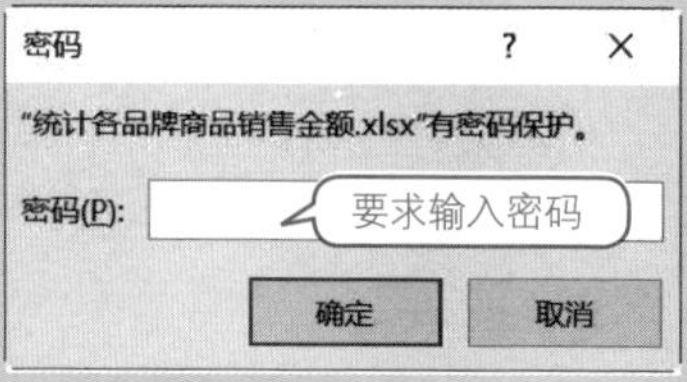 图 12-4

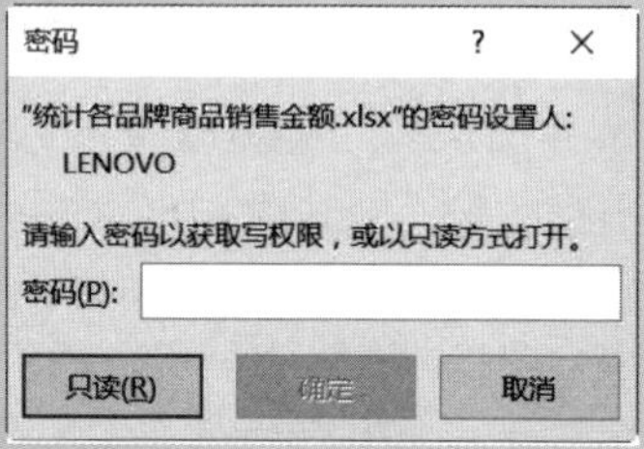

图 12-5

技巧 2　隐藏含有重要数据的工作表

除了通过设置密码对工作表实行保护外，还可利用隐藏工作表的方法达到保护的目的。

切换到要隐藏的工作表中，在工作表的标签上单击鼠标右键，在弹出的快捷菜单中选择"隐藏"命令（见图 12-6），即可实现工作表的隐藏。

图 12-6

应用扩展

当需要重新显示出隐藏的工作表时，在任意工作表的标签上单击鼠标右键，在弹出的快捷菜单中选择"取消隐藏"命令，打开"取消隐藏"对话框，如图 12-7 所示。选中要取消隐藏的工作表，单击"确定"按钮即可重新显示出来。

图 12-7

技巧 3　快速保护重要的工作表

如果建立完成的工作表不想他人进行编辑，可以按如下步骤来设置密码保护。

❶打开目标工作表，在"审阅"→"保护"选项组中单击"保护工作表"按钮（见图 12-8），弹出"保护工作表"对话框。

❷设置密码，单击"确定"按钮（见图 12-9），弹出"确认密码"对话框。

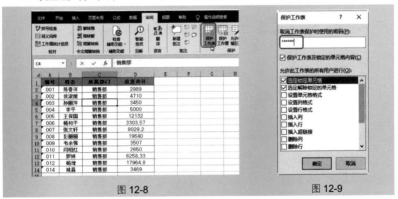

图 12-8　　　　　　　　　　　图 12-9

❸再次输入密码，单击"确定"按钮（见图 12-10），即可实现工作表加密保护。

图 12-10

为工作表设置保护后，可以看到很多操作命令都变为灰色不可用状态，如图 **12-11** 所示。

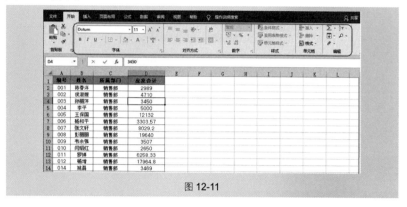

图 12-11

📢 **专家点拨**

在设置工作表保护后，如果需要重新编辑工作表，则需要撤销工作表的保护。在"审阅"→"保护"选项组中单击"撤销工作表保护"按钮（见图 12-12），然后按提示输入密码即可。

图 12-12

技巧 4 **设置只允许用户进行部分操作**

如果在保护工作表的同时，允许用户进行一部分的操作（如允许排序数据、筛选查看数据等），可以按如下方法设置。

❶ 切换到要保护的工作表中，在"审阅"→"保护"选项组中单击"保护工作表"按钮，打开"保护工作表"对话框。

❷ 在"允许此工作表的所有用户进行"列表框中选择允许进行的操作，并设置密码，如图 **12-13** 所示。

❸ 单击"确定"按钮，弹出"确认密码"对话框，再次输入密码，如图 **12-14** 所示。单击"确定"按钮即可。

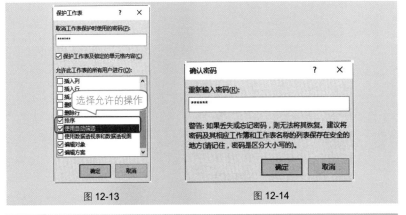

图 12-13　　　　　　　　　　　　图 12-14

技巧5　保护公式不被修改

对工作表中的公式进行保护可以防止他人随意对公式进行编辑，防止计算出错。

❶ 在当前工作表中，按"Ctrl+A"快捷键选中整张工作表中的所有单元格。

❷ 在"开始"→"字体"选项组中单击 按钮（见图 12-15），打开"设置单元格格式"对话框。切换到"保护"选项卡下，取消选中"锁定"复选框（默认是选中的），如图 12-16 所示。

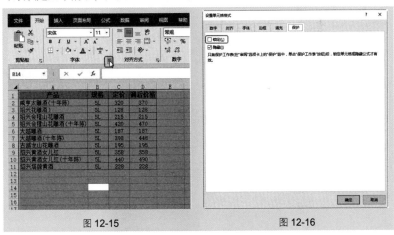

图 12-15　　　　　　　　　　　　图 12-16

❸ 单击"确定"按钮回到工作表中，选中包含公式的单元格区域（见图 12-17），再次打开"设置单元格格式"对话框，重新选中"锁定"复选框，如图 12-18 所示。

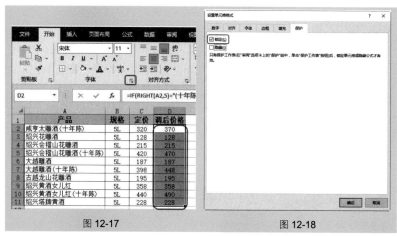

图 12-17　　　　　　　　　　　　　　　图 12-18

❹ 单击"确定"按钮回到工作表中。在"审阅"→"保护"选项组中单击"保护工作表"按钮，打开"保护工作表"对话框，设置保护密码，如图 12-19 所示。单击"确定"按钮，弹出对话框提示再次输入密码。

❺ 设置完成后，选中输入了公式的单元格，当试图编辑时会弹出无法修改的提示，如图 12-20 所示。

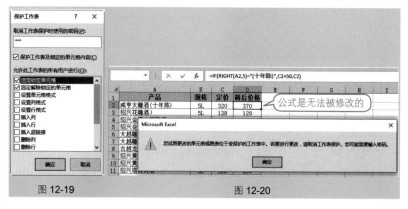

图 12-19　　　　　　　　　　　　　　　图 12-20

📢 专家点拨

通过相同的方法还可以实现在工作表中只保护任意有重要数据的单元格区域。此技巧应用的原理是，工作表的保护只锁定了的单元格有效。因此首先取消对整张表的锁定，然后将想保护的那部分单元格区域重新选中，再为其设置锁定，设置后再执行工作表保护的操作，则会只对这一部分单元格有效。

技巧6 指定工作表中的可编辑区域

当工作表受保护后,若只有某一特定区域常需要修改,可以将该区域指定为工作表中的可编辑区域,让其他区域处于受保护状态。

❶ 在工作表中选中允许用户编辑的区域,例如在如图 12-21 所示的表格中一次性选中多处。在"审阅"→"保护"选项组中单击"允许编辑区域"按钮,打开"允许用户编辑区域"对话框,如图 12-22 所示。

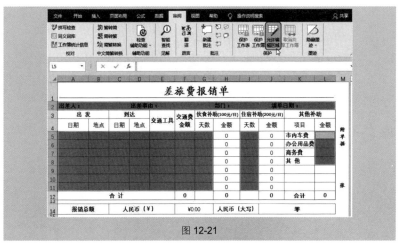

图 12-21

❷ 单击"新建"按钮,弹出"新区域"对话框,如图 12-23 所示。在"标题"文本框中可以为允许用户编辑区域设置名称,"引用单元格"文本框中即为之前选中的允许用户编辑的区域(如果之前没有选择,可以单击右侧拾取器按钮,回到工作表中进行选择)。

图 12-22   图 12-23

❸ 单击"确定"按钮,返回"允许用户编辑区域"对话框,如图 12-24 所示。

单击"保护工作表"按钮,打开"保护工作表"对话框,设置保护密码,如图 12-25 所示。

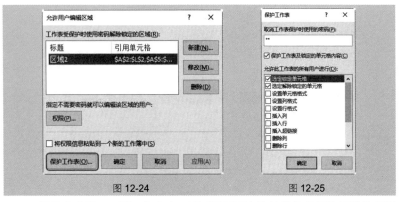

图 12-24   图 12-25

❹ 设置完成后,回到工作表中,当对设置了允许编辑的单元格区域进行操作时,是允许编辑的,如图 12-26 所示。而对其他允许之外的单元格进行编辑时,则会弹出无法编辑的提示,如图 12-27 所示。

图 12-26

图 12-27

✍️ 应用扩展

在创建允许编辑的区域时，还可以为其设置密码，即当单击设定的允许编辑的区域时，会弹出一个输入密码的提示框，正确输入密码后才能编辑，如果不设置密码（如同本例），则可以直接编辑。

另外，建立一个可编辑区域后，可以依次单击"新建"按钮添加第 2 个、第 3 个可编辑区域。

技巧 7　阻止文档中的外部内容

阻止外部内容有助于防止黑客利用 Web 信号和其他入侵方法侵犯用户的隐私，以及在用户不知情或未经同意的情况下诱使运行恶意代码。

❶ 在 Excel 中，依次选择"文件"→"选项"命令，打开"Excel 选项"对话框。选择"信任中心"选项卡，单击"信任中心设置"按钮，如图 12-28 所示，打开"信任中心"对话框。

❷ 选择"外部内容"选项卡，分别在"数据连接的安全设置"与"工作簿链接的安全设置"栏中选择选项（推荐选择第二个选项），如图 12-29 所示。

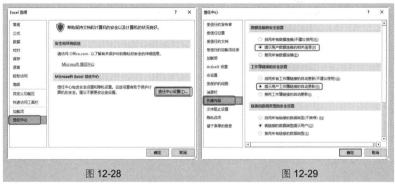

图 12-28　　　　　　　　　　　图 12-29

❸ 依次单击"确定"按钮即可。如果工作簿中存在外部内容，则在打开文件时，消息栏会显示安全提示，如图 12-30 所示。

❹ 单击"启用内容"按钮，弹出如图 12-31 所示的对话框，如果确认内容可信，则单击"继续"按钮，即可继续编辑工作表。

图 12-30　　　　　　　　　　　图 12-31

387

　　宏的用途是使常用任务自动化，它可以在计算机上运行多条命令。因此，VBA 宏会引起潜在的安全风险。黑客可以通过某个文档引入恶意宏，一旦打开该文档，这个恶意宏就会运行，并且可能在计算机上传播病毒。通过如下设置可以防止宏病毒。

❶ 在 Excel 中，依次选择"文件"→"选项"命令，打开"Excel 选项"对话框。选择"信任中心"选项卡，单击"信任中心设置"按钮，打开"信任中心"对话框。

❷ 选择"宏设置"选项卡，选中"禁用所有宏，并发出通知"单选按钮，如图 12-32 所示。

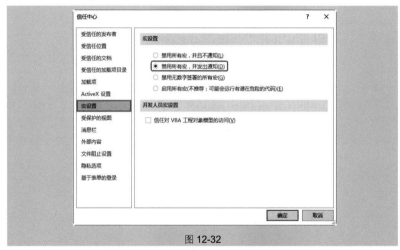

图 12-32

❸ 完成上述设置后，如果信任中心检测到有宏运行，则会首先禁用该宏，并弹出消息提示，如图 12-33 所示。

❹ 如果确定宏来源可靠，可单击"启用内容"按钮，手动启用宏。

图 12-33

技巧 9 禁用文档中的 ActiveX 控件

ActiveX 控件在网站和计算机应用程序中使用，这些控件不是独立的解决方案，而是只能从宿主程序（如 Windows Internet Explorer 和 Microsoft Office 程序）中运行。ActiveX 控件的功能非常强大，因为这种控件是组件对象模型（COM）对象，可以不受限制地访问计算机。如果黑客将 ActiveX 控件另作它用以控制用户的计算机，就可能会带来严重危害。

❶ 在 Excel 中，依次选择"文件"→"选项"命令，打开"Excel 选项"对话框。选择"信任中心"选项卡，单击"信任中心设置"按钮，打开"信任中心"对话框。

❷ 选择"ActiveX 设置"选项卡，选中"以最小限制启用所有控件之前提示我"单选按钮，如图 12-34 所示。

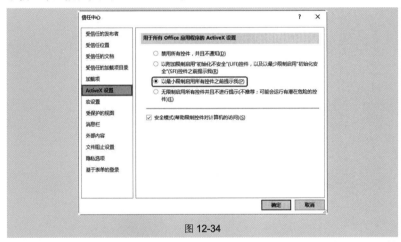

图 12-34

❸ 完成上述设置后，如果信任中心检测到一个可能不安全的 ActiveX 控件，将禁用该控件，并且出现安全警告，提示 ActiveX 控件可能不安全，如图 12-35 所示。

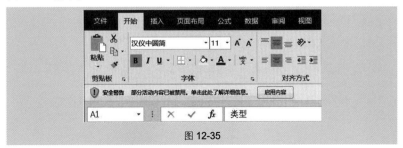

图 12-35

12.2　工作表页面设置

技巧 10　手动直观调整页边距

如图 **12-36** 所示的表格，在打印预览下看到最后一列没有显示出来。当表格内容有少量超出打印纸张时，可以通过调整页边距让其完整显示在一页纸张上。

❶ 在当前需要打印的工作表中依次选择"文件"→"打印"命令，即可在窗口右侧显示出表格的打印预览效果。

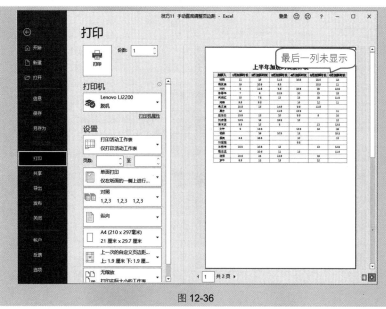

图 12-36

❷ 单击右下角的□按钮，即可在预览页面上添加可调节的控点，将光标定位到与左边距或右边距对齐的控点上，当光标变成左右对拉箭头时，按住鼠标左键拖动，即可进行调节。如图 **12-37** 所示，通过减小页边距显示出了表格的最后一列。此外，也可以对列宽进行调节。

❸ 在预览状态下调整完毕后，执行打印即可。

📢 专家点拨

此方法只能适用于超出页面内容不太多的情况下，当超出内容过多时，即使将页边距调整为 0 也不能完全显示。这时就需要分多页来打印或进行缩放打印。

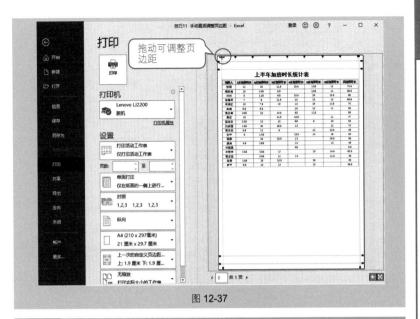

图 12-37

技巧 11 让表格显示在纸张的正中间

　　如果表格的内容比较少，默认情况下会显示在页面的左上角（见图 12-38），此时一般将表格打印在纸张的正中间才比较美观。

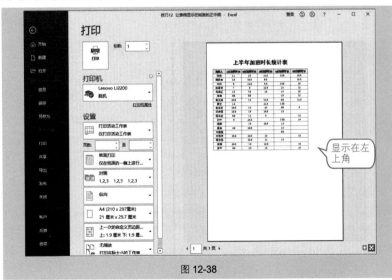

图 12-38

❶ 在打印预览状态下单击"页面设置"按钮，打开"页面设置"对话框。

❷ 切换到"页边距"选项卡下，同时选中"居中方式"栏中的"水平"和"垂直"两个复选框，如图 12-39 所示。

❸ 单击"确定"按钮，可以看到预览效果中表格显示在纸张正中间，如图 12-40 所示。

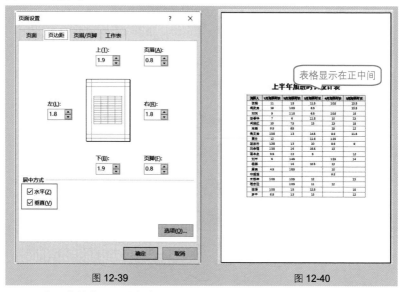

图 12-39 　　　　　　　　　　图 12-40

❹ 在预览状态下调整完毕后，执行打印即可。

技巧 12　调整分页的位置

当表格内容默认不止一页时，则会将剩余内容自动显示到下一页中，如图 12-41 所示在分页视图中可以看到当前表格一页纸不能完全显示，剩余少量内容被打印到第二页中。此时可以调整其分页位置，让内容均衡地打印到两页纸中。

❶ 在当前需要打印的工作表中，在"视图"→"工作簿视图"选项组中单击"分页预览"按钮，进入分页预览视图中。

❷ 蓝色线条是默认的分页位置，将光标定位到蓝色线条上，当出现上下对拉箭头时，按住鼠标拖动即可调整分页符的位置，如图 12-42 所示。

❸ 重新调整分页符的位置后，进入打印预览状态下，即可看到当前工作表在指定的位置分到下一页中，如图 12-43 和图 12-44 所示。

图 12-41

图 12-42

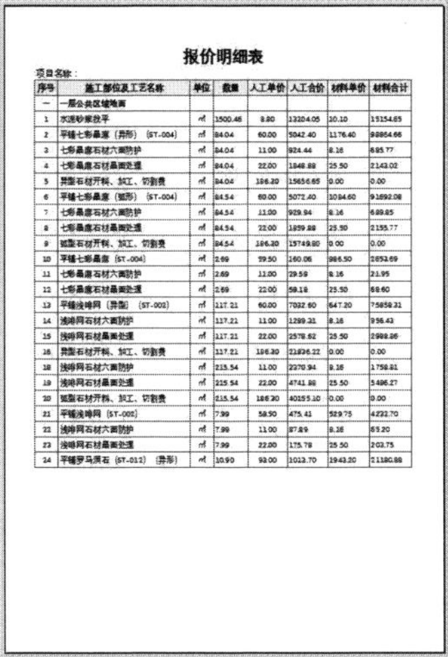

默认分页符

拖动调节分页符位置

图 12-43

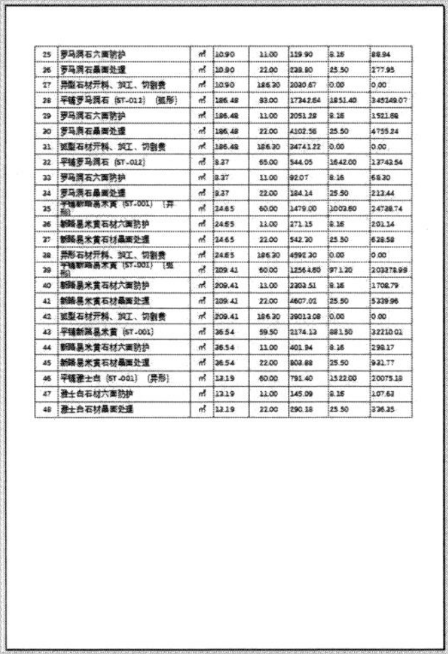

图 12-44

技巧 13　在任意需要的位置上分页

　　如果当前打印内容只有一页，而现在想将这一页内容拆分打印于两页纸或多页纸上，可以通过如下方法进行分页，然后再执行打印。

❶ 在当前需要打印的工作表中，在"视图"→"工作簿视图"选项组中单击"分页预览"按钮，进入分页预览视图中。

❷ 选中要在此处分页的单元格，单击鼠标右键（见图 12-45），在弹出的快捷菜单中选择"插入分页符"命令，即可在指定位置处插入分页符（以此处分隔分别打印于不同页上），如图 12-46 所示。

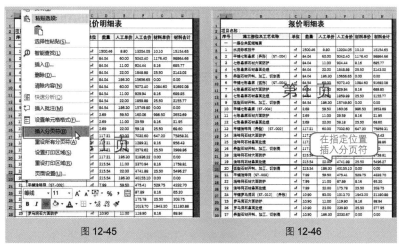

图 12-45　　　　　　　　　　图 12-46

📖 **应用扩展**

要删除分页符，分以下几种情况。

● 若要删除水平分页符，需要选择分页符下面的单元格并单击鼠标右键，然后在弹出的快捷菜单中选择"删除分页符"命令。

● 若要删除垂直分页符，需要选择分页符右侧的单元格并单击鼠标右键，然后在弹出的快捷菜单中选择"删除分页符"命令。

● 若要同时删除水平分页符和垂直分页符，需要选择横纵分页符交叉处右下角单元格并单击鼠标右键，然后在弹出的快捷菜单中选择"删除分页符"命令。

● 若要删除所有分页符，则需要选择整个工作表并单击鼠标右键，然后在弹出的快捷菜单中选择"重置所有分页符"命令。

📢 **专家点拨**

如果选中的是工作表中间的单元格，在执行插入分页符命令之后，会同时插入水平和垂直分页符（即一次被分为4页）。但一般我们不会进行这样的操作，这样会将表格拆分得非常分散，打印出来没有意义。

技巧 14　为打印的表格添加页眉页脚

对于用于打印的表格，为表格添加页眉页脚不但可以美化表格，而且可以增加表格辨识度。

❶ 在"插入"→"文本"选项组中单击"页眉和页脚"按钮，即可进入页眉页脚编辑状态，如图 12-47 所示。

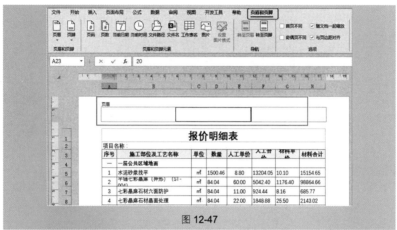

图 12-47

❷ 页眉区域包括三个编辑框，定位到目标框中输入文字，如图 12-48 所示。

图 12-48

❸ 选中文本，在"开始"选项卡的"字体"组中对文字的格式进行设置，可呈现如图 12-49 所示的效果。

专家点拨

只有在页面视图中才可以看到页眉页脚，我们日常编辑表格时都是在普通视图中，普通视图是看不到页眉的。可以在"视图"→"工作簿视图"选项组中进行几种视图的切换。

报价明细表

项目名称：

序号	施工部位及工艺名称	单位	数量	人工单价	人工合价	材料单价	材料合计
一	一层公共区域地面						
1	水泥砂浆找平	㎡	1500.46	8.80	13204.05	10.10	15154.65
2	平铺七彩晶麻（异形）（ST-004）	㎡	84.04	60.00	5042.40	1176.40	98864.66
3	七彩晶麻石材六面防护	㎡	84.04	11.00	924.44	8.16	685.77
4	七彩晶麻石材晶面处理	㎡	84.04	22.00	1848.88	25.50	2143.02
5	异型石材开料、加工、切割费	㎡	84.04	186.30	15656.65	0.00	0.00
6	平铺七彩晶麻（弧形）（ST-004）	㎡	84.54	60.00	5072.40	1084.60	91692.08
7	七彩晶麻石材六面防护	㎡	84.54	11.00	929.94	8.16	689.85
8	七彩晶麻石材晶面处理	㎡	84.54	22.00	1859.88	25.50	2155.77
9	弧型石材开料、加工、切割费	㎡	84.54	186.30	15749.80	0.00	0.00
10	平铺七彩晶麻（ST-004）	㎡	2.69	59.50	160.06	986.50	2653.69
11	七彩晶麻石材六面防护	㎡	2.69	11.00	29.59	8.16	21.95

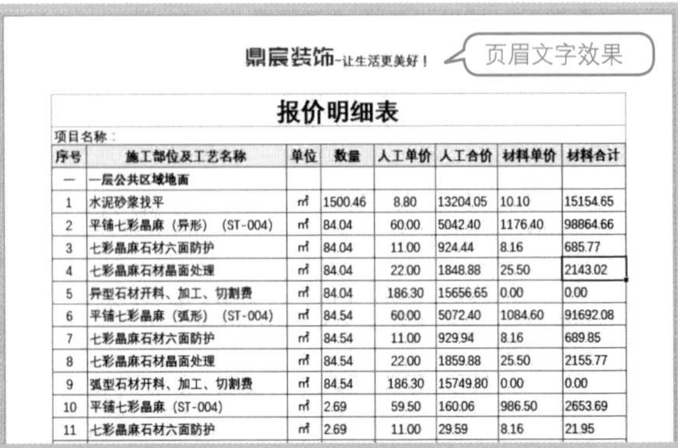

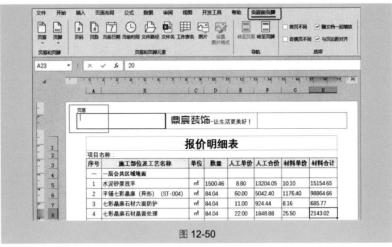

图 12-49

技巧 15 在页眉中使用图片并调整

根据表格的性质不同，有些表格在打印时可能需要显示图片页眉效果，此时可以按如下方法为表格添加图片页眉。

❶ 在“插入”→“文本”选项组中单击“页眉和页脚”按钮，即可进入页眉页脚编辑状态。首先定位插入图片页眉的位置，如图 12-50 所示。

报价明细表

项目名称：

序号	施工部位及工艺名称	单位	数量	人工单价	人工合价	材料单价	材料合计
一	一层公共区域地面						
1	水泥砂浆找平	㎡	1500.46	8.80	13204.05	10.10	15154.65
2	平铺七彩晶麻（异形）（ST-004）	㎡	84.04	60.00	5042.40	1176.40	98864.66
3	七彩晶麻石材六面防护	㎡	84.04	11.00	924.44	8.16	685.77
4	七彩晶麻石材晶面处理	㎡	84.04	22.00	1848.88	25.50	2143.02

图 12-50

❷ 在“页眉和页脚”选项卡的“页眉和页脚元素”选项组中单击“图片”按钮，弹出“插入图片”提示窗口。

❸ 单击“浏览”按钮（见图 12-51），弹出“插入图片”对话框。进入图片的保存位置并选中图片（见图 12-52），单击“插入”按钮。

图 12-51   图 12-52

❹ 插入图片后默认显示的是图片的链接，而并不显示真正的图片，如图 12-53 所示。在页眉区以外任意位置单击即可看到图片页眉，效果如图 12-54 所示。

图 12-53

图 12-54

❺ 从上图中看到页眉图片的大小显然很不合适，此时需要对图片进行调整。将光标定位到图片所在的编辑框，在"页眉和页脚"选项卡的"页眉和页脚元素"选项组中单击"设置图片格式"按钮（见图 12-55），打开"设置图片格式"对话框。

⑥ 在"大小"选项卡中设置图片的"高度"和"宽度"，如图 12-56 所示。

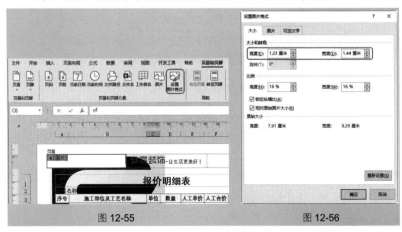

图 12-55　　　　　　　　　　　　　　图 12-56

⑦ 设置完成后，单击"确定"按钮即可完成图片的调整，如图 12-57 所示。

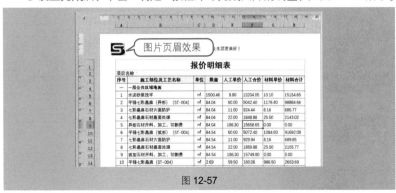

图 12-57

12.3　工作表打印设置

技巧 16　打印指定的页

　　若工作表包含多页内容，有时只想打印 Excel 工作表指定的页面，可按照下面的方法进行设置。

　　① 在需要打印的工作表中依次选择"文件"→"打印"命令，即可展开打印设置选项。

　　② 在右侧的"设置"栏的"页数"数值框中输入要打印的页码或页码范围，如图 12-58 所示。

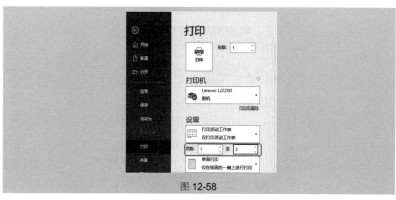

图 12-58

❸ 设置完成后，单击"打印"按钮，即可开始打印。

技巧 17　打印工作表中某一特定区域

当整张工作表数据较多时，若只需要打印某一部分内容作为参考资料，可以通过如下设置只打印某一个区域。

❶ 在工作表中选中需要打印的内容，在"页面布局"→"页面设置"选项组中单击"打印区域"按钮，在打开的下拉菜单中选择"设置打印区域"命令，如图 12-59 所示。

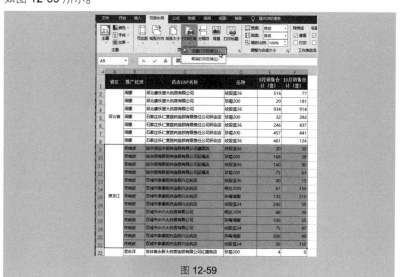

图 12-59

❷ 执行第❶步操作后即可建立一个打印区域，进入打印预览状态下可以看到当前工作表中只有这个打印区域将会被打印，如图 12-60 所示。

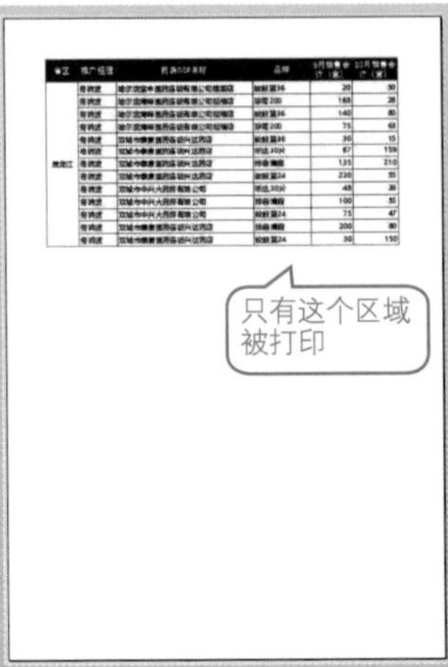

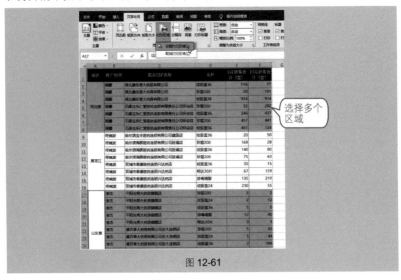

图 12-60

技巧 18　一次性建立多个打印区域

如果需要有选择性地打印工作表中多个部分的内容，可以按如下方法来添加多个打印区域。

❶ 在工作表中选中需要打印的内容，可以是任意多个不连续的单元格区域，选中后在"页面布局"→"页面设置"选项组中单击"打印区域"按钮，在打开的下拉菜单中选择"设置打印区域"命令，如图 **12-61** 所示。

图 12-61

❷ 设置完成后，每个连续的区域即为一个打印区域，可以在打印预览状态下进行查看。

技巧 19　一次性打印多张工作表

在当前工作表中执行打印命令时，默认情况下只打印当前工作表，如果需要一次性打印多张工作表，可以按如下步骤操作。

❶ 完成对每一张待打印工作表的页面设置，按住"Ctrl"键不放，依次单击选中需要打印的工作表标签。

❷ 依次选择"文件"→"打印"命令，在右侧的"设置"栏中单击"打印"按钮，程序就会对所选择的工作表依次进行打印。

技巧 20　将数据缩印在一页纸内打印

在打印文档时，当打印的内容超过一页时，会自动将剩余内容放在后面的新页中。若新页中的数据不是很多时会自动占用一页造成纸张浪费，通过相关设置可以将数据缩印在一页纸内。

❶ 打开需要打印的文档，在"页面布局"→"页面设置"选项组中单击右下角的 按钮，打开"页面设置"对话框。

❷ 选择"页面"选项卡，选中"调整为"单选按钮，并设置"1"页宽、"1"页高，如图 12-62 所示。

图 12-62

❸ 单击"确定"按钮，再次执行打印操作时，即可将全部数据缩放到一页纸内。

专家点拨

这个技巧主要适用于如下两种情形：① 当数据内容超过一页宽，并且右半部分数据并不多，可能就是一两列；② 当数据内容超过一页高时，并且超出的部分并不多，可能就是一两行。

技巧21　打印超宽工作表

在打印工作表时，默认会以纵向方式打印，如果工作表包含多列，即表格较宽时，如图 12-63 所示。当进入打印预览状态查看时（见图 12-64），显然纵向方式打印是无法完整显示的。在这种情况下则需要设置打印方式为横向打印。

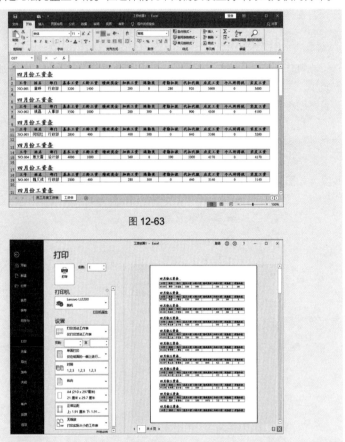

图 12-63

图 12-64

打开需要打印的文档，依次选择"文件"→"打印"命令，在右侧的"设置"栏中单击"纵向"右侧的下拉按钮，在下拉列表中选择"横向"选项，如

图 12-65 所示。设置完成后，在预览区则可以看到横向显示方式，表格右侧内容已经可以完全显示，如图 12-66 所示。

图 12-65   图 12-66

技巧22　将表格标题打印到每一页中

当一整张表格在一页纸中无法完全打印出来时，通过如下设置可以实现进入下一页时自动将表格的标题与列标识打印出来的效果。

❶ 在工作表的"页面布局"→"页面设置"选项组中单击▣按钮，打开"页面设置"对话框。

❷ 选择"工作表"选项卡，单击"顶端标题行"文本框右侧的▲按钮（见图 12-67），回到工作表中选择要在每一页中都显示的行（此处选择标题行与列标识行），如图 12-68 所示。

图 12-67

图 12-68

③ 单击 ⬚ 按钮返回到"页面设置"对话框中，可以看到"顶端标题行"文本框中显示的单元格引用地址，单击"确定"按钮完成设置。

④ 进入打印预览状态下，即可看到两页中都包含表格标题与列标识，如图 12-69 和图 12-70 所示。

图 12-69

图 12-70

技巧 23　将行号、列号一起打印

默认情况下，在执行打印操作后，打印出来的工作表中不包含行号和列号。

❶ 打开需要打印的文档。在工作表的"页面布局"→"页面设置"选项组中单击 ▪ 按钮，打开"页面设置"对话框。

❷ 选择"工作表"选项卡，选中"打印"栏中的"行和列标题"复选框，如图 12-71 所示。

❸ 单击"确定"按钮，再次执行打印操作时，即可将行号和列号一同打印出来。

图 12-71

技巧 24　不打印单元格中的颜色和底纹效果

如果当前需要打印的数据只是作为阅读资料，那么可以设置打印时不打印单元格中的颜色和底纹效果，以节约资源。

❶ 打开需要打印的文档。在工作表的"页面布局"→"页面设置"选项组中单击 按钮，打开"页面设置"对话框。

❷ 选择"工作表"选项卡，选中"打印"栏中的"单色打印"复选框，如图 12-72 所示。

图 12-72

③ 单击"确定"按钮，再次执行打印操作，即可以单色打印工作表。

分类汇总的结果是将一类数据添加小计，这样既达到了分类，又得到了统计结果。如果统计结果需要打印，一般分页打印以获取比较好的效果。为了达到这一效果需要在"分类汇总"对话框中启用一个选项。

❶ 打开需要分类汇总的表格，在"数据"→"分级显示"选项组中单击"分类汇总"按钮，打开"分类汇总"对话框。完成分类汇总各选项的设置后，选中"每组数据分页"复选框，如图 12-73 所示。

❷ 单击"确定"按钮，这就实现了将分类汇总结果的每组数据后面都添加一个分页符，从而实现分页打印的效果。重新进入打印预览，可以看到每个组都分别显示到单一的页面中，如图 12-74 所示为第 1 页，如图 12-75 所示为第 2 页。

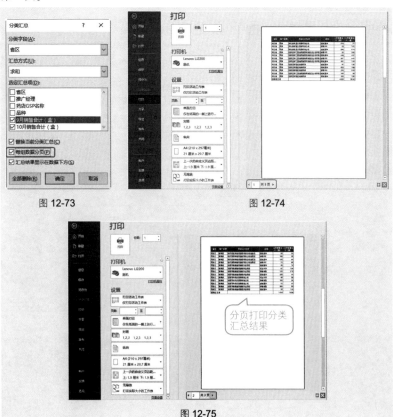

图 12-73

图 12-74

图 12-75

技巧 26 数据透视表的结果分页打印

在建立数据透视表后，可以根据需要对数据透视表中的某一字段分页打印。例如图 12-76 所示的数据透视表，要实现的打印效果是，让每位推广经理的统计数据打印在不同页中，从而生成各推广经理的专项报表，其实现操作如下。

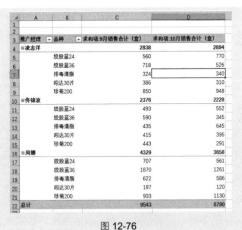

图 12-76

❶ 选中 "推广经理" 字段中的任意一个项，单击鼠标右键，在弹出的快捷菜单中选择 "字段设置" 命令（见图 12-77），打开 "字段设置" 对话框。

❷ 选择 "布局和打印" 选项卡，选中 "每项后面插入分页符" 复选框，如图 12-78 所示，单击 "确定" 按钮完成设置。

图 12-77

图 12-78

❸ 选择"文件"→"打印"命令，在打印预览中可以看到按姓名分页打印的效果，如图 12-79 和如图 12-80 所示。

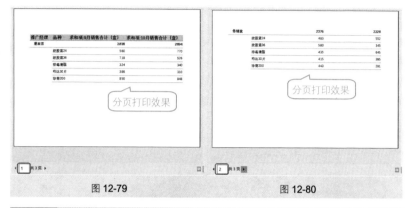

图 12-79　　　　　　　　　　　　图 12-80

技巧 27　巧妙为工作表添加打印背景

为需要打印的工作表添加打印背景并不像处理 Word 文档那样方便，默认的添加背景的操作一方面效果并不好，另一方面还无法被打印出来。因此如果想为工作表添加打印背景，需要使用添加页眉的办法巧妙实现。

❶ 在"插入"→"文本"选项组中单击"页眉和页脚"按钮进入页眉页脚编辑状态，将光标定位到页眉区域中间的文本框中，然后在"页眉和页脚"→"页眉和页脚元素"选项组中单击"图片"按钮，如图 12-81 所示。

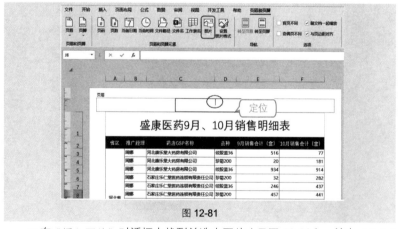

图 12-81

❷ 在"插入图片"对话框中找到并选中图片（见图 12-82），单击"插入"按钮。

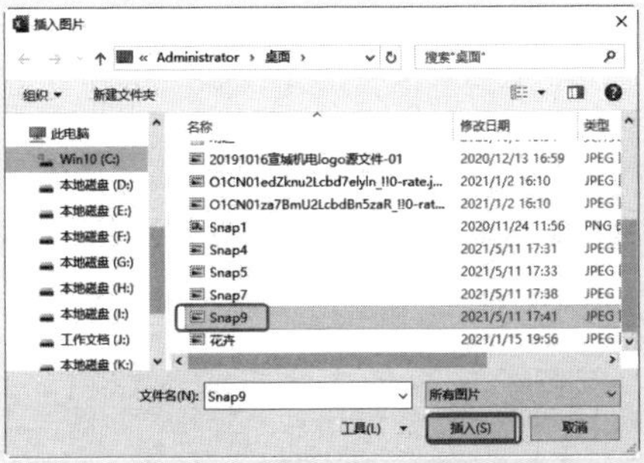

图 12-82

❸ 插入图片后,单击"页眉和页脚元素"选项组中的"设置图片格式"按钮(见图 12-83),打开"设置图片格式"对话框。

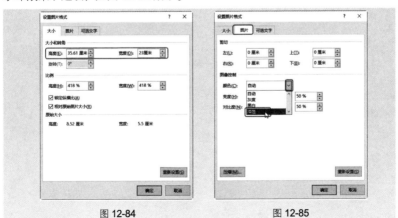

图 12-83

❹ 设置图片的大小,注意其宽度应该大致等于页面的宽度(见图 12-84),选择背景图片时也应选择竖幅的图片。

❺ 切换到"图片"选项卡下,在"颜色"的下拉列表框中选择"冲蚀"(即水印效果)选项,如图 12-85 所示。

图 12-84

图 12-85

⑥ 设置完成后，单击"确定"按钮退出页眉页脚编辑状态。当再次进入打印预览状态时即可显示出背景效果，如图 **12-86** 所示。

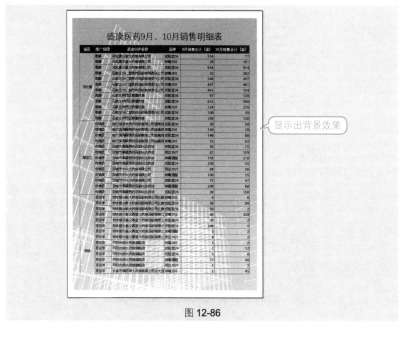

显示出背景效果

图 12-86

🔖 **专家点拨**

　　添加到页眉中的图片在选取方面有两个要求：一要注意图片的像素应尽量大一些，二是图片的横纵比例应与当前页面（默认 A4 页面）的横纵比例差不多。这样才能保证获取良好的背景效果。

 附录 **A** Excel 问题集

1.选项设置问题

鼠标指针指向任意功能按钮时都看不到屏幕提示

问题描述：在 Excel 的工作界面中，将鼠标指针悬停在功能按钮上两秒钟，会显示出屏幕功能提示，如图 A-1 所示。可是，现在无论怎么放置鼠标指针都看不到提示了。

图 A-1

问题解答：

这是因为屏幕提示的功能被关闭了，只要重新启用即可。

选择"文件"→"选项"命令，打开"Excel 选项"对话框。选择"常规"选项卡，单击"屏幕提示样式"右侧的下拉按钮，在下拉列表框中重新选择"在屏幕提示中显示功能说明"选项（见图 A-2），单击"确定"按钮，即可恢复屏幕提示的功能。

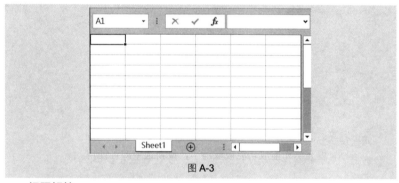

图 A-2

问题 2 打开工作簿发现工作表的行号、列标都没有了

问题描述：工作表中的行号和列标都不显示，如图 A-3 所示，这给实际操作带来很多不便。

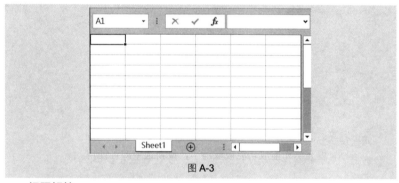

图 A-3

问题解答：

这是因为他人误操作将行号和列标隐藏起来了，通过如下方法可以恢复到默认设置。

选择"文件"→"选项"命令，打开"Excel 选项"对话框。选择"高级"选项卡，在"此工作表的显示选项"栏中重新将"显示行和列标题"复选框选中，如图 A-4 所示。单击"确定"按钮，退出"Excel 选项"对话框即可显示行号和列标。

图 A-4

问题 3　想填充数据或复制公式，但找不到填充柄

问题描述：选中单元格后，将鼠标指针放在单元格右下角，光标会变成实心十字形，如图 A-5 所示。现在发现找不到填充柄（见图 A-5），无论怎样拖动鼠标，都不能进行数据自动填充。

	A	B
1	日期	值班人员
2	2021/4/1	刘杰
3		周云雷
4		李建军
5		林凌
6		姚磊
7		郑燕娲
8		洪新成
9		罗婷
10		刘智南
11		李锐

	A	B
1	日期	值班人员
2	2021/4/1	刘杰
3		周云雷
4		李建军
5		林凌
6		姚磊
7		郑燕娲
8		洪新成
9		罗婷
10		刘智南
11		李锐

图 A-5

问题解答：

这是因为填充柄和拖放功能被取消了，重新选中即可使用。

选择"文件"→"选项"命令，打开"Excel 选项"对话框。选择"高级"选项卡，在"编辑选项"栏中重新将"启用填充柄和单元格拖放功能"复选框选中（见图 A-6），单击"确定"按钮退出即可。

问题 4　工作簿中的垂直滚动条和水平滚动条不见了

问题描述：打开工作簿，发现无论哪张工作表，垂直滚动条和水平滚动条都不见了。

图 A-6

问题解答：

出现这种情况是因为他人对选项进行了相关设置，通过如下设置可以恢复显示。

选择"文件"→"选项"命令，打开"Excel 选项"对话框。选择"高级"选项卡，在"此工作簿的显示选项"栏中重新将"显示水平滚动条"和"显示垂直滚动条"复选框都选中（见图 A-7），单击"确定"按钮即可。

图 A-7

问题 5 滑动鼠标中键向下查看数据时，工作表中的内容随之缩放

问题描述：滑动鼠标中键向下查看数据时，工作表中的内容却随之进行缩放，并不向下显示数据。

问题解答：

出现这种情况，是因为人为启用了智能鼠标缩放功能，通过如下步骤将其关闭即可。

选择 "文件" → "选项" 命令，打开 "Excel 选项" 对话框。选择 "高级" 选项卡，在 "编辑选项" 栏中取消选中 "用智能鼠标缩放" 复选框（见图 A-8），单击 "确定" 按钮即可。

图 A-8

问题 6 工作表中显示计算公式，但并没有计算结果

问题描述： 在对数据进行计算时，计算结果的单元格中始终显示输入的公式，却不显示公式的计算结果。

问题解答：

出现这种情况，是由于启用了 "在单元格中显示公式而非其计算结果" 功能。将这一功能取消即可恢复计算功能。

选择 "文件" → "选项" 命令，打开 "Excel 选项" 对话框。选择 "高级" 选项卡，在 "此工作表的显示选项" 栏中取消选中 "在单元格中显示公式而非其计算结果" 复选框（见图 A-9），单击 "确定" 按钮即可。

问题 7 更改数据源的值，但公式的计算结果并不自动更新

问题描述： 在单元格中输入公式后，被公式引用的单元格只要发生数据更改，公式就会自动重算得出计算结果。现在无论怎么更改数值，公式计算结果都始终保持不变。

415

图 A-9

问题解答：

出现这种计算结果不能自动更新的情况，是因为关闭了"自动重算"这项功能，可按如下方法进行恢复。

选择"文件"→"选项"命令，打开"Excel 选项"对话框。选择"公式"选项卡，在"计算选项"栏中重新选中"自动重算"单选按钮（见图 A-10），单击"确定"按钮即可。

图 A-10

问题 8　添加"自动筛选"后，日期值却不能自动分组筛选

问题描述：添加"自动筛选"后，默认情况下日期可以分组筛选，这样可以方便对同一阶段下日期进行筛选，如同一年的记录、同一月的记录。可是现在添加"自动筛选"后，却无法自动分组，如图 A-11 所示。

图 A-11

问题解答：

出现日期不能分组的情况，是因为这一功能被取消了。可以按如下方法恢复。

选择"文件"→"选项"命令，打开"Excel 选项"对话框。选择"高级"选项卡，在"此工作簿的显示选项"栏中重新将"使用'自动筛选'菜单分组日期"复选框选中，如图 A-12 所示。单击"确定"按钮退出，即可看到日期可以分组筛选了，如图 A-13 所示。

图 A-12

图 A-13

2. 函数应用问题

问题 9 两个日期相减时不能得到差值天数，却返回一个日期值

问题描述： 根据员工的出生日期计算年龄，根据员工的入职时间计算工龄，或者其他根据日期进行计算时，得到的结果还是日期，而不是数字，如图 A-14 所示。

	A	B	C	D
1	编号	姓名	出生日期	年龄
2	NN001	侯淑媛	1984/5/12	1900/2/1
3	NN002	孙丽萍	1986/8/22	1900/1/30
4	NN003	李平	1982/5/21	1900/2/3
5	NN004	苏敏	1980/5/4	1900/2/5
6	NN005	张文涛	1980/12/5	1900/2/5
7	NN006	孙文胜	1987/9/27	1900/1/29
8	NN007	周保国	1979/1/2	1900/2/6
9	NN008	崔志飞	1980/8/5	1900/2/5

	A	B	C	D
1	编号	姓名	入公司日期	工龄
2	NN001	侯淑媛	2009/2/10	1900/1/7
3	NN002	孙丽萍	2009/2/10	1900/1/7
4	NN003	李平	2011/1/2	1900/1/5
5	NN004	苏敏	2012/1/2	1900/1/4
6	NN005	张文涛	2012/2/19	1900/1/4
7	NN006	孙文胜	2013/2/19	1900/1/3
8	NN007	周保国	2013/5/15	1900/1/3
9	NN008	崔志飞	2014/5/15	1900/1/2

图 A-14

问题解答：

这是因为根据日期进行计算时，显示结果的单元格会默认自动设置为日期格式。将对应的单元格设置成常规格式，就会显示数字。

选择需显示常规数字的单元格，在"开始"→"数字"选项组中单击下拉按钮，在下拉列表中选择"常规"命令，即可将日期变成数字，如图 A-15 所示。

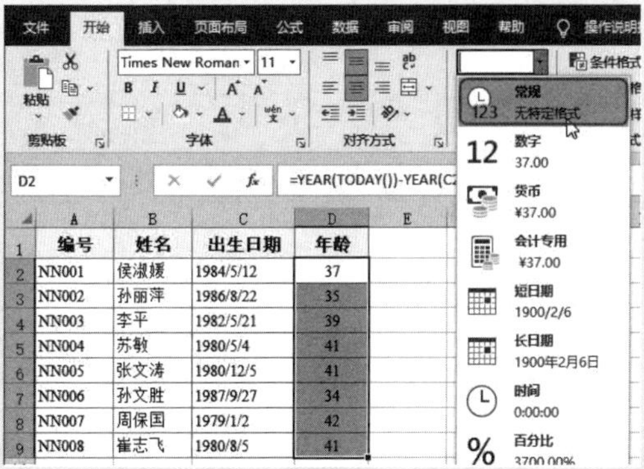

图 A-15

问题 10 公式引用单元格明明显示的是数据，计算结果却为 0

问题描述： 如图 A-16 所示表格中，当使用公式来计算总应收金额时，出现计算结果为 0 的情况。可是 D 列中明明显示的是数字，为何无法计算呢？

图 A-16

问题解答：

出现这种情况是因为 D 列中的数据使用了文本格式，看似显示为数字，实际是无法进行计算的文本格式。

选中"应收金额（元）"列的数据区域，单击左上角的 <!-- --> 按钮的下拉按钮，在下拉列表中选择"转换为数字"命令（见图 A-17），即可显示正确的计算结果。

序号	公司名称	开票日期	应收金额(元)	付款期(天)
001	宏运佳建材公司	2020/12/3	8600	30
002	海兴建材有限公司	2020/12/4	5000	15
003	孚盛装饰公司	2020/12/5	10000	30
004	澳菲斯建材有限公司	2021/1/20	25000	15
005	宏运佳建材公司	2021/2/3	12000	20
006	拓帆建材有限公司	2021/2/22	58000	60
007	澳菲斯建材有限公司	2021/2/22	5000	90
008	孚盛装饰公司	2021/3/12	23000	40
009	雅得丽装饰公司	2021/3/12	29000	60
010	雅得丽装饰公司	2021/3/17	50000	30
011	宏运佳建材公司	2021/3/20	4000	10
012	雅得丽装饰公司	2021/4/3	18500	25
			248100	

图 A-17

问题 11　数字与"空"单元格相加，结果报错

问题描述：在工作表中对数据进行计算时，有一个单元格为空，数字与其相加时却出现了错误值。

问题解答：

出现这种情况是因为这个空单元格是空文本，而非真正的空单元格。空单元格 Excel 可自动转换为 0，空文本的单元格则无法自动转换为 0，因此出现错误。

选中 C4 单元格，可看到编辑栏中显示 "'"，说明该单元格是空文本，而非空单元格（见图 A-18）。选中 C4 单元格，在编辑栏中删除 "'"，同理删除 C7 单元格中的 "'"，即可得到正确计算结果。

姓名	面试成绩	笔试成绩	总成绩
林丽	72	83	155
甘会杰	86	89	175
崔小娜	81		#VALUE!
李洋	75	80	155
刘玲玲	88	85	173
管红同	84		#VALUE!
杨丽	69	79	148
苏冉欣	85	89	174
何雨欣	82	95	177

姓名	面试成绩	笔试成绩	总成绩
林丽	72	83	155
甘会杰	86	89	175
崔小娜	81		81
李洋	75	80	155
刘玲玲	88	85	173
管红同	84		84
杨丽	69	79	148
苏冉欣	85	89	174
何雨欣	82	95	177

图 A-18

问题 12　LOOKUP 查找找不到正确结果

问题描述：在利用 LOOKUP 函数查找数据时，有时会出现给出的条件和查找的结果不相匹配的情况。例如，根据员工编号查找员工姓名，查找到的姓名与编号不匹配（见图 A-19）。

图 A-19

问题解答：

出现这种情况是因为 LOOKUP 是模糊查找，而员工编号是随意排序的，而不是有序排序，所以 LOOKUP 无法找到对应的数据。此时只需要将员工编号按升序排序即可实现正确查找。

选中"员工编号"列任意单元格，在"数据"→"排序和筛选"选项组单击"升序" $\frac{A}{Z}\downarrow$ 按钮，进行升序排列。然后再输入公式进行查找，即可实现正确查找，如图 A-20 所示。

图 A-20

问题 13　VLOOKUP 查找对象明明是存在的却查找不到

问题描述： 如图 A-21 所示，要查询"王芬"的应缴所得税，却出现查询不到的情况。

问题解答：

双击 B11 单元格查看源数据，在编辑栏可发现光标所处的位置与文字最后间隔有距离，即存在不可见的空格，如图 A-22 所示。这样的空格是肉眼很难发现的，只要将空格删除，即可得到正确的结果。

图 A-21

图 A-22

另外，在输入两个字的姓名时，有些用户为了让显示效果更加美观，习惯在中间加入空格，这样也可能导致查找时出错，因此不建议使用无意义的空格。

问题 14 VLOOKUP 查找时，查找内容与查找区域首列内容不能精确匹配，如何实现查找

问题描述： 如图 A-23 所示统计了某商品在各单位的销售数量和库存量，现在需要将两张表格合并成一张，都显示在"销售数量"工作表中。但是从图中可以看到"单位名称"列不是完全一样，"库存量"表中单位名称前添加了编号。那么，有没有办法实现对这种数据的匹配查找呢？

	A	B
1	单位名称	销售数量
2	96广西路	78
3	通达	531
4	花园桥水站	56
5	16支队	86
6	华信超市	145
7	25专卖	79
8	志诚水站	234
9	徽州府	28
10	玉泽园	102

销售数量 库存量

	A	B
1	单位名称	库存量
2	0001 96广西路	63
3	0002 通达	125
4	0007 花园桥水站	74
5	0010 16支队	30
6	0012 华信超市	81
7	25专卖 0013	72
8	0014 志诚水站	165
9	徽州府 0015	236
10	0018玉泽园	42

销售数量 库存量 Sheet3

图 A-23

问题解答：

这种情况需要通过通配符实现模糊查找，然后再进行匹配。

选中 C2 单元格，在编辑栏中输入公式“=VLOOKUP("*"&A2&"*", 库存量!$A$1:$B$10,2,0)”，按“Enter”键得出结果。

选中 C2 单元格，拖动右下角的填充柄向下复制公式，即可批量得出其他库存量，如图 A-24 所示。

C2 =VLOOKUP("*"&A2&"*",库存量!$A$1:$B$10,2,0)

	A	B	C	D	E	F	G
1	单位名称	销售数量	库存量				
2	96广西路	78	63				
3	通达	531	125				
4	花园桥水站	56	74				
5	16支队	86	30				
6	华信超市	145	81				
7	25专卖	79	72				
8	志诚水站	234	165				
9	徽州府	28	236				
10	玉泽园	102	42				

图 A-24

利用这种方法来设计 VLOOKUP 函数的第一个参数，如 **"*"&A2&"*"** 代表第一个参数查找值，得到“*96 广西路 *”，即只要包含“96 广西路”就能匹配。然后再在库存量的 $A$1:$B$10 单元格区域中寻找与 A2 单元格中相同的值。找到后即返回对应在 $A$1:$B$10 单元格区域第 2 列上的值。

问题 15　日期数据与其他数据合并时，不能显示为原样日期，只显示一串序列号

问题描述：如图 A-25 所示，A 列中显示工单日期，现需要将 A、B、C 列数据合并，如果直接合并，日期将被显示为序列号（从 D 列中可以看到）。

	A	B	C	D
1	工单日期	地区	城市	合并
2	2021/4/5	河北	石家庄	44291河北石家庄
3	2021/4/5	山东	东营	44291山东东营
4	2021/4/7	河北	石家庄	44293河北石家庄
5	2021/4/7	山东	烟台	44293山东烟台
6	2021/4/10	河北	邢台	44296河北邢台
7	2021/4/15	山东	东营	44301山东东营
8	2021/4/17	山东	青岛	44303山东青岛
9	2021/4/17	山东	青岛	44303山东青岛
10	2021/4/24	河北	邢台	44310河北邢台
11	2021/4/25	吉林	长春	44311吉林长春

图 A-25

问题解答：

直接合并后，D 列数据即会与其他列一样以常规形式显示，日期也会被转

换为序列号，要解决这个问题可以使用 TEXT 函数将其转换成日期形式。

选中 D2 单元格，在公式编辑栏中输入公式“=TEXT(A2,"yyyy-m-d")&B2&C2”，按“Enter”键得出结果。

选中 D2 单元格，拖动该单元格右下角的填充柄向下填充，可以得到其他合并结果，如图 A-26 所示。

D2 | =TEXT(A2,"yyyy-m-d")&B2&C2

	A	B	C	D
1	工单日期	地区	城市	合并
2	2021/4/5	河北	石家庄	2021-4-5河北石家庄
3	2021/4/5	山东	东营	2021-4-5山东东营
4	2021/4/7	河北	石家庄	2021-4-7河北石家庄
5	2021/4/7	山东	烟台	2021-4-7山东烟台
6	2021/4/10	河北	邢台	2021-4-10河北邢台
7	2021/4/15	山东	东营	2021-4-15山东东营
8	2021/4/17	山东	青岛	2021-4-17山东青岛
9	2021/4/17	山东	青岛	2021-4-17山东青岛
10	2021/4/24	河北	邢台	2021-4-24河北邢台
11	2021/4/25	吉林	长春	2021-4-25吉林长春

图 A-26

TEXT 函数用于将数值转换为按指定数字格式表示的文本。因此将 A2 单元格指定为 "yyyy-m-d" 这种格式后，就不会因为合并而转换成序列号了。

问题 16 设置按条件求和（按条件计数等）函数时，如何处理条件判断问题

问题描述：判断成绩大于等于 60 的人数，设定的公式如图 A-27 所示，按“Enter”键返回结果时，弹出错误提示，无法得出结果。

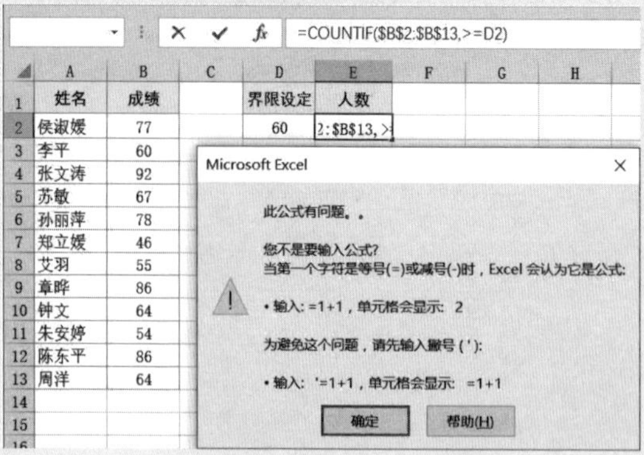

图 A-27

问题解答：

出现上述错误的原因是设置按条件计数函数的功能参数的格式不对，这是一个众多读者都可能遇到的问题。这里要使用 ">="&D2 这种方式来表达，而不能直接使用判断符号。

选中 E2 单元格，在公式编辑栏中输入公式：=COUNTIF($B$2:$B$13, ">="&D2)，按 "Enter" 键得出结果，如图 A-28 所示。

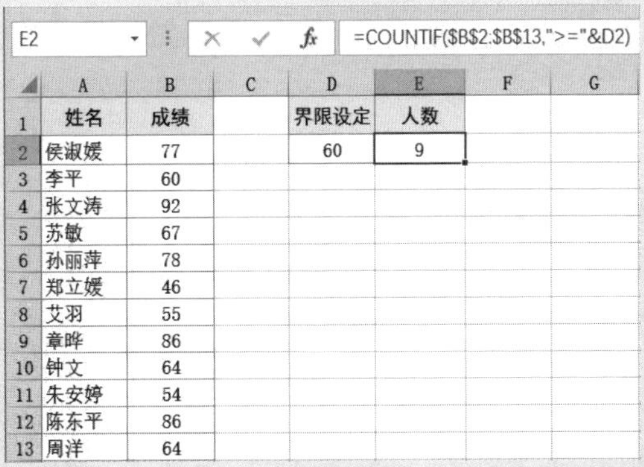

	A	B	C	D	E	F	G
1	姓名	成绩		界限设定	人数		
2	侯淑媛	77		60	9		
3	李平	60					
4	张文涛	92					
5	苏敏	67					
6	孙丽萍	78					
7	郑立媛	46					
8	艾羽	55					
9	章晔	86					
10	钟文	64					
11	朱安婷	54					
12	陈东平	86					
13	周洋	64					

图 A-28

问题 17 公式返回 "#DIV/0!" 错误值

问题描述：输入公式后，按 "Enter" 键，返回 "#DIV/0!" 错误值，如图 A-29 所示。

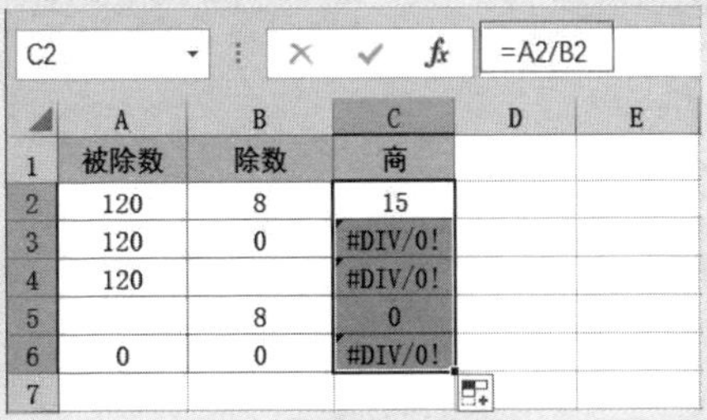

	A	B	C	D	E
1	被除数	除数	商		
2	120	8	15		
3	120	0	#DIV/0!		
4	120		#DIV/0!		
5		8	0		
6	0	0	#DIV/0!		
7					

图 A-29

问题解答：

当公式中将 "0" 值或空白单元格作为除数时，计算结果将返回 "#DIV/0!" 错误值。

选中 C2 单元格，在公式编辑栏中输入公式 " =IF(ISERROR(A2/B2),"", A2/B2)"，按 "Enter" 键，即可解决公式返回 "#DIV/0!" 错误值的问题。

将光标移动到 C2 单元格的右下角，向下复制公式，即可解决所有公式返回结果为“#DIV/0!”错误值的问题，如图 A-30 所示。

C2 =IF(ISERROR(A2/B2),"", A2/B2)

	A	B	C	D	E	F
1	被除数	除数	商			
2	120	8	15			
3	120	0				
4	120					
5		8	0			
6	0	0				
7						

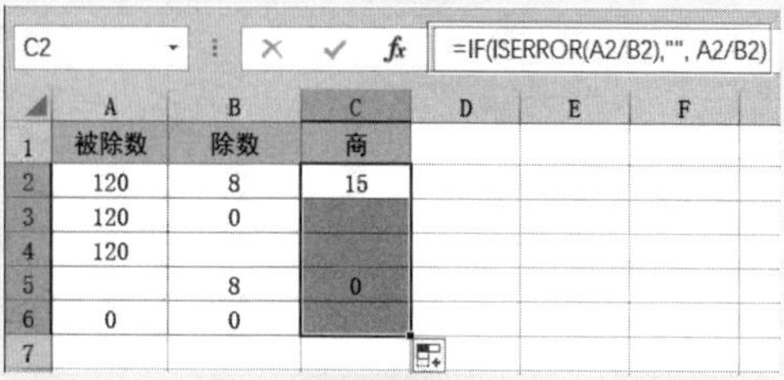

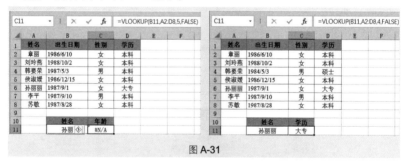

图 A-30

问题 18 公式返回“#N>A”错误值

问题描述：输入公式后，返回“#N>A”错误值。

问题解答：

当函数或公式中没有可用的数值时，将会产生此错误值。

如图 A-31 所示的公式中，VLOOKUP 函数进行数据查找，找不到匹配的值时就会返回“#N/A”错误值（公式中引用了 B11 单元格的值作为查找源，而 A2:A8 单元格区域中找不到 B11 单元格中指定的值，所以返回了错误值）。

选中 B11 单元格，在单元格中将员工姓名更改为“孙丽丽”，即可得到正确的查询结果，如图 A-31 所示。

C11 =VLOOKUP(B11,A2:D8,5,FALSE)

	A	B	C	D	E	F
1	姓名	出生日期	性别	学历		
2	章丽	1986/6/10	女	本科		
3	刘玲燕	1988/10/2	女	本科		
4	韩要荣	1987/5/3	男	本科		
5	侯淑媛	1986/12/15	女	本科		
6	孙丽丽	1987/9/1	女	大专		
7	李平	1987/9/10	男	本科		
8	苏敏	1987/8/28	女	本科		
9						
10		姓名	年龄			
11		孙丽	#N/A			

C11 =VLOOKUP(B11,A2:D8,4,FALSE)

	A	B	C	D	E	F
1	姓名	出生日期	性别	学历		
2	章丽	1986/6/10	女	本科		
3	刘玲燕	1988/10/2	女	本科		
4	韩要荣	1984/5/3	男	硕士		
5	侯淑媛	1986/12/15	女	本科		
6	孙丽丽	1987/9/1	女	大专		
7	李平	1987/9/10	男	本科		
8	苏敏	1987/8/28	女	本科		
9						
10		姓名	学历			
11		孙丽丽	大专			

图 A-31

问题 19 公式返回“#NAME?”错误值

问题描述：输入公式后，返回“#NAME?“错误值。

问题解答：

出现这种情况有四种可能。

1．输入的函数和名称拼写错误

如图 A-32 所示，当计算学生的平均成绩时，在公式中将 AVERAGE 函数错误地输入为"AVEAGE"时，会返回"#NAME?"错误值。只要重新将函数名称修改正确即可。

	A	B	C	D	E	F
	姓名	语文	数学	英语	平均分	
2	刘玲燕	78	64	9	#NAME?	
3	韩要荣	60	84	85	#NAME?	
4	侯淑媛	91	86	80	#NAME?	
5	孙丽萍	87	84	75	#NAME?	
6	李平	78	58	80	#NAME?	

E2 · fx =AVEAGE(B2:D2)

图 A-32

2．公式中使用文本作为参数时未加双引号

如图 A-33 所示，在计算某一位销售人员的总销售金额时，在公式中没有对"唐小军"这样的文本常量加上双引号（半角状态下），导致返回结果为"#NAME?"错误值。

F2 · fx =SUM((C2:C11=唐小军)*D2:D11)

	A	B	C	D	E	F
1	序号	品名	经办人	销售金额		唐小军总销售额
2	1	老百年	杨佳丽	4950		#NAME?
3	2	三星迎驾	张瑞煊	2688		
4	3	五粮春	杨佳丽	5616		
5	4	新月亮	唐小军	3348		
6	5	新地球	杨佳丽	3781		
7	6	四开国缘	张瑞煊	2358		
8	7	新品兰十	唐小军	3122		
9	8	今世缘兰地	张瑞煊	3290		
10	9	珠江金小麦	杨佳丽	2090		
11	10	张裕赤霞珠	唐小军	2130		

图 A-33

选中 F2 单元格，将公式重新输入为"=SUM((C2:C11="唐小军")*D2:D11)"，按"Shift+Ctrl+Enter"组合键即可返回正确结果，如图 A-34 所示。

F2 · fx {=SUM((C2:C11="唐小军")*D2:D11)}

	A	B	C	D	E	F
1	序号	品名	经办人	销售金额		唐小军总销售额
2	1	老百年	杨佳丽	4950		8600
3	2	三星迎驾	张瑞煊	2688		
4	3	五粮春	杨佳丽	5616		
5	4	新月亮	唐小军	3348		
6	5	新地球	杨佳丽	3781		
7	6	四开国缘	张瑞煊	2358		
8	7	新品兰十	唐小军	3122		
9	8	今世缘兰地	张瑞煊	3290		
10	9	珠江金小麦	杨佳丽	2090		
11	10	张裕赤霞珠	唐小军	2130		

图 A-34

3．在公式中使用了未定义的名称

如图 A-35 所示，公式"=SUM(第一季度)+SUM(第二季度)"中的"第一季度"或"第二季度"名称并未事先定义，输入公式后按"Enter"键，返回"#NAME?"错误值。

图 A-35

选中"第一季度"的数据源将它先定义为名称（"第二季度"定义方法相同），然后再将该名称应用于公式中即可得到正确的计算结果。

4．引用其他工作表时工作表名称包含空格

如图 A-36 所示，使用公式"= 二 季度销售额 !C4+ 三季度销售额 !C4"计算时出现"#NAME ？"错误。这是因为"二 季度销售额"工作表的名称中包含有空格。

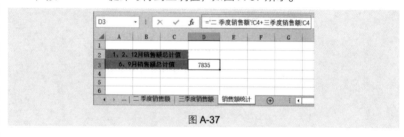

图 A-36

出现这类情况并非说明工作表名称中不能使用空格，如果工作表名称中包含空格，在引用数据源时工作表的名称应使用单引号。

选中 D3 单元格，将公式更改为"=' 二 季度销售额 '!C4+ 三季度销售额 !C4"，按"Enter"键即可得到正确值，如图 A-37 所示。

图 A-37

问题 20　公式返回 "#NUM!" 错误值

问题描述：输入公式后，返回 "#NUM!" 错误值。

问题解答：

这是因为引用了无效的参数。

如图 A-38 所示，在求某数值的算术平方根时，SQRT 函数中引用了 A3 单元格，而 A3 单元格中的值为负数，所以会返回 "#NUM！" 错误值。确保正确地引用函数的参数，即可返回正确值。

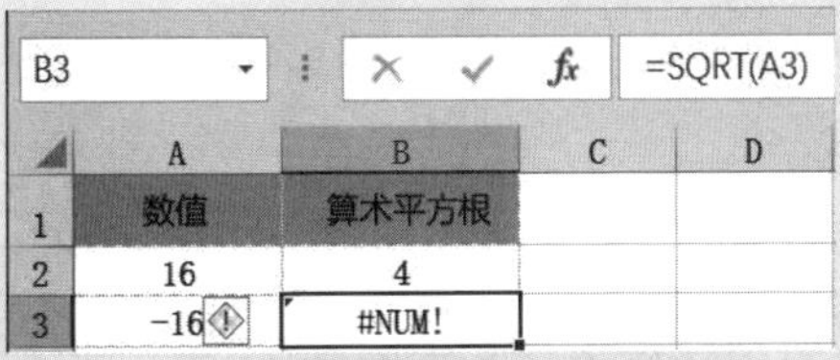

图 A-38

问题 21　公式返回 "#VALUE!" 错误值

问题描述：输入公式后，返回 "#VALUE!" 错误值。

问题解答：

出现这种情况有两种可能。

1．公式中有文本类型的数据参与了数值运算

如图 A-39 所示，在计算销售员的销售金额时，参与计算的数值带上产品单位或单价单位（为文本数据），导致返回的结果出现 "#VALUE!" 错误值。

在 B3 和 C2 单元格中，分别将 "套" 和 "元" 文本删除，即可返回正确的计算结果。

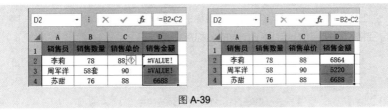

图 A-39

2．有些数组运算未按 "Shift+Ctrl+Enter" 组合键结束

如图 A-40 所示，在 B1 单元格中输入数组公式 "=AND(A4:B12>0.1，A4:B12<0.2)"，按 "Enter" 键会返回 "#VALUE!" 错误值。

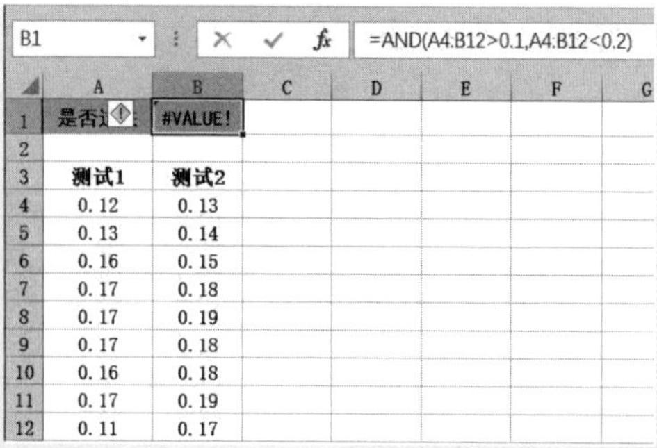
B1 =AND(A4:B12>0.1,A4:B12<0.2)

	A	B
1	是否过	#VALUE!
2		
3	测试1	测试2
4	0.12	0.13
5	0.13	0.14
6	0.16	0.15
7	0.17	0.18
8	0.17	0.19
9	0.17	0.18
10	0.16	0.18
11	0.17	0.19
12	0.11	0.17

图 A-40

数组运算公式输入完成后，按“Shift+Ctrl+Enter”组合键结束，即可得到正确结果。

问题 22 公式返回“#REF!”错误值

问题描述：输入公式后，返回“#REF!”错误值。

问题解答：

公式返回“#REF!”错误值，是因为公式计算中引用了无效的单元格。

如图 A-41 所示，在 C 列中建立的公式使用了 B 列的数据，当将 B 列删除时，此时的公式已经找不到可以用于计算的数据，就会出现错误值“#REF!”。

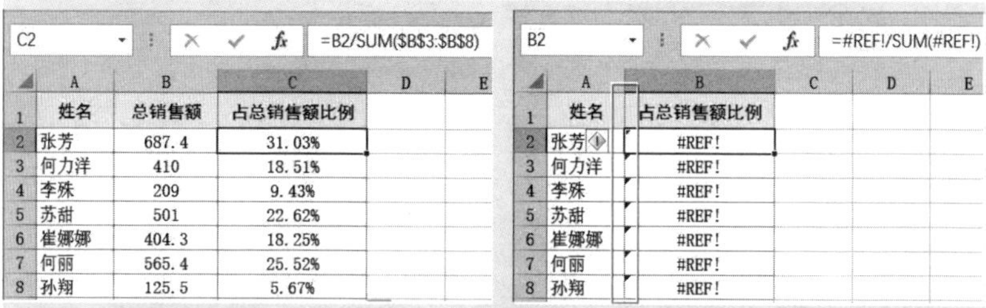
C2 =B2/SUM($B$3:$B$8)

	A	B	C
1	姓名	总销售额	占总销售额比例
2	张芳	687.4	31.03%
3	何力洋	410	18.51%
4	李殊	209	9.43%
5	苏甜	501	22.62%
6	崔娜娜	404.3	18.25%
7	何丽	565.4	25.52%
8	孙翔	125.5	5.67%

B2 =#REF!/SUM(#REF!)

	A	B
1	姓名	占总销售额比例
2	张芳	#REF!
3	何力洋	#REF!
4	李殊	#REF!
5	苏甜	#REF!
6	崔娜娜	#REF!
7	何丽	#REF!
8	孙翔	#REF!

图 A-41

如果在 A 工作簿中引用了 B 工作簿 Sheet1 工作表 B5 单元格的数据进行运算，那么删除 B 工作簿的 Sheet1 工作表后就会出现错误值“#REF!”；如果删除了 B 工作簿中的 Sheet1 工作表的 B 列也会出现错误值“#REF!”。如果公式引用的数据源一定要删除，为了保留公式的运算结果，则可以先将公式的计算结果转换为数值。

3. 数据透视表问题

问题 23　创建数据透视表时，弹出"数据透视表字段名无效"提示框

问题描述：创建数据透视表时，出现错误信息："数据透视表字段名无效……"，如图 A-42 所示。

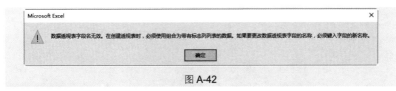

图 A-42

问题解答：

出现这种提示信息，表示数据源中的一列或多列没有标题名称。要建立数据透视表，数据源必须完整无缺，事先须对数据进行整理。

问题 24　创建的数据透视表使用"计数"而不使用"求和"

问题描述：当数据源中有包含数字的列，并且格式为真正的数字时，可以求和。但是，在每次试图将其添加到数据透视表时，Excel 总是会自动对字段使用"计数"，而不是"求和"，如图 A-43 所示。因此只能手动将计算方法更改为"求和"。

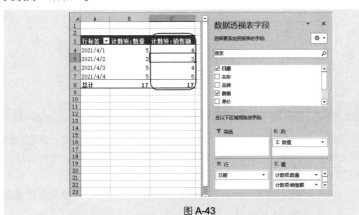

图 A-43

问题解答：

只要源数据列存在文本值，Excel 就会自动对该列的数据字段应用"计数"。

即使有一个空单元格，也会导致 Excel 应用"计数"。很有可能在源数据列中包含文本值或空白单元格，如图 A-44 所示。要解决该问题，需要从源数据列中删除文本值或空白单元格，然后刷新数据透视表。

图 A-44

如果数字是文本数字，统计时也会出现无法求和的情况。此时可以选中文本数据，单击左上角的黄色按钮，在弹出的下拉列表中选择"转换为数字"命令（见图 A-45），即可一次性将文本数字更改为数值数字。转换后需要重新更改值字段的汇总方式为"求和"，数据透视表才能显示正确的统计结果。

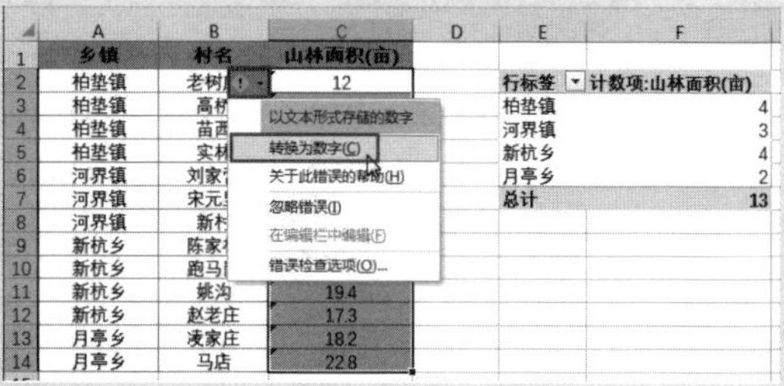

图 A-45

问题 25　透视表的列宽无法保留

问题描述：刷新数据透视表或者选择刷取字段中的一个新项时，包含标题的列会自动调整为列宽适合的宽度，这在不希望更改报表格式时会比较麻烦。

问题解答：

通过"数据透视表选项"设置可以很容易地解决此问题。右键单击数据透视表，在弹出的快捷菜单中选择"数据透视表选项"命令，打开"数据透视表选项"对话框，选择"布局和格式"选项卡，取消选中"更新时自动调整列宽"复选框，选中"更新时保留单元格格式"复选框，单击"确定"按钮即可，如图 A-46 所示。

图 A-46

问题 26　字段分组时弹出提示，无法进行分组

问题描述：在数据透视表中给字段分组时，出现以下错误消息："选定区域不能分组"，如图 A-47 所示。

图 A-47

问题解答：

出现以下情况之一，将无法进行分组。

（1）试图分组的字段是一个文本字段，如图 A-48 所示。

图 A-48

（2）试图分组的字段是一个数据字段，但 Excel 将其识别为文本。如图 A-49 所示表格中，“分数”列虽为数字，但却是文本格式的，因此建立数据透视表后对分数分组，会弹出无法分组的提示。

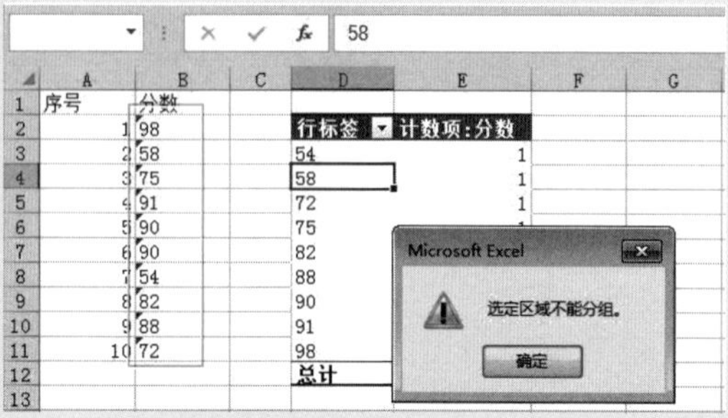

图 A-49

（3）试图分组的字段是数据透视表的报表筛选区域。

采取下列方法可以解决该问题。

（1）查找源数据，确保试图分组的字段是数据格式，并且不包含文本。删除所有的文本，将单元格的格式设置为数据格式，使用 0 填充所有空单元格。

（2）选中数据源中试图分组字段所在的列，在功能区选择“数据”→“数据工具”选项组，然后单击“分列”按钮，打开“文本分列向导”对话框。将数据更新为正确的形式（数字或者日期）。然后再刷新数据透视表。

（3）如果试图分组的字段在数据透视表的筛选字段中，可先将该字段移动到行字段或列字段，然后再对字段中的数据项进行分组。在分组字段以后，再将其移回筛选区域。

问题 27 透视表中将同一个数据项显示两次

问题描述：数据透视表将同一个数据项显示两次，并将每个数据项当作一个单独的实体。如图 A-50 所示，“曼茵”出现了两次，如果这两个数据相同，那么应该合并为一个结果。

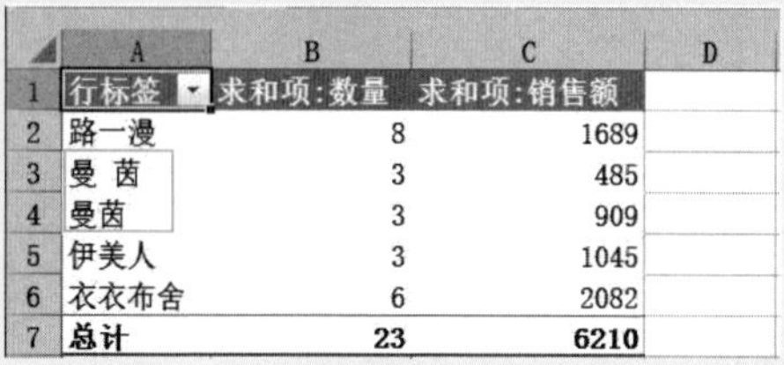

行标签	求和项:数量	求和项:销售额
路一漫	8	1689
曼 茵	3	485
曼茵	3	909
伊美人	3	1045
衣衣布舍	6	2082
总计	23	6210

图 A-50

问题解答：

出现这种问题，大多数情况下是数据输入不规范导致的。这时需要查看数据源是否有不可见的字符或者空格，或者数据类型不统一的问题（文本型的数字或日期）。如果出现这种差异，程序会将它作为另一个对象单独进行统计。

问题 28   删除了数据项，但其字段仍然显示在筛选区域中

问题描述： 从源数据删除一个数据项，并刷新数据透视表。但是该数据项仍然在数据透视表中显示（见图 A-51），数据透视表仍然在其透视表缓冲中保存该数据项。

图 A-51

问题解答：

右键单击数据透视表，在弹出的快捷菜单中选择"数据透视表选项"命令，打开"数据透视表选项"对话框，选择"数据"选项卡，单击"每个字段保留的项数"右侧下拉按钮，选择"无"选项（见图 A-52），单击"确定"按钮即可。

图 A-52

435

问题 29　刷新数据透视表时，统计的数据消失了

问题描述：刷新数据透视表时，放入值区域的字段消失了，并删除了数据透视表中的数据。

问题解答：

出现这种情况是因为更改了放入值区域的字段名称。例如，创建一个数据透视表，并拖入一个名为"销售额"的字段放到数据透视表的值区域（见图 A-53）。这时，如果在源数据中将"销售额"列标题名称更改为"销售金额"，当刷新数据透视表时，值区域的数据将消失（见图 A-54）。

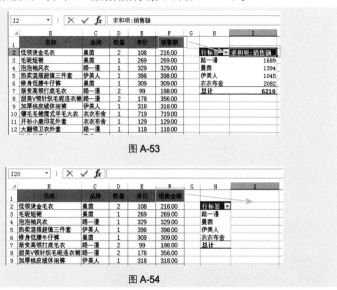

图 A-53

图 A-54

原因在于，在刷新时数据表将刷新源数据的缓存，但发现"销售额"字段已经不存在了。数据透视表当然无法计算不存在的字段。要解决这个问题，打开"数据透视表列表"，将新字段拖入值区域中。

问题 30　在数据透视表中添加计算项时，为什么"计算项"为灰色不可用状态

问题描述：在数据透视表中添加计算项时，"计算项"为灰色不可用状态。

问题解答：

因为计算项是针对字段的操作，出现这种情况是因为在执行该命令前没有选中"行标签"或"列标签"下的单元格（可能选中的是数据透视表的数据统计区的单元格）。

例如，如图 A-55 所示的数据透视表，要想建立计算项，必须选中 B3 或 C3 单元格，或者选中 "品牌" 列下面的单元格（当然在 "品牌" 字段下面添加计算项不具备任何意义）。

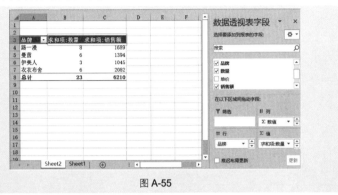

图 A-55

问题 31　更新数据源后数据透视表不能相应更新

　　问题描述：对数据透视表的数据源进行更新后，数据透视表的计算结果不能同步更新。

　　问题解答：

　　数据透视表不能同步更新，此时可以手动进行更新；或者对数据透视表选项进行设置，以实现下次更改数据源后，数据透视表能相应更改。

　　1. 手动设置

　　更新数据源后，选中数据透视表中的任意单元格，切换到 "数据透视表工具" → "分析" 菜单，选择 "数据" 选项组中的 "刷新" 命令（见图 A-56），即可按新数据源显示数据透视表。也可直接按 "Alt+F5" 快捷键快速更新。

图 A-56

　　2. 数据透视表选项设置

　　选中数据透视表，切换到 "数据透视表工具" → "分析" 菜单，在 "数据透视表"选项组中单击按钮，打开"数据透视表选项"对话框。选择"数据"选项卡，选中"打开文件时刷新数据"复选框（见图 A-57），单击"确定"按钮。

![数据透视表选项对话框](图 A-57)

图 A-57

4. 图表问题

问题 32　创建复合饼图时，为何无法实现细分要求

问题描述：在建立复合饼图时二级分类效果。如图 A-58 所示，显然该图表没有实现需要的表示效果（第一绘图区应该包含两个值，第二绘图区应该包含 3 个值）。

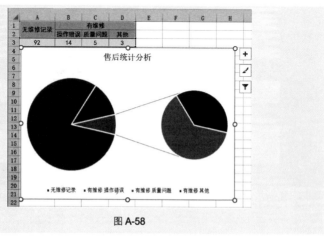

图 A-58

问题解答：

在创建复合饼图时，程序会随机对第二扇区的包含值进行分配，因此建立默认图表后需要手动对第二扇区的包含值进行更改，才能获取正确的图表。

在图表扇面上单击鼠标右键，在弹出的快捷键菜单中选择"设置数据系列格式"命令（见图A-59），打开"设置数据系列格式"任务窗格，设置"第二绘图区中的值"为"3"，如图 A-60 所示。

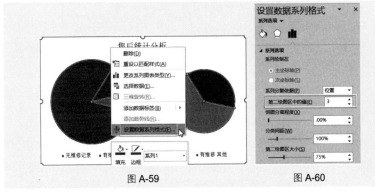

图 A-59   图 A-60

重新设置第二扇区的值后，即可得到正确的图表，如图 A-61 所示。

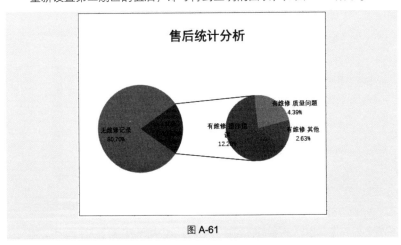

图 A-61

问题 33 数据源中的日期不连续，创建的图表是断断续续的

问题描述： 创建的图表柱子是间断显示的，不能连续显示，如图 A-62 所示。

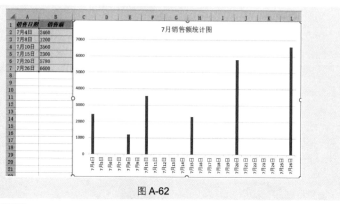

图 A-62

问题解答：

出现这种问题主要是因为图表在显示时默认数据中日期为连续日期，会自动填补日期断层，而所填补日期因为没有数据，就会出现柱状图出现间隔的问题。此时可按如下方法来解决。

选中图表，在横坐标轴上右击，在弹出的快捷键菜单中选择"设置坐标轴格式"命令，打开"设置坐标轴格式"任务窗格。在"坐标轴选项"选项卡中，选中"文本坐标轴"单选按钮，关闭"设置坐标轴格式"任务窗格，并美化完善图表，效果如图 A-63 所示。

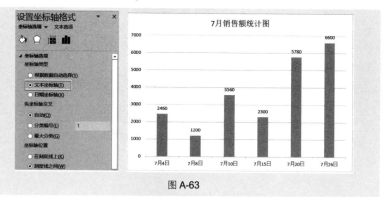

图 A-63

问题 34 **条形图垂直轴标签显示月份数时从大到小显示，不符合常规**

问题描述： 条形图的垂直轴标签默认情况下与数据源的显示顺序不一致，如日期排序颠倒。如图 A-64 所示的数据标签显示为从 6 月到 1 月，不符合常规。

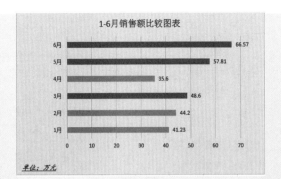

图 A-64

问题解答：

要解决这个问题有两个办法：一是把数据源的日期顺序反向建立，即从 6 月到 1 月这种记录；二是在坐标轴格式中设置"逆序类别"，操作如下。

在垂直轴上单击鼠标右键（条形图与柱形图相反，水平轴为数值轴），在弹出的快捷菜单中选择"设置坐标轴格式"命令，打开"设置坐标轴格式"任务窗格，同时选中"逆序类别"复选框和"最大分类"单选按钮，如图 A-65 所示。关闭"设置坐标轴格式"任务窗格，可以看到图表标签按正确顺序显示。

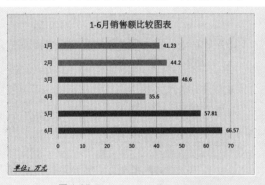

图 A-65

问题 35　更改了数据源，为何图表中的数据标签不能同步更改

问题描述：如图 A-66 所示，在图表数据源表格中更改了 1 月的"销售额"金额，但图表中添加的数据标签却没有同步更改。

问题解答：

出现更改数据源而数据标签不做更改的情况，是因为图表数据源与数据标签失去了链接（如手工更改了数据标签的值），只要重新建立链接即可解决问题。

选中要重新建立链接的数据标签，单击鼠标右键，在弹出的快捷菜单中选择"设置数据标签格式"命令，打开"设置数据标签格式"任务窗格，在"标签选项"栏下，单击"重设标签文本"按钮即可，如图 A-66 所示。

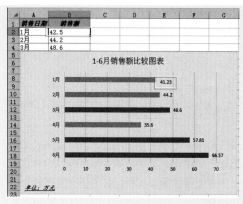

图 A-66

5. 其他问题

问题 36 输入一串长数字，按"Enter"键后如何不显示为科学计数方式

问题描述： 输入保单号后，按"Enter"键，显示如图 A-67 所示。

	A	B	C	D
1	序号	代理人姓名	保单号	佣金率
2	1	陈坤	5.5E+11	
3	2	杨蓉蓉		
4	3	周陈发		
5	4	赵韵		
6	5	何海丽		
7	6	崔娜娜		
8	7	张恺		
9	8	文生		
10	9	李海生		

图 A-67

问题解答：

保单号是由一长串数字组成的，当将这一串数字输入单元格中时，Excel 默认其为数值型数据，且当数据长度达到 12 位时将显示为科学计数，所以出现了"5.5E+11"这种样式。

选中要输入保单号的单元格区域，在"开始"→"数字"选项组中单击设置框右侧的▾按钮，在打开的下拉菜单中选择"文本"命令，在设置了"文本"格式的单元格中输入保单号即可正确显示，如图 A-68 所示。

	A	B	C	D
1	序号	代理人姓名	保单号	佣金率
2	1	陈坤	550000241780	0.06
3	2	杨蓉蓉	550000255442	0.06
4	3	周陈发	550000244867	0.06
5	4	赵韵	550000244832	0.1
6	5	何海丽	550000241921	0.08
7	6	崔娜娜	550002060778	0.2
8	7	张恺	550000177463	0.13
9	8	文生	550000248710	0.06
10	9	李海生	550000424832	0.06

图 A-68

问题 37　填充序号时不能自动递增

问题描述： 在 A2 单元格输入序号"1"，然后拖动 A2 单元格右下角的填充柄向下填充序号，结果序列不能自动递增，出现如图 A-69 所示的情况。

	A	B	C	D
1	序号	代理人姓名	保单号	佣金率
2	1	陈坤	550000241780	0.06
3	1	杨蓉蓉	550000255442	0.06
4	1	周陈发	550000244867	0.06
5	1	赵韵	550000244832	0.1
6	1	何海丽	550000241921	0.08
7	1	崔娜娜	550002060778	0.2
8	1	张恺	550000177463	0.13
9	1	文生	550000248710	0.06
10	1	李海生	550000424832	0.06

图 A-69

问题解答：

仅仅输入序号"1"，程序会自动判断为要复制数据，所以还要进一步操作才能填充递增序列。

1. 输入两个填充源

在 A2 单元格输入"1"，在 A3 单元格输入"2"，然后选中 A2:A3 单元格区域，拖动右下角的填充柄（见图 A-70），即可自动填充递增序列。

2. 利用"自动填充选项"功能

在 A2 单元格输入"1"，然后拖动 A2 单元格右下角的填充柄向下填充，出现"自动填充选项"按钮🖫，单击此按钮，在弹出的菜单中选中"填充序列"

单选按钮，即可填充递增序列，如图 A-71 所示。

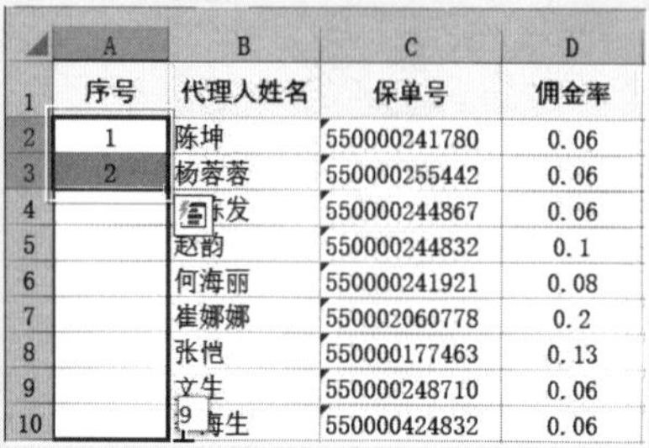

图 A-70

图 A-71

问题 38 填充时间时不能按分钟数（秒数）递增

问题描述：在 A2 单元格输入时间，然后向下填充时间，结果是按小时递增（见图 A-72），而希望得到的是按秒递增。

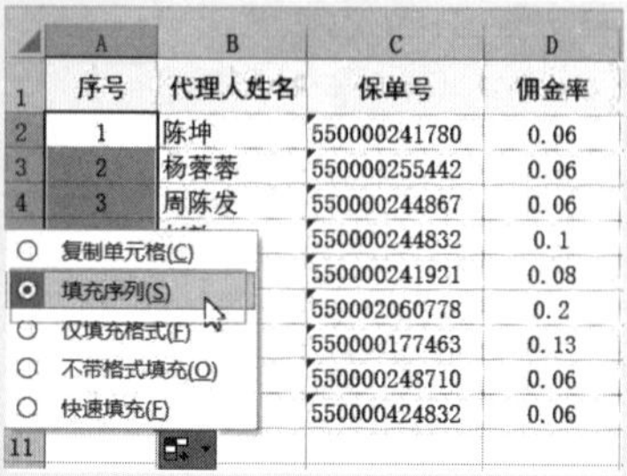

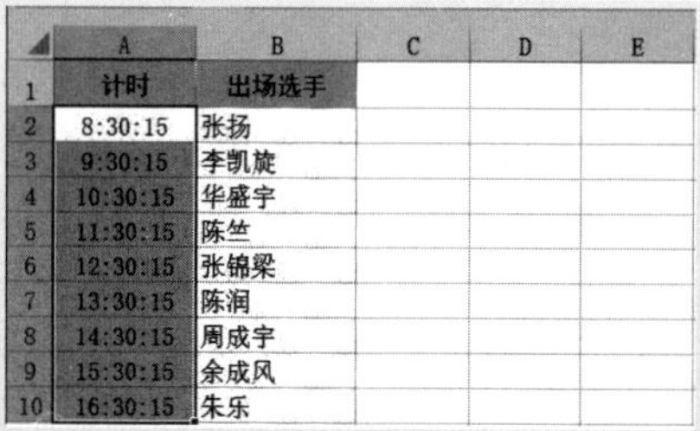

图 A-72

问题解答：

在 A2 单元格输入"8:30:15"，在 A3 单元格输入"8:30:16"，然后选择 A2:A3 单元格区域，拖动右下角填充柄即可实现按秒递增，如图 A-73 所示。

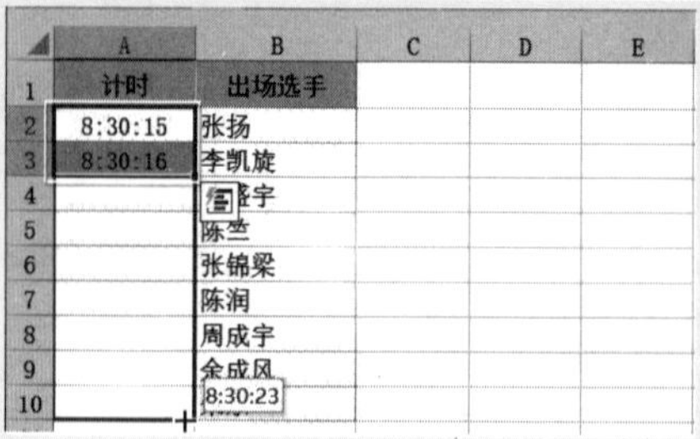

图 A-73

问题 39　向单元格中输入数据时总弹出对话框

问题描述：在 D 列输入数据，有时会弹出如图 A-74 所示的异常对话框。

问题解答：

这是因为 D 列单元格被设置了数据有效性。解决的方法是，选择 D 列数据区域，在"数据"→"数据工具"选项组中单击"数据验证"按钮，打开"数据验证"对话框，可以看到设置了数据限制，此时可以按照设置要求重新输入正确的数字，或者清除数据限制，如图 A-75 所示。

图 A-74

图 A-75

问题 40　对于文本型数字，为其应用"数值"格式后还是无法显示为数值，无法参与统计和计算

问题描述：选中文本数字单元格，为其应用"数值"格式，但数据并没有显示成数值数据，如图 A-76 所示。

图 A-76

问题解答：

对于已经输入的文本数字，为其应用"数值"格式，数字并不会显示成数值数据。转换的方法为：选中单元格区域，单击左上角的 ◆ 按钮，在打开的下拉菜单中选择"转换为数字"命令（见图 A-77），即可实现快速转换。转换后即可自动计算，如图 A-78 所示。

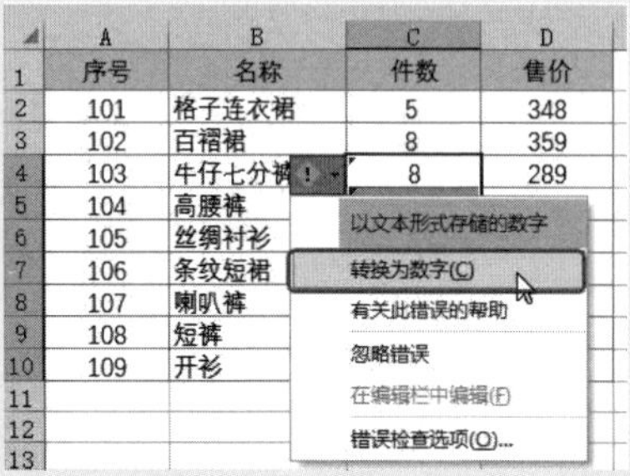

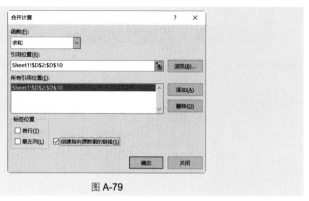

图 A-77

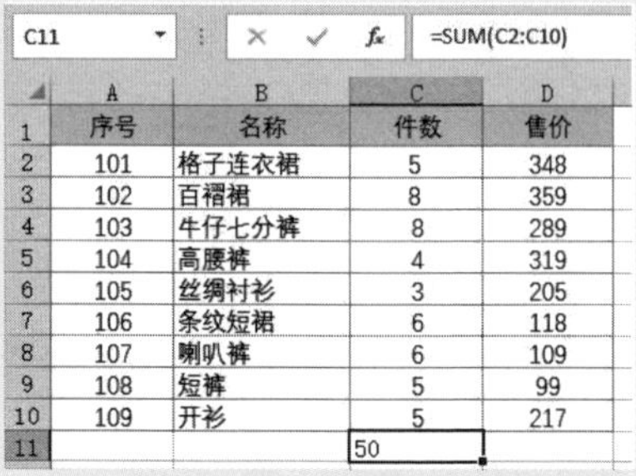

图 A-78

问题 41　完成合并计算后，原表数据更新了，但结果不能同步更新

问题描述： 完成合并计算后，原表数据更新了，但结果却没有同步更新

问题解答：

在进行数据合并时，如果需要让更新后的结果随原表数据同步更新，在进行合并计算设置时需要确保选中"创建指向源数据的链接"复选框，如图 A-79 所示。

图 A-79